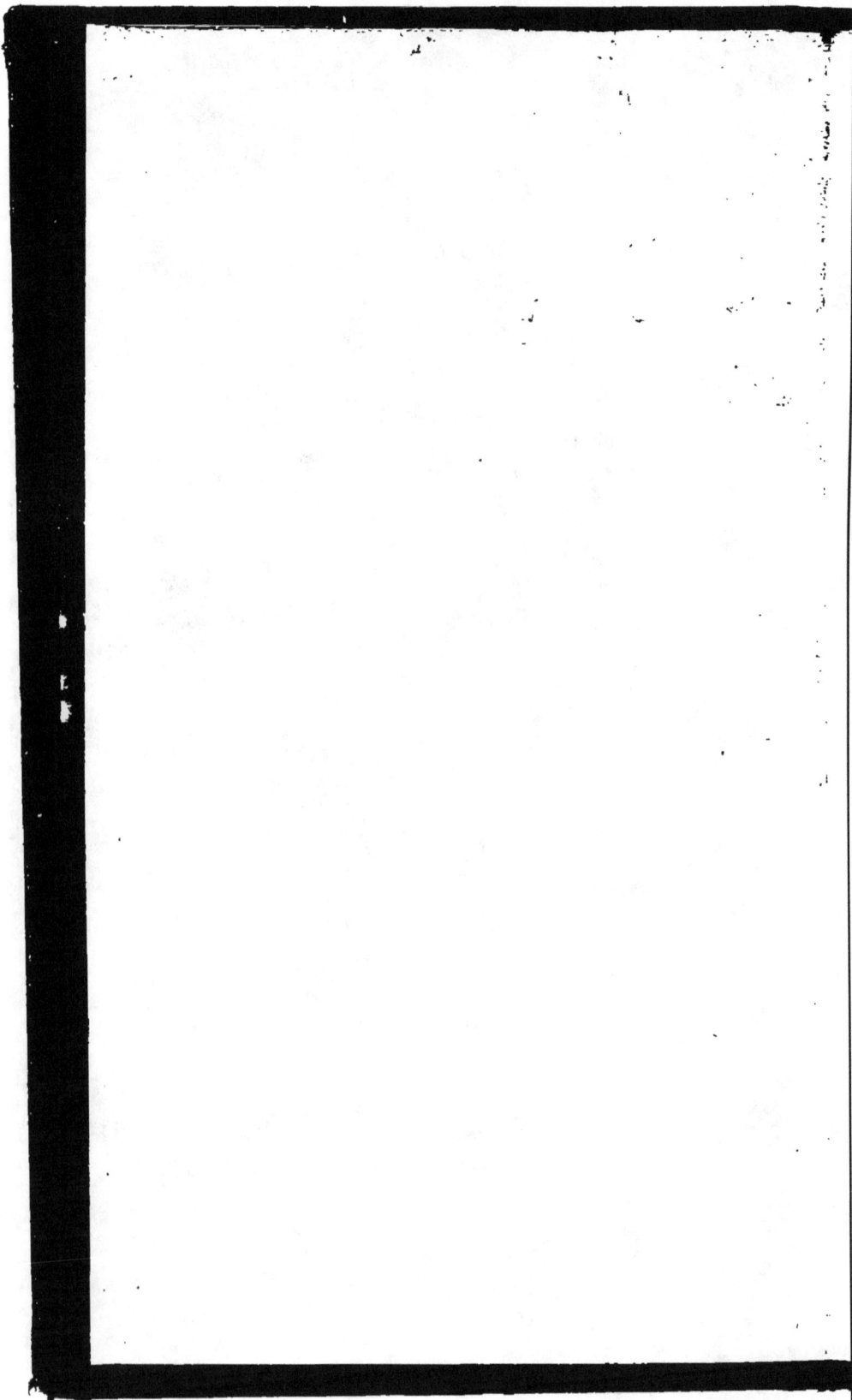

ENCYCLOPÉDIE-RORET.

MENUISIER,

ÉBÉNISTE ET LAYETIER.

TOME PREMIER.

AVIS.

Le mérite des ouvrages de l'*Encyclopédie-Roret* leur a valu les honneurs de la traduction, de l'imitation et de la *contrefaçon*. Pour distinguer ce volume, il portera, à l'avenir, la *véritable signature* de l'Éditeur.

MANUELS-RORET.

NOUVEAU MANUEL COMPLET

DU

MENUISIER,

DE

L'ÉBÉNISTE ET DU LAYETIER,

CONTENANT

Tous les détails utiles sur la nature des Bois indigènes et exotiques; la manière de les préparer, de les teindre; les Principes du dessin géométrique et des projections, exposés d'après la méthode de M. Francœur, et appliqués à la coupe des bois; la manière de mesurer et d'estimer les travaux du Menuisier; la Description des outils les plus modernes et les mieux perfectionnés; l'art de faire la menuiserie fixe, la menuiserie mobile et toute espèce de meubles; de les polir et vernir; d'exécuter le placage et la marqueterie; enfin l'art du Layetier, et ses applications les plus nouvelles.

Par M. **NOSBAN**, MENUISIER-ÉBÉNISTE.

Ouvrage orné de planches.

Nouvelle édition, revue, corrigée et considérablement augmentée.

TOME PREMIER.

◆━➤➤➤◑✿◐◖◖◆━◆

PARIS,

A LA LIBRAIRIE ENCYCLOPÉDIQUE DE RORET,

RUE HAUTEFEUILLE, Nº 10 BIS.

1843.

INTRODUCTION.

L'ART du menuisier est un des plus connus, et il en est peu d'aussi importants : il est susceptible d'un très-grand nombre d'applications scientifiques; et par ces deux raisons, il est naturel de croire que c'est un de ceux auxquels les écrivains et les savants donnent le plus d'attention. Il n'en est rien; on l'a livré presqu'entièrement à la routine. Seule, la sagacité des artisans lui a fait faire quelques progrès; il a été enrichi par les ouvriers et non par les doctes : on dirait que la science ne lui a été utile que par cas fortuit. Grâce au prodigieux développement que le mouvement industriel a reçu de nos jours, cet art n'est pourtant pas resté stationnaire; il a, au contraire, marché à grands pas vers la perfection. Le progrès général du goût, l'observation des règles de l'architecture ont épuré ses formes; la chimie a fourni quelques applications heureuses à la teinture des bois; elle a donné les moyens d'imiter ceux qui sont exotiques avec ceux qui naissent dans nos forêts. On a appris à les mieux polir, à faire ressortir leurs veines, à les recouvrir de vernis transparents qui ajoutent à leur éclat et conservent leurs nuances. Dans beaucoup de cas, la connaissance des lois de la physiologie végétale a enseigné des règles pour rendre l'ouvrage plus solide, les bois plus compactes, leur travail plus facile. Enfin, l'invention des scies mécaniques, en permettant de diviser les bois précieux en feuilles très-minces et très-régulières, a rendu le placage plus solide, moins sujet à se tourmenter, et infiniment plus beau.

Je ferai connaître avec soin et détail toutes ces découvertes nouvelles; les mettre à la portée de tout le monde sera le premier service que rendra cet ouvrage. Mais il y a une autre partie de mon travail encore plus essentielle.

Dans chaque système de connaissances spéciales , il est des notions, pour ainsi dire élémentaires, sur lesquelles tout repose et desquelles toutes les autres dérivent. De même, dans tous les métiers, il y a un petit nombre d'opérations simples que l'on répète sans cesse, dont toutes les autres sont le résultat, et qui, par leur combinaison, produisent les opérations les plus compliquées. Ainsi, dans la menuiserie , quelques travaux principaux, tels que scier, corroyer, entailler, percer le bois, assembler les pièces, reviennent à chaque instant et constituent presque tout l'art. J'ai dû décrire ces travaux avec le plus grand détail, indiquer la meilleure manière de les exécuter, faire connaître les bonnes habitudes qu'il importe de contracter pour opérer mieux et plus vite, ainsi que les méthodes les plus sûres pour tenir et diriger les outils. J'ai donné la plus grande attention à cette partie de mon travail, que l'expérience-pratique et la fréquentation des ateliers pouvaient seules mettre en état de bien exécuter.

L'ouvrier le meilleur ne produira jamais de bons ouvrages, ou du moins il perdra beaucoup de temps et sera surpassé par un ouvrier médiocre , s'il n'est approvisionné de bons outils. C'est une observation faite par l'homme qui, de nos jours, a rendu le plus de services à l'industrie, par M. Charles Dupin, qu'un bon choix d'instruments, pris tous de bonne qualité , suffit pour assurer à un ouvrier un excédant de bénéfices annuels dont la réunion mettrait sa vieillesse à l'abri du besoin. L'importance de cette observation m'a déterminé à donner une grande étendue à cette partie de mon travail. J'ai décrit tous les outils qui sont ou peuvent être utiles au menuisier, les anciens comme les plus nouveaux, surtout ceux qui économisent le temps ou diminuent la peine. On trouvera dans cette section plusieurs choses nouvelles, à cet égard.

Enfin , comme il est indispensable que le menuisier sache bien quelles sont la nature et les qualités des matériaux qu'il emploie, je me suis attaché à donner une connaissance complète de la structure, des qualités du bois, et de ses diverses espèces.

Voici dans quel ordre j'ai divisé mon ouvrage :

La *Première Partie* traite, dans une première section, des matériaux du menuisier, des bois, de leur structure, de leur qualité, des préparations qu'on leur fait subir, des diverses espèces de bois indigène et exotique. C'est, je crois, le travail le plus complet qui ait encore paru sur cette matière.

La seconde section est consacrée à la description des outils divisés en plusieurs classes.

La *Deuxième Partie* fait connaître les travaux du menuisier. La première section est remplie par d'amples détails sur les principes de cet art, c'est-à-dire sur les opérations fondamentales. Les deux autres contiennent la description détaillée, 1° de tous les ouvrages de menuiserie en bâtiment, mobiles ou dormants; 2° de tous les meubles connus.

Enfin, l'*Art de l'Ebéniste*, qui complète cet ouvrage, apprend à travailler les bois durs, à faire le placage, la marqueterie, à polir et vernir les bois, à préparer les veines nécessaires; il est terminé par une collection de recettes, presque toutes éprouvées et la plupart très-nouvelles, pour teindre et colorer les bois.

Plusieurs autres ouvrages ont été déjà composés sur l'art du menuisier; je dois en dire quelques mots, afin que le lecteur voie en quoi mes devanciers ont pu m'être utiles.

Le plus ancien livre que je connaisse sur cette matière est l'*Art du Menuisier*, publié par Roubo, en 1770, avec l'approbation de l'Académie des Sciences. Cet ouvrage, composé de six grands volumes in-folio, n'a certainement jamais été le livre des ouvriers, auxquels son prix élevé permettait rarement d'en faire l'emplette. Il a beaucoup vieilli; les nombreuses planches qu'il renferme sont devenues inutiles, et ce volumineux travail ne serait plus bon qu'à figurer dans les catalogues de bibliographie, si on n'y trouvait çà et là quelques observations utiles, quelques bons conseils sur la manière de diriger les outils. Il renferme aussi tout ce qu'il est nécessaire de savoir sur la construction des billards.

Roubo était trop volumineux; on a songé à le réduire. On en a publié un abrégé en deux minces in-12, dont l'un est entièrement rempli de planches déjà vieillies. Les six volumes in-folio de l'auteur original ont été concentrés en 182 petites pages imprimées en gros caractères, et qui renferment en outre des notions d'architecture, de géométrie, de longues tables de conversion des mesures anciennes en mesures nouvelles, et beaucoup de répétitions. En revanche, il renferme aussi un assez grand nombre de phrases incomplètes.

Plus récemment (en 1825), M. Mellet a publié un *Art du Menuisier en meubles*, en un volume in-8°, infiniment plus utile. L'art de plaquer les meubles est décrit avec soin. Les procédés que l'auteur indique pour polir et vernir sont bien choisis, et il a compilé beaucoup de recettes pour teindre et colorer. Néanmoins, dans cette dernière section, il y a beaucoup de lacunes, et j'ai vu avec surprise qu'il ne contenait rien sur l'emploi de l'acétate de fer, dont on a tiré dans ces derniers temps un si beau parti; rien sur la coloration de l'érable par l'eau forte, et qu'on n'y trouvait pas même la *teinture d'acajou à l'alcool*, que préparent et vendent à Paris presque tous les droguistes. Il donne des notions suffisantes pour beaucoup de bois exotiques; mais, en revanche, il a négligé les bois indigènes, ce que je crois au contraire bien plus important de faire connaître avec soin. Enfin, si l'on retranche de son ouvrage les accessoires qu'il renferme, on trouvera que la partie relative aux travaux du menuisier proprement dits, se réduit à 150 pages environ. La description si importante des outils est presqu'entièrement négligée. Néanmoins ce livre est encore ce que nous avons de mieux sur l'art qui m'occupe. On trouve d'excellentes indications dans Nicholson, et dans le nouveau *Vignole des Menuisiers*, par M. Coulon (1835), mais des indications seulement : le premier traitant la menuiserie, comme un des accessoires de son intéressant travail; le second donnant dans un seul volume la description de tous les plus grands ouvrages de cet art.

Les détails dans lesquels je viens d'entrer prouvent que, pour composer cet ouvrage, la réflexion et l'observation m'ont été plus utiles que les livres. C'est ainsi, je crois, qu'il faudrait composer tous les traités de technologie. Je me suis attaché à donner à mon style le plus de simplicité, de clarté possible, et tout en multipliant les détails, j'ai évité d'être trop diffus. Je crois qu'un ouvrage du genre de celui-ci est parfaitement rédigé quand il est compris sans peine. Afin que les ouvriers et les personnes qui n'ont pas l'habitude de fréquenter les ateliers puissent me lire sans difficulté, j'ai évité l'emploi trop répété des expressions techniques, et n'ai pas craint de recourir souvent aux périphrases. J'ai même eu la précaution de placer à la fin de l'ouvrage un petit vocabulaire de toutes ces expressions et de quelques autres que les ouvriers emploient communément.

Pour faire de ce Manuel un livre utile, je n'ai point épargné la peine, aurai-je réussi? Ce n'est pas à moi d'en juger. Mais le moment est venu, je crois, de faire de bons ouvrages technologiques. Maintenant, beaucoup de personnes instruites et riches apprennent un art mécanique, l'exercent par amusement, pour se distraire ou se délasser des travaux intellectuels bien plus fatigants. Ce sont elles qui pourraient fournir de bons traités à l'industrie. Elles savent réfléchir, écrire ce qu'elles ont vu, connaissent à la fois le langage de l'ouvrier et celui de la science, peuvent visiter beaucoup d'ateliers, comparer les divers procédés: pourquoi ces amateurs, riches de tant de trésors, ne rendraient-ils pas en masse aux ouvriers les documents qu'ils en ont reçus en détail?

La première édition de ce Manuel a paru à la fin de 1827; et depuis ce temps plusieurs éditions imprimées à grand nombre ont été épuisées. Ce débit rapide m'imposait des obligations graves, et je me suis efforcé de mériter l'accueil du public par de nombreuses améliorations. Indépendamment d'additions considérables à la partie relative aux bois et aux outils, qui ne cessera pas d'être plus complète que tout ce qui a été récemment publié sur la même matière, j'ai ajouté plusieurs procédés nouveaux pour imiter les bois exotiques; des détails sur la menuiserie d'église; de nouvelles et nombreuses applications de la géométrie à l'art du menuisier ; l'art de toiser et d'évaluer toute espèce d'ouvrage de menuiserie; un chapitre contenant les notions élémentaires de l'architecture; enfin un autre chapitre dans lequel, m'aidant des travaux de M. Francœur, j'ai tâché de mettre à la portée de toutes les intelligences les principes de l'art du trait. Ainsi, cet ouvrage sera en même temps un traité spécial de l'art de l'ébéniste et du menuisier, et une espèce de résumé de toutes les connaissances qui peuvent leur être utiles.

Pour cette nouvelle édition, j'ai fait plus encore : j'ai tenu l'ouvrage au courant des progrès que le temps a procurés à l'art de travailler les bois; j'ai compulsé et trouvé dans les travaux industriels des indications précieuses; enfin, pour répondre au vœu d'un grand nombre de lecteurs, j'ai ajouté par appendice, à la fin de l'ouvrage, l'*art du Layetier*, ce grossier mais utile diminutif de la menuiserie. Sa description manquait aux premières éditions de cet ouvrage, et l'addition que nous en faisons, achève de le rendre parfaitement complet.

Nous terminerons cette introduction par quelques notions assez curieuses sur l'étymologie du nom de *Menuisier*. On les appelait autrefois *huchers*, parce qu'ils confectionnaient les *huches*, espèce de coffre à pétrir et à mettre le pain ; puis *huissiers*, à raison des *huis*, ou portes, leur ouvrage ; enfin, un arrêt de 1382 leur fit donner le nom de *menuisiers*, du mot latin *minutarius*, ouvriers s'occupant de menus ouvrages,

MENUISIER.

⸺✦⸺

PREMIÈRE PARTIE.

DES BOIS ET DES OUTILS.

—

PREMIÈRE SECTION.

DES BOIS, DE LEUR NATURE ET DE LEURS ESPÈCES.

⸺

CHAPITRE PREMIER.

NOTIONS SUR LA NATURE DES BOIS, LEUR FORCE ET LES DIFFÉRENTS SENS DANS LESQUELS ON LES DÉBITE ET ON LES EMPLOIE.

Lorsqu'on divise horizontalement la tige des végétaux qui nous fournissent nos bois, on reconnaît le plus souvent à des nuances distinctes, qu'elle est composée, indépendamment de l'écorce, de deux parties très-différentes, *l'aubier* et le *bois* proprement dit. L'*aubier*, qui est la partie la plus rapprochée de l'écorce, est composé de couches concentriques, qui ne sont pas encore converties en bois parfait; il est, par conséquent, d'un tissu moins dur et moins coloré que le bois. L'aubier est d'autant plus épais que les arbres ont plus de vigueur et poussent plus rapidement. Il y a des arbres dont le tronc paraît entièrement composé de cette substance : tels sont en général le peuplier, le tremble et quelques autres que l'on désigne ordinairement sous le nom de *bois blanc*. Le peu de dureté et de solidité de l'aubier le fait bannir de tous les ouvrages pour lesquels il faut un bois compacte et homogène ; il en résulte quelquefois une assez grande perte ; et, pour prévenir cet inconvénient, on a cherché à augmenter la dureté de l'aubier. On y parvient pour certains arbres, tels que le chêne et le sapin, en les écorçant quelque temps avant que de les abattre.

Le bois proprement dit est cette partie du tronc la plus dure, la plus solide, la plus foncée en couleur, recouverte par l'aubier, et creusée à son centre par le canal qui contient la moelle. La ligne de démarcation entre la couleur de l'aubier et celle du bois est ordinairement assez nettement tranchée. Quelquefois les deux couleurs contrastent ensemble de la manière la plus brusque. Par exemple, dans un des arbres qui fournissent l'ébène, l'aubier est blanc, tandis que le centre est d'un noir foncé.

La couleur du bois offre, dans les végétaux, de nombreuses variétés, il en est de même de la dureté, que l'on a comparée à celle du fer, dans quelques arbres qui en tirent leur nom vulgaire. En général, les végétaux ligneux qui croissent dans les climats très-chauds sont plus durs que ceux de notre pays; ils sont aussi d'une couleur plus foncée.

La dureté est, dans les bois, un des caractères les plus essentiels, un de ceux qu'il importe le plus de connaître. En général, elle est proportionnée à la pesanteur du bois, ce qui n'est pourtant pas une règle tout-à-fait sans exception, puisque le noyer et le sorbier des oiseleurs ayant à peu près la même pesanteur, le second est néanmoins plus dur que le premier. Cependant, comme cette indication est ordinairement très-sûre, je donne ici un tableau de la pesanteur des bois de France. Ce tableau a été dressé par M. Varenne de Fenille, et ses calculs ont été faits sur un mètre cube (29 pieds cubes) de chaque espèce de bois bien desséché. La pesanteur est exprimée en kilogrammes, et il sera facile de la comparer à celle de l'eau, qui pèse juste 1,000 kilogrammes par mètre cube.

TABLEAU DE LA PESANTEUR DES BOIS DE FRANCE.

	kil.		kil.
Sorbier cultivé.	1030	Abricotier.	712
Lilas.	1029	Noisetier.	701
Cornouiller.	994	Pommier sauvage.	694
Chêne vert.	993	Bouleau.	688
Olivier.	992	Tilleul.	687
Buis.	982	Cerisier.	682
Pommier courpendu.	946	Houx.	678
Cerisier Mahaleb.	888	Sorbier des oiseleurs.	669
If.	878	Pommier cultivé.	654
Prunier.	845	Noyer.	629
Oranger.	827	Mûrier blanc.	626
Aubépine.	820	Erable plane.	618
Faux acacia.	800	Sureau.	602
Merisier.	786	Mûrier noir.	599
Hêtre.	779	Marseau.	592
Nerprun.	773	Châtaignier.	588
Poirier sauvage.	759	Genévrier.	587
Cytise des Alpes.	754	Mûrier à papier.	572
Erable duret.	753	Ypreau.	558
Mélèze.	750	Pin de Genève.	550
Pécher.	749	Peuplier blanc.	550
Prunellier.	744	Tremble.	538
Charme.	737	Aulne.	510
Pommier de reinette.	737	Maronnier d'Inde.	506
Platane.	737	Peuplier de Caroline.	492
Sycomore.	736	Sapin.	463
Erable champêtre.	730	Peuplier noir.	457
Frêne.	725	Saule.	392
Orme.	724	Peuplier d'Italie.	360

De la force des bois.

Après des observations sur la pesanteur des bois, viennent tout naturellement des aperçus sur leur force. Des aperçus seulement; car le sujet est si fécond, les applications sont si multipliées et si importantes, les calculs algébriques qui s'y rattachent sont tellement compliqués et savants, que l'on ferait aisément tout un ouvrage sur ce sujet; ouvrage docte et coûteux, tout-à-fait au-dessus de la portée des ouvriers.

Nous nous bornerons donc aux aperçus les plus clairs, aux

notions les plus faciles, empruntées à Buffon, à MM. Parent
et Bellidor, dont les expériences prouvent, sans réplique,

1. Que plus le bois a de pesanteur, plus il a de force;
2. Que le sapin porte un poids plus lourd que le chêne;
3. Que plus il est pris près de sa racine, plus il est pesant et
fort ;
4. Que la position du bois importe beaucoup à sa force;
5. Que sa forme doit être assortie à sa position.

1. *Expériences de Buffon.* — Sur quatre barres de chêne,
longues de 97 centimètres (3 pieds), et 7 centimètres 33 mill..
carrés (1 pouce carré) de grosseur, prises au centre de l'arbre,
et posées horizontalement sur deux points d'appui, un de
chaque bout, il a placé différents poids. La première barre
pesait 825 grammes (26 onces 31/32), et a supporté, le moment avant sa rupture, dans son centre, un poids de 148
kilogrammes (301 livres). La seconde barre pesait 813 grammes (26 onces 18/32), et a supporté un poids de 142 kilogrammes (289 livres). La troisième pesait 810 grammes
(26 onces 16/32), et a supporté un poids de 134 kilogrammes
(272 livres). La quatrième, 812 grammes (26 onces 15/32),
elle a supporté 134 kilogrammes (272 livres).

Le même bois pris à la circonférence de l'arbre, savoir : au
point le plus éloigné du centre, à côté de l'aubier, sans pour
cela en avoir aucune partie, a été disposé en barres divisées
et disposées comme les précédentes. La première pesant 820
grammes (26 onces 26/32), a supporté dans son milieu, l'instant
avant de rompre, un poids de 128 kilogrammes (262 livres)..
La seconde, pesant 784 grammes (25 onces 20/32), a supporté
126 kilogrammes (258 livres). La troisième, 778 grammes
(25 onces 14/32), un poids de 125 kilogrammes (255 livres)..
La quatrième, 775 grammes (25 onces 11/32), elle a supporté
125 kilogrammes (255 livres).

De quatre barres pareilles en aubier, la première pesant
770 grammes (25 onces 5/32) a supporté un poids de 122
kilogrammes (248 livres). La seconde, 763 grammes (24 onces
31/32), a porté 118 kilogrammes (242 livres). La troisième,
pesant 762 grammes (24 onces 30/32), un poids de 118 kilogrammes (241 livres). La quatrième, 757 kilogrammes (24
onces 24/32), un poids de 117 kilogrammes (240 livres).

2. *Expériences de M. Parent.* — Un morceau de chêne,
médiocrement dur, sec, et sans nœuds, épais de 11 millim..
(5 lignes), long de 149 millim. (5 pouces 1/2), posé de champ,

et retenu par l'une de ses extrémités, a soutenu par l'autre un poids de 11 kilogrammes 258 gram. (23 livres).

Un second morceau, semblable en grosseur, double en longueur, posé de champ sur deux points d'appui, un à chaque bout, a soutenu au centre un poids de 16 kilogrammes 643 gram. (34 livres 1⁄2).

Un troisième morceau, tout pareil au précédent, mais de chêne tendre, et serré par ses deux bouts, a soutenu à son milieu un poids de 25 kilogrammes (51 livres).

Maintenant, un premier morceau de sapin exactement semblable au premier morceau de chêne, disposé exactement de même, a soutenu à son extrémité libre un poids de 18 kilogrammes (37 livres).

Un second morceau de sapin, répondant en tout au second morceau de chêne, a soutenu un poids de 34 kilogrammes (68 livres).

Un troisième morceau de sapin, dans la même position que le troisième morceau de chêne, a soutenu dans son centre un poids de 51 kilogrammes (106 livres).

3. *Autres expériences.* — Tirez d'un chêne deux solives, ayant chacune 29 centimètres carrés (4 pouces carrés) de grosseur, et 2 mètres 92 cent. (9 pieds) de long, prises au bout l'une de l'autre. Celle du haut de l'arbre pèsera 35 kilogrammes (71 livres), et celle du bas 38 kilogrammes (77 livres). Celle-ci posée horizontalement sur deux points d'appui, un de chaque bout, est chargée au centre, en quinze minutes, d'un poids de 2,006 kilogrammes 974 gram. (4,100 livres). Elle ploie d'abord de 131 millimètres (4 pouces 10 lignes), ensuite elle éclate, elle baisse de 203 millimètres (7 pouces 6 lignes), et se rompt ensuite. L'autre, chargée d'un poids de 1,933 kilogrammes 548 gram. (3,950 livres), en 12 minutes, ploie d'abord de 145 millimètres (5 pouces 6 lignes), puis éclate, baisse de 244 millimètres (9 pouces), et se rompt après cela.

Expériences de M. Bellidor. — Les bois posés horizontalement pour supporter quelque fardeau doivent être méplats et posés de champ. Et pour preuve, deux solives en bon chêne, ayant chacune 3 mètres 89 cent. (12 pieds) de long, et l'une 44 centimètres carrés (6 pouces carrés) de grosseur, l'autre 135 millimètres sur 189 millimètres (5 pouces sur 7 pouces), ont porté : la première un poids de 7,929 kilogrammes 997 gram. (16,200 livres); la seconde, un poids de 8,994 kilo-

grammes 67 décag. (18,375 livres). Celle-là était posée horizontalement sur deux points d'appui, les bouts engagés dans
un mur, et le poids mis à son centre. Celle-ci, également engagée dans la muraille, était posée de champ. Cette position
est donc préférable.

Age des arbres.

On peut connaître l'âge d'un arbre par le nombre des couches ligneuses qu'il présente sur la coupe transversale de son
tronc. En effet, puisqu'il se forme chaque année une nouvelle
couche d'aubier en même temps qu'une autre se transforme en
bois, on doit, par conséquent, trouver dans le tronc d'un arbre de 50 ans, mais à sa base seulement, 50 couches ligneuses.

La grosseur, la hauteur et la durée vitale des arbres varient, en général, selon que le sol, le climat et la situation
dans lesquels ils se trouvent, sont plus convenables à leur nature et favorables à leur accroissement.

Les arbres dont le bois est tendre et léger, comme les sapins,
les peupliers, acquièrent rapidement des dimensions assez considérables; leur vie n'est pas de longue durée. Ceux dont le
bois est dur et pesant, comme les chênes, au contraire, prennent un accroissement très-lent, et n'acquièrent leurs dimensions colossales que par le nombre des années; leur vie est de
plusieurs siècles.

Maladies des arbres.

Comme les arbres sont des êtres organisés et vivants, ils
sont assujétis, pendant le cours de leur vie, à des altérations
ou maladies qui peuvent leur donner la mort; ces maladies
sont dues à trois causes principales, dont l'une peut résulter
de la morsure de gros animaux ou de fracture par suite de
coups accidentels; l'autre résulte du régime de la végétation
ou de l'état atmosphérique; enfin, la troisième peut être occasionée par des insectes.

Les maladies occasionées par ces trois causes sont en grand
nombre et très-variées; mais les plus remarquables sont : la
cicatrice, le *chancre,* la *gelivure,* et la *vermination.*

La cicatrice, ou plaie cicatrisée, provient de l'enlèvement
de l'écorce et d'une partie des premières couches d'aubier par
des cas fortuits, comme le choc d'une fusée, de l'essieu d'une
voiture passant près de l'arbre, ou par la morsure de certains animaux. Au premier aperçu, cette maladie ne paraît pas

grave, mais lorsque la cicatrice est grande, l'arbre peut être gâté.

Le *chancre* peut provenir des suites de déchirure entre la tige et une branche de l'arbre, occasionée soit par le vent, soit par la foudre, ou par toute autre cause; cette déchirure donne accès à l'eau de pluie qui descend vers les racines, en passant entre les fibres des couches ligneuses ou entre l'aubier et le liber. Cette maladie peut aussi provenir, de quelque vice des racines; mais quelle qu'en soit l'origine, elle peut engendrer les maladies connues par les noms d'*ulcère*, de *gouttière* et de *carie*. Le résultat du chancre est un suintement presque continuel d'une eau rousse mélangée des principes séveux, ce qui arrête l'accroissement, dépouille l'arbre de son écorce et finit par le faire mourir.

La *gelivure* est une fente qui s'étend de la circonférence au centre de la tige, elle est occasionée par les fortes gelées qui font fendre les couches ligneuses et en séparent les fibres; ce qui donne naissance aux *écoulements de sève*. Cependant ils peuvent provenir aussi d'autres causes qui ont désorganisé le tissu végétal.

La *vermination* provient du dépôt d'œufs que des insectes ailés ou autres font dans l'écorce ou près des racines; les larves ou les vers qui en naissent, rongent et percent, en grossissant, les couches ligneuses, quelquefois jusqu'au canal médullaire; les vers creusent aussi des galeries entre l'aubier et le liber: de là peut résulter la *cadranure*, qui est une cavité circulaire plus ou moins profonde, creusée le plus souvent dans la partie de l'aubier adhérente à l'écorce.

Telles sont les maladies les plus remarquables et qui généralement donnent naissance à une infinité d'autres qui affectent les arbres sur pied, et peuvent donner la mort par les progrès du mal. Mais il est une autre mort à laquelle tout être vivant est soumis sans aucune exception, c'est celle occasionée par la vieillesse; pour les arbres, on la désigne par le nom de *retour*.

Le bois provenant d'arbres sur le retour, comme celui d'arbres morts sur pied par telle maladie que ce soit, est peu propre aux ouvrages de menuiserie; ces bois ont perdu les qualités les plus essentielles : force, durée et élasticité. Mais un arbre qui a cru avec vigueur et sans accident dans un sol propice, un climat et une situation favorables à son accroissement, a un bois parfait; les couches ligneuses sont très-serrées, leurs fibres sont

fortes, souples, rapprochées les unes des autres, lors même que
le bois serait sec.

Débit des bois, ou *débit des arbres*. Les troncs d'arbres,
après avoir été abattus, sont coupés transversalement en
certaines longueurs qu'on nomme *billes*; et, pour faciliter l'o-
pération du tracé des lignes suivant lesquelles on doit les refendre longitudinalement, on les écorce; ensuite on divise ce
billes en autant de parties égales qu'on veut obtenir de plan
ches, en observant qu'il faut tenir compte, dans leur épaisseur
de celle occasionée par le trait de scie et du retrait, produit pa
le dessèchement qui varie selon l'espèce du bois; aussi, pou
les sapins et les peupliers, il faut ajouter à l'épaisseur donnée
8 millim. (3 lignes 1/2), tandis que pour les chênes 5 millin.
(2 lig.) au plus suffisent.

Le bois est formé de couches qui s'enveloppent et se re
couvrent. Celles qui sont au centre et les plus rapprochées d
la moelle sont les plus anciennes et les plus dures. Celles qu
touchent l'aubier sont plus molles et participent un peu de s
nature. Toutes ces couches sont composées elles-mêmes d
longues fibres collées les unes à côté des autres et parallèles a
canal médullaire qui est au milieu de l'arbre. Leur existenc
est bien démontrée par la facilité avec laquelle le bois se fen
dans le sens de la longueur des fibres, ou, comme on le dit
suivant le fil du bois. Il y a cependant un grand nombre d
bois, tels que celui de l'orme tortillard, du groseiller, dor
les fibres, au lieu d'être parallèles, sont entrelacées et comm
entortillées en tous sens. Quand cette disposition est bien ma
quée, il est alors difficile de travailler ces bois, qu'on appell
par cette raison, *bois rebours*.

Lorsqu'on a scié transversalement un tronc d'arbre, (
aperçoit aisément les lignes circulaires formées par les couch
concentriques du bois; mais quand on examine avec beaucou
d'attention la coupe horizontale du tronc, on voit qu'inde
pendamment de ces lignes, il y en a d'autres qui vont de l
circonférence au centre, et qui se réunissent toutes au can
médullaire. Quelques-unes cependant ne vont pas tout-à-fa
jusqu'à la circonférence. Ces lignes, qui sont très-apparent
dans le chêne, le hêtre, et qu'un botaniste a comparées au
lignes horaires d'un cadran solaire, sont tout-à-fait disposé
comme les rayons d'une roue. On les appelle prolongemen
ou rayons médullaires.

D'importantes considérations résultent de cette structu

du bois. On a remarqué d'abord que le bois qui diminue beaucoup de volume en se desséchant, se retire dans le sens de la
largeur, mais jamais dans le sens de la longueur. On a conclu
que les fibres ne se raccourcissaient jamais, et que le resserrement produit par la dessiccation provenait de ce qu'elles se
rapprochaient. Cette observation a donné les moyens de pré-
voir en quel sens aurait lieu la retraite, de sorte que dans le
cas où l'on est obligé d'employer des bois verts, on peut
prendre les précautions nécessaires pour que les inconvénients
qui peuvent en résulter soient aussi faibles que possible.

Du même fait il résulte qu'il n'est pas indifférent d'employer du bois scié dans tel sens plutôt que dans tel autre. Si
les fibres du bois ont été tranchées, toute la solidité du bois
proviendra seulement de ce qu'elles sont collées à côté les
unes des autres, et on s'aperçoit bientôt combien est faible
l'adhérence que leur a donnée la nature, quand on essaie de
rompre une planche qui a été sciée dans cette direction. Si, au
contraire, la fibre a été ménagée et si on lui a conservé toute
la longueur possible, alors, pour rompre le morceau de bois,
il faut non plus seulement détacher les fibres les unes des
autres, mais les casser. C'est comme si on avait à briser un
faisceau de baguettes. Il faut en outre avoir soin, lorsqu'une
pièce d'un petit volume doit résister à une pression assez forte,
que les portions de couches concentriques qui la composent
aient leur largeur dans le sens de la résistance. Supposons
qu'il s'agisse de soulever une pierre avec un levier en bois.
Si, lorsque la barre de bois est engagée sous la pierre, les
couches concentriques sont parallèles au sol, elles pourront
plier comme le feraient dans cette position des lames élastiques superposées, se séparer les unes des autres, et par suite
se rompre; mais si la largeur de ces portions de couches concentriques est perpendiculaire au sol, elles ne se rompront
pas plus que ne le ferait un faisceau de lames superposées, et
qui seraient placées de champ, c'est-à-dire sur leur tranche.
Les portions de couches concentriques du levier ne sont, en
effet, pas autre chose que des lames collées ensemble les unes
sur les autres.

La structure du bois sert encore de guide quand il s'agit de
débiter un tronc, c'est-à-dire, de le diviser en madriers ou en
planches. On fait cette division dans des sens bien différents,
suivant qu'on a égard à la beauté du bois ou à sa solidité.

Si l'on veut des madriers ou des planches solides, on scie et on refend parallèlement au canal médullaire, qui est au milieu du tronc. Dans ce cas, toute la longueur des fibres est conservée; c'est ce qu'on appelle *bois de fil* ou scié suivant le fil du bois.

Si on veut au contraire faire ressortir les veines du bois, sans s'inquiéter de sa solidité, on coupe le tronc perpendiculairement à son canal médullaire; alors toutes les fibres sont coupées, et les plateaux qu'on obtient ont tous l'empreinte des couches concentriques; c'est ce qu'on appelle *bois tranché*.

Quand il y a une trop grande régularité dans les lignes circulaires qui forment les couches, et qu'on est bien aise de détruire cette symétrie, on scie le tronc obliquement à la longueur des fibres, ou *en semelle*. Cette coupe en diagonale est plus solide que la précédente, et les veines du plateau sont disposées en forme d'ovale ou en doubles gerbes.

Il y a une quatrième manière de refendre le bois, dont les Hollandais ont longtemps fait un mystère. Elle donne des résultats plus brillants et presque aussi solides que la première. Voici quelle est la manière de procéder. On commence par diviser le tronc parallèlement à sa longueur, en quatre portions de cylindre; on refend ensuite en planches ces madriers triangulaires, en commençant par un angle et en dirigeant la scie perpendiculairement à la largeur des couches concentriques. La première pièce qu'on enlève par ce moyen n'est pas autre chose qu'un liteau triangulaire. On obtient ensuite des planches dont la largeur augmente jusqu'à ce qu'on soit arrivé au point de la surface extérieure du madrier, qui est opposé au sommet de l'angle qui était au cœur de l'arbre. A partir de ce point, la largeur des planches recommence à diminuer, et l'on finit encore par un liteau triangulaire. Cette manière de débiter le bois a pour but de couper obliquement les prolongements médullaires dont nous avons parlé. Ces prolongements, que les ouvriers appellent la *maille*, forment, à la surface des planches, des taches brillantes ou *miroirs*, et c'est pour que ces taches soient plus grandes qu'on procède de cette manière. C'est ce qu'on appele refendre sur la maille. Les Hollandais, qui travaillaient ainsi le chêne, cachaient leur procédé, et on croyait généralement que cette maille large et apparente provenait d'une espèce de chêne qui ne croissait qu'en Hollande, tandis que c'était tout simplement du chêne acheté dans nos forêts.

CHAPITRE II.

DES DIVERSES MANIÈRES DE PRÉPARER LE BOIS AVANT DE LE TRAVAILLER.

De la dessiccation du bois.

La sève qui existe dans tous les bois est une cause inévitable d'altération. Elle s'échauffe et fermente même dans ceux qui sont de meilleure qualité et travaille jusqu'à ce que le temps l'ait détruite. Dans les bois de qualité inférieure, cette fermentation a des effets encore plus fâcheux, surtout s'ils n'ont pas été coupés dans la saison convenable. La corruption de la sève attire les insectes, qui rongent et coupent les fibres ; elle fait bomber, fendre et même pourrir les bois avant le temps. Par son évaporation, elle donne lieu à un resserrement quelquefois considérable ; les pièces de l'ouvrage fait avec du bois vert se séparent, et si elles sont assemblées d'une manière invariable, elles se fendent. Il ne faut donc employer les bois qu'après les avoir bien fait sécher ; ce qu'on obtient en les exposant à l'air, sous un hangar.

Ce procédé simple, employé pour les bois de sapin et peupliers, ou généralement pour tous bois tendres, consiste à exposer les planches aux variations atmosphériques, en formant des piles triangulaires ou carrées : ces piles sont creuses intérieurement ; leurs côtés ont pour épaisseur la largeur d'une planche ; on pose ces planches à plat les unes sur les autres, de manière que celles formant face de la pile, avec celles formant les retours, laissent un vide entre deux, égal à l'épaisseur d'une planche pour aérer les faces des deux planches, immédiatement au-dessus l'une de l'autre. Ainsi exposées, le dessèchement doit s'opérer à l'ombre, en observant qu'il faut garantir les planches d'un grand hâle et du soleil, parce qu'ils pourraient hâter trop rapidement ce dessèchement et les faire gercer. Parvenu à un certain degré de sécheresse, le bois absorbe l'humidité atmosphérique, alors on rentre ces bois dans des magasins ou autres lieux fermés pour en terminer la dessiccation. Leur empilement se fait en pilon carré, les planches toujours posées à plat, en les séparant les unes des autres par des lattes, de manière que l'air circule librement.

Pour les bois de chêne et autres bois durs, on conçoit qu'un tel procédé serait infiniment long à opérer leur dessèchement; mais on a recours à d'autres moyens qui donnent des résultats plus prompts et très-favorables à la qualité du bois; comme la dessiccation consiste principalement dans l'expulsion de la sève, on emploie l'eau pour l'en expulser, et en même temps elle entraîne avec elle les autres matières végétales qui peuvent être contenues dans les pores ; à cet effet, lorsque les planches sont débitées, on les expose à l'air pendant un mois, ensuite on les plonge pendant deux ou trois mois dans un canal ou dans l'eau courante; cette dernière est préférable parce qu'elle se renouvelle successivement dans les pores et entraîne plus promptement la sève. Après ce laps de temps, on retire ces planches de l'eau, puis on les fait sécher, comme il a été dit, pendant trois ans, ensuite on les emmagasine sous un hangar couvert pendant un égal laps de temps.

Procédé de M. Mugueron pour dessécher les bois.

La dessiccation obtenue par le moyen précédent est lente et n'est jamais complète. Il y a près de cinquante ans que M. Mugueron, maître-charron à Paris, inventa un moyen ingénieux qui produit de bien meilleurs effets. Il consiste tout simplement à faire bouillir le bois dans l'eau et à le faire ensuite sécher à l'étuve. Par cette opération, le bois est entièrement dépouillé de cette partie extractive; ses fibres se rapprochent, sa sève est remplacée par l'eau qui s'évapore promptement. On peut même, comme nous allons le voir, mêler à l'eau d'autres substances qui pénètrent jusqu'au cœur du bois et lui donnent de nouvelles qualités. La découverte faite par M. Mugueron, obtint l'approbation de l'Académie des Sciences. Voici le résultat des épreuves faites sous ses yeux : 1° Le meilleur bois acquiert un tiers de force de plus que sa force naturelle; 2° le bois vert auquel il fallait plusieurs années pour pouvoir être employé, peut l'être très-promptement; 3° le bois qui n'était propre à rien, rendu plus dur, devient utile à plusieurs ouvrages; 4° les bois ainsi préparés sont moins sujets à être fendus, gercés et vermoulus ; 5° on peut, dans l'emploi, diminuer d'un tiers la grosseur de certaines pièces de bois; 6° le bois devient flexible; il en résulte qu'on peut redresser les pièces qui sont courbées, et, quand on le désire, cintrer dans tous les sens celles qui sont droites.

Il n'est pas douteux que cette dernière propriété, si remarquable, dont M. Mugueron avait tiré parti pour le charronnage, n'ait été l'origine de la prétendue découverte que M. Isaac

Sargent a rajeunie, et sur laquelle nous donnerons de nouveaux détails dans la première section de la deuxième partie.

Modification du procédé de M. Mugueron, par M. NEUMAN.

M. Mugueron, pour appliquer sa découverte, avait fait faire d'immenses chaudières; mais, comme tout le monde ne peut pas l'imiter, on avait à peu près abandonné son procédé. M. Neuman, menuisier de Hanovre, et plusieurs ébénistes anglais en ont rendu l'emploi bien plus facile en se servant du chauffage à la vapeur pour faire entrer l'eau en ébullition.

Cette nouvelle manière de procéder est très-simple. On met les pièces de bois dans une forte caisse en chêne, dont les joints ont été bien mastiqués. On a soin que les diverses pièces de bois ne s'appliquent pas exactement l'une sur l'autre. Il y a au fond de la caisse un robinet qu'on ouvre et ferme à volonté. On la remplit d'eau.

Sur un fourneau placé à côté de la caisse, est une chaudière pleine d'eau et fermée par un couvercle en forme d'entonnoir renversé. Pour que la vapeur ne puisse pas s'échapper en glissant entre le couvercle et la chaudière, on bouche la jointure avec de la terre glaise, ou mieux encore avec de la chaux vive délayée avec du blanc d'œuf, mêlé à l'avance avec un peu d'eau. Au sommet du couvercle, on a soudé un gros tuyau qui s'élève d'abord verticalement, puis se recourbe et descend au fond de la caisse en bois. Quand on chauffe fortement la chaudière, l'eau qu'elle renferme entre en ébullition, la vapeur sort par le tuyau du couvercle, et, ne trouvant point d'autre issue, passe à travers la masse d'eau contenue dans la caisse, qu'elle finit par échauffer. L'opération est plus ou moins longue, et l'ébullition doit être plus ou moins longtemps soutenue, suivant que les pièces de bois renfermées dans la caisse sont plus ou moins grosses. On a atteint le but, quand l'eau qui sort de la caisse n'est plus colorée par le bois soumis à l'opération.

Ce procédé pourrait, je crois, être employé avec beaucoup de succès pour teindre le bois en grand. Il suffirait pour cela de remplacer l'eau de la cuve par la liqueur colorante qu'on aurait d'abord chauffée. Il est présumable qu'on aurait des teintes bien plus vives, si, après avoir fait subir au bois une première ébullition dans l'eau pure, on le plaçait dans la liqueur colorante, soit de suite, soit après l'avoir fait sécher;

je ne doute pas que, par ce moyen, la couleur ne pénétrât
jusqu'au cœur du bois.

En France, on pratique depuis longtemps un procédé de
lixiviation à peu près analogue, dans l'intention de garantir
les bois de la piqûre des vers. On les met bouillir dans des
chaudières où l'on a jeté des cendres de bois neuf, et on les y
laisse pendant une heure environ.

Moyen de rendre les bois inaltérables.

Il y en a un bien simple, il consiste à jeter du sel de cuisine
dans la cuve de Neuman. Aux Etats-Unis, on fait mariner dans
le sel les bois qu'on destine à la charpente. Un journal alle-
mand annonçait, en 1813, qu'à Copenhague, le champignon
s'étant mis sur le bois du plancher de la Comédie, avait gagné
au point que le plancher vint à manquer; on en construisit
un nouveau, qu'on eut soin de frotter d'une dissolution de sel.
Au bout de dix ans, le bois de ce plancher était encore aussi sain
et aussi bien conservé que s'il eût été tout récent. La charrée
de savon a la même propriété.

Manière de rendre le bois incombustible.

Suivant Faggot, il suffit, pour cela, de le faire bouillir dans
une dissolution d'alun ou de vitriol vert (sulfate de fer).

Les bois imprégnés d'urine ne se consument que très-lente-
ment. On trouve dans le *Monats blatt für Bauwesen*, que si on
lessive du schiste alumineux avec de l'urine, et qu'on laisse
pendant quatorze jours dans cette liqueur des morceaux de
bois de pin de 81 millimètres (3 pouces) d'épaisseur, ils deviennent presque incombustibles. Après les avoir laissés sécher, si
on les met dans le feu, ils y restent pendant près d'une demi-
heure sans subir d'altération; c'est seulement au bout de ce
temps qu'ils commenceront à se charbonner, mais ils ne produisent plus de flamme. Sans doute ces procédés sont coûteux,
et il est moins dispendieux de payer une prime d'assurance.
Mais les compagnies d'Assurance contre les incendies ne peuvent pas mettre à l'abri des accidents les habitants des mai-
sons, et la foule qui se presse dans les théâtres.

Procédé pour durcir le bois.

Si on veut donner au bois une très-grande dureté, il faut
l'imbiber d'huile ou de graisse et l'exposer pendant un certain
temps à une chaleur modérée. Il devient alors lisse, luisant
et très-dur quand il s'est refroidi. C'est d'un procédé semblable

que se servent quelques sauvages pour durcir le bois avec lequel ils construisent leurs armes et leurs outils. Ainsi préparé, le bois devient assez dur pour tailler et percer d'autres bois, et les piques graissées, chauffées et séchées de la sorte, peuvent traverser le corps d'un homme de part en part.

Procédé de M. Atlée pour durcir le bois et l'empêcher de travailler par l'effet de l'humidité.

Le bois est d'abord débité en planches ou en pièces parallèlogrammiques qui doivent avoir une épaisseur égale sur toute leur longueur; ensuite ces pièces sont passées entre les cylindres de fer ou d'acier bien poli d'un laminoir qui les comprime à la manière des feuilles métalliques. L'écartement entre les cylindres se règle suivant l'épaisseur du bois; mais pour qu'il n'éprouve pas une compression brusque, qui romprait les fibres et le ferait éclater, l'auteur propose de placer plusieurs paires de cylindres à la suite l'un de l'autre, afin que la pression soit graduelle et successive. L'écartement de ces cylindres devrait être tel, qu'à mesure qu'ils s'éloignent ils soient plus serrés. M. Atlée assure que par ce moyen la sève ou l'humidité est forcée de sortir du bois sans que ses fibres soient rompues : ce bois sera ainsi plus compacte, plus lourd, plus solide et moins susceptible de se pourrir. C'est principalement pour l'ébénisterie que l'auteur recommande son usage comme ne travaillant pas, prenant un beau poli et se rayant difficilement. On est dispensé d'ailleurs de l'emploi de la varlope et du rabot, attendu que le laminage donne aux planches une surface très-unie.

Je dois faire observer que les bois noueux ne subiraient pas le laminage sans éclater, quelles que fussent les précautions prises pour graduer la compression.

Conservation des bois par l'acide pyroligneux.

Nous croyons ne pouvoir mieux faire que de rapporter des expériences faites par un Américain du Nord, qui a consacré plusieurs années aux épreuves et aux recherches d'un moyen de conserver le bois des vaisseaux, et qui s'est arrêté à l'emploi de l'acide pyroligneux, comme le plus sûr et le meilleur des préservatifs contre la piqûre des vers, la pourriture, etc. (1). Pour faire ses expériences, il a exposé à la chancissure

(1) M. Briant a obtenu un brevet pour la conservation des bois au moyen du sulfate de fer ; nous aurons occasion de parler de la découverte de cet habile industriel.

deux pièces de bois vert abattues depuis longtemps et qu'il avait auparavant imprégnées d'acide pyroligneux. Il a été reconnu que ces bois n'avaient pas éprouvé le moindre dépérissement, tandis que des pièces de la même espèce, et semblables en tout à celles sur lesquelles se faisait l'expérience, se sont moisies et sont même tombées en pourriture.

On savait déjà que l'acide pyroligneux conservait les substances animales, mais on n'avait eu jusqu'ici que des doutes sur les effets de son application aux substances végétales, et surtout aux poutres, aux planchers, aux bordages des vaisseaux.

Ce procédé est si simple et si facile, qu'il semble impossible que les constructeurs se refusent à l'adopter. En voici les détails :

Après avoir scié, on façonne les différentes pièces de la construction, on les met à couvert pendant huit ou dix jours pour les empêcher d'être mouillées, et chaque jour on leur applique avec une brosse une couche d'acide qui les pénètre à environ 27 millimètres (1 pouce) de profondeur.

Le bois doit être abattu depuis un assez long temps pour être scié, et l'on observe que, le cœur du chêne étant naturellement moins corruptible, on peut se dispenser de lui donner autant de couches qu'aux autres parties plus voisines de l'écorce, ou aux autres espèces de bois.

Conservation des bois, par M. BOUCHERIE, *docteur en médecine.*

Les recherches qui ont pour objet la conservation des bois peuvent se diviser en deux catégories générales bien distinctes.

Dans la première, on a principalement étudié les meilleures conditions de saison pour l'abattage des bois dans l'intérêt de leur conservation ; les moyens les plus efficaces de dessiccation rapide et ceux qui peuvent les empêcher de s'altérer pendant qu'elle a lieu. On s'est aussi livré à des recherches pour conserver le bois mis en œuvre, et la ventilation convenablement dirigée est l'un des moyens dont on a obtenu les meilleurs résultats.

Dans la seconde catégorie se rangent les efforts qui ont été faits pour arriver à la découverte d'agents divers dont l'application à la surface du bois ou l'introduction plus ou moins profonde dans la substance devait le garantir des altérations de toute espèce auxquelles il est soumis.

accidents très-remarquables, qui donnent à des pièces de bois l'aspect du marbre.

Cette portion centrale, ce cœur des bois blancs varie selon l'âge sous le rapport du volume de bois qu'il représente. Dans les arbres d'un grand âge il est proportionnellement plus considérable que dans ceux plus jeunes.

Quant à la non-pénétration des parties les plus centrales du cœur du chêne, de l'ormeau, etc., je la considère également comme une preuve que le mouvement circulatoire y a cessé depuis longtemps. C'est encore une matière morte déposée au milieu du bois plein de vie.

Dans la distinction ordinaire qu'on fait entre l'aubier et le cœur du chêne, on a égard à la différence de couleurs que présente la coupe perpendiculaire à l'axe; tout ce qui est blanc ou à peu près c'est de l'aubier, tout ce qui est plus foncé, c'est du cœur; mais dans le procédé de pénétration, on considère comme aubier tout ce qui s'imprègne, et comme cœur tout ce qui résiste. L'aubier alors contient les 3/4 de la masse du bois.

Tous les bois durs ne se ressemblent pas sous le rapport du volume du cœur impénétrable comparé aux parties qu'il est possible d'imprégner. Ainsi, tandis que dans des chênes l'expérience m'a démontré qu'on pouvait parvenir à pénétrer les 3/4 de la masse, j'ai vu d'autres chênes qui avaient végété sur le même terrain ne s'imprégner qu'au 10e. L'époque de l'abatage n'était pas il est vrai la même, et il ne m'a pas encore été permis de reconnaître si la saison était l'unique cause de cette différence.

Je crois que la recommandation de couper le bois en hiver, parce que, dit-on, les arbres à cette époque contiennent moins de sucs que ceux abattus dans les autres saisons, est essentiellement pernicieuse, et quelques expériences, que je ne rapporterai pas ici, me semblent démontrer ce principe avec évidence.

2° Augmenter la durée des bois.

Le pyrolignite de fer non-seulement assure la conservation du bois, mais sa présence ajoute à la densité et paraît exercer sur la fibre ligneuse une action particulière. Cette fibre durcit au point que le bois, une fois préparé, présente aux intruments tranchants ou à tout autre effort mécanique une résistance extraordinaire et qui est au moins double de sa résistance naturelle.

3º *Conserver et développer la flexibilité et l'élasticité des bois.*

Ces qualités sont recherchées surtout dans la marine. Les bois qui les présentent et qui les conservent le plus longtemps lui offrent des garanties de durée et de service. Diverses industries qui emploient le bois ne retirent pas moins d'avantage de ces propriétés et savent très-bien les mettre à profit.

J'ai recherché les moyens de développer ces qualités à tous les degrés dans le bois, de telle sorte que même en dehors des conditions d'humidité extérieure, qui les maintiennent, elles puissent persister et ne subir aucune des influences qui les font sitôt disparaître.

Des études sur les causes qui déterminent ces conditions précieuses m'ont conduit à reconnaître :

1º Que la flexibilité et l'élasticité des bois est généralement en raison de l'humidité qu'ils retiennent ; que ces qualités ne persistent qu'avec cette humidité, dont alors la présence peut toujours être constatée, même dans les bois les plus secs et après un long usage.

2º Que dans des exceptions nombreuses, elles paraissent dépendre de la constitution organique du bois.

3º Qu'enfin dans certaines circonstances on peut probablement les attribuer à la composition même du bois envisagé sous le rapport des sels alcalins qu'il renferme.

Pour faire persister cette humidité qui donne aux bois leur flexibilité, il m'a suffi d'introduire par voie d'absorption vitale un sel déliquescent qui n'agit pas seulement comme élément conservateur de l'humidité, mais qui paraît aussi produire l'effet des corps huileux pour développer dans le bois une souplesse qu'il est loin de présenter au même dégré immédiatement après l'abattage.

Dans mes premiers essais j'ai fait usage du chlorure de calcium, mais en réfléchissant qu'une grande consommation en augmenterait peut-être la valeur, j'ai été assez heureux pour penser que les eaux-mères des marais salants, produit perdu qu'on pourrait désormais recueillir, pouvaient servir à cette application et dans un autre but que j'indiquerai. Ces eaux-mères sont essentiellement composées de chlorures déliquescents, et leur production est pour ainsi dire illimitée ; elles m'ont donné les mêmes résultats que le chlorure de calcium.

Au surplus, quel que soit le sel déliquescent qu'on choisisse, il donne toujours la flexibilité et l'élasticité à tous les degrés possibles. Elles sont peu marquées avec des dissolutions très-étendues, et des dissolutions concentrées rendent ces propriétés excessives. En un mot elles se développent en raison du degré aréométrique des liqueurs qu'on emploie.

Tout me porte à penser que ces dissolutions salines pourront aussi assurer la conservation du bois, mais pour agir avec plus de certitude, j'y mélange 175° de pyrolignite brut de fer.

Il était à craindre que la peinture ou le vernis ne pussent être appliqués d'une manière solide sur des bois ainsi préparés ; je me suis assuré qu'ils adhéraient avec autant de force que sur du bois ordinaire.

Les circonstances ne m'ont pas permis d'étudier complètement les bois préparés de la sorte dans leur résistance comparative, et sur de grosses pièces ; mais des ordres donnés par les ministres de la marine et des travaux publics vont me fournir les moyens d'entrer à cet égard dans une série d'expériences sur une grande échelle. Quoi qu'il en soit, je suis déjà en mesure d'assurer que sous des masses de 4 décimètres (1 pied 2 pouces) d'équarrissage, ces bois ne se dessèchent jamais d'une manière complète par l'action du soleil le plus brûlant, même après des mois entiers d'exposition ; le peu d'humidité qu'ils perdent le jour, la nuit le leur rend, et il en résulte que leur dessiccation ne dépasse jamais certaines limites.

Je n'énumérerai pas les secours que les industries diverses pourront retirer de cette découverte, ne voulant aujourd'hui insister que sur le fait capital de la pénétration intravasculaire et sur les résultats généraux qui en découlent.

4° Du jeu des bois et des moyens d'y remédier.

Le bois mis en œuvre, quelque sec qu'il soit, augmente et diminue incessamment de volume, suivant les influences atmosphériques ; il en résulte des disjonctions qui font le désespoir des constructeurs, et qui deviennent excessives lorsque le bois employé n'est pas dans un état de dessiccation suffisante.

Cette dessiccation, qui se fait longtemps attendre pour les bois de moyenne dimension, est très-tardive pour les fortes pièces.

Ces inconvénients ont depuis longtemps attiré toute l'attention des industriels qui exploitent le bois, et des ingénieurs.

On a cherché et on a obtenu une dessiccation plus rapide en opérant l'équarrissage au moment même de l'exploitation en forêt, mais la perte de temps est encore considérable malgré le recours à des empilages mieux combinés sous des hangars et sur un sol choisi.

On a essayé aussi sans plus de succès l'immersion préalable des bois dans l'eau douce ou l'eau salée.

Quant à la dessiccation au moyen des fours ou étuves, sans parler des frais onéreux qu'elle entraîne, il est reconnu que les bois ainsi préparés reprennent à l'air une partie de l'eau qu'on leur avait enlevée, et ne tardent pas à se tourmenter comme les autres.

Enfin on s'est servi de la vapeur, mais je n'ai pas de renseignements sur les effets qu'elle a produits.

La question était donc demeurée sans solution, et j'ai reconnu, en l'étudiant, que les changements successifs de volume que le bois éprouve provenaient uniquement de son hygrométricité qui, elle-même, est intimement liée à la porosité et à la présence dans son tissu des matières avides d'eau.

Le meilleur remède contre un tel mal consiste évidemment à obstruer tous les pores, et à empêcher ainsi l'air de venir déposer dans le bois, ou de lui enlever continuellement ces minimes proportions d'eau, unique cause des contractions et des dilatations qu'il éprouve.

C'est en réfléchissant aux moyens d'obtenir ce résultat que j'ai été conduit à remarquer que les disjonctions ne commencent à se manifester dans le bois qu'à une époque avancée de sa dessiccation et lorsqu'il est sur le point de perdre le dernier tiers d'eau qu'il renferme; les lui conserver toujours me parut de suite un moyen infaillible de prévenir ce travail jusqu'alors inévitable. Je me suis arrêté à cette pensée, et j'ai fait des expériences pour en reconnaître la valeur.

Tous les faits sont venus confirmer mes prévisions. Les bois, maintenus invariablement humides dans certaines limites au moyen de la pénétration d'un chlorure déliquescent, restent immobiles dans leur volume à quelque variation atmosphérique qu'ils soient exposés. Ils changent bien encore de poids et même dans une proportion beaucoup plus considérable que les bois naturels, mais ces changements s'exécutent de telle sorte qu'il n'en résulte pas de modification de forme.

L'emploi des chlorures, si avantageux pour prévenir le travail du bois, a aussi pour effet de réduire de beaucoup le temps de sa dessiccation. On économise tout celui qui est nécessaire pour la vaporisation du dernier tiers de l'eau qu'il contient.

En introduisant en mélange avec les chlorures terreux 1/5e de pyrolignite de fer, on assurera également leur conservation indéfinie.

5o *Diminuer l'inflammabilité et la combustibilité des bois de construction.*

Quand j'ai eu reconnu qu'il est possible de conserver toujours au bois une certaine humidité en l'imprégnant de chlorure terreux, il m'a été facile de concevoir, qu'au moyen de la même substance, on peut, non-seulement beaucoup diminuer son inflammabilité, mais encore rendre très-difficile la combustion de son charbon soustrait au contact de l'air par la fusion des sels terreux à sa surface et dans sa masse.

Ces prévisions ont été confirmées par l'expérience.

6o *Introduction dans le bois des matières colorantes, odorantes et résineuses.*

On parvient à introduire dans le bois des substances colorantes, odorantes et résineuses par le moyen de la pénétration, c'est-à-dire, en chargeant les liqueurs qui doivent être absorbées avec les substances indiquées.

On peut même faire absorber séparément les éléments d'un sel ou d'une combinaison colorée, et la réaction qui développe la couleur s'opère à l'intérieur du végétal ; ainsi, l'hydrocyanate ferruré de potasse, absorbé avec un sel de fer, produit, dans les vaisseaux séveux, du bleu de Prusse qui les colore assez uniformément.

Les substances odorantes ou résineuses qu'on veut faire pénétrer ont besoin d'être dissoutes dans l'alcool pour que leur absorption puisse s'opérer.

Nouvelle méthode employée pour la conservation des bois ;
Par M. BOUCHERIE, docteur en médecine.

Ce nouveau travail de M. Boucherie a été entrepris, il y a déjà plus d'une année, pour résoudre une difficulté grave que présente l'application du procédé de pénétration des bois par aspiration vitale. Ce procédé, en effet, ne peut être exécuté que dans le temps de la sève ; et outre que ce temps est limité à quelques mois de l'année, l'abattage des bois à cette époque contrarie toutes les pratiques établies dans l'intérêt de

l'économie forestière, et laisse dans beaucoup d'esprits la con-
viction, bien mal appuyée sans doute, que les bois doivent
être très-altérables lorsqu'ils ne sont pas abattus en hiver.

« Pour vaincre ces obstacles à l'admission de mes procédés
sur une grande échelle, dit M. Boucherie, je me suis appliqué
à rechercher un moyen de pénétrer économiquement les bois
en hiver; et aussi heureux dans ce second travail que dans
celui qui l'avait précédé, je suis arrivé à découvrir un mode
de pénétration différent de celui effectué par aspiration vitale
aussi économique et aussi complet, au moyen duquel je puis
en plein hiver, et dans un très-court espace de temps, pénétrer tous les bois en grume ou équarris destinés à l'industrie.

» Ce procédé, que M. Biot aurait été amené par ses expériences à découvrir avant moi, s'il se fût occupé de la même
question, s'applique uniquement au bois nouvellement abattu,
et divisé en billes de toutes longueurs, selon les besoins de
l'industrie. Il suffit pour imprégner ces billes par diverses
liqueurs, de les placer verticalement et d'adapter à leur extrémité supérieure des sacs en toile imperméable, faisant fonction de réservoirs dans lesquels on verse incessamment les
dissolutions salines ou autres dont on peut faire choix pour
donner aux bois des qualités nouvelles. Dans le plus grand
nombre de cas, le liquide pénètre promptement par l'extrémité supérieure, et presque au même instant la sève s'écoule.
Pour quelques bois qui renferment de grandes quantités de
gaz, cet écoulement ne commence que lorsque ces gaz sont ex-
pulsés, et alors la sève tombe sans interruption. L'opération
est terminée lorsqu'on recueille par l'extrémité inférieure de
ces pièces de bois, des liqueurs parfaitement identiques avec
celles qui ont été versées sur la partie supérieure.

» Dans le cours des expériences que j'ai faites avec cette méthode de pénétration, il m'a été possible d'observer un grand
nombre de faits très-curieux, qui m'ont fourni les éléments
d'un travail étendu dont je m'occupe. Je me bornerai aujour-
d'hui à citer ceux de ces faits qui m'ont paru les plus intéres-
sants.

» 1° Il est facile d'extraire par milliers de livres la sève de
presque tous les bois ; cette opération s'exécute sans frais et en
très-peu de temps; en une seule journée j'ai pu en recueillir
4850 litres; j'opérais sur 7 arbres, et j'étais secondé par deux
hommes.

» 2. Non-seulement on peut ainsi enlever au bois les matières sucrées, mucilagineuses, etc., que la sève tient en dissolution, mais il est encore possible d'en extraire les sucs résineux colorés, etc., qu'il renferme. Il suffit, pour obtenir ce résultat, d'imprégner préalablement les arbres de liquides ayant la propriété de dissoudre ces sucs. Après quelque temps de macération, si je puis ainsi dire, la sève artificielle qu'on expulse se trouve chargée de ces matières. Dans l'un comme dans l'autre cas, ces sèves pourraient être très-avantageusement utilisées.

» 3. Ainsi qu'on l'a reconnu, je crois, mais sans agir sur des masses, comme j'ai pu le faire, la sève de la périphérie du bois et celle des parties centrales présentent quelques différences ; les points plus ou moins élevés de la tige auxquels on la recueille, l'âge du végétal et l'époque de l'année à laquelle on opère influent aussi sur la composition qu'elle présente.

» 4. Dans le plus grand nombre de cas, la sève ne contient que quelques millièmes de matières solides, quoique le bois renferme plusieurs centièmes de matières solubles. Ce fait connu, ainsi précisé, indique des recherches qui peuvent être bien intéressantes pour la physiologie végétale. Rien ne démontre mieux la vascularité du système ligneux.

» 5. Les bois contiennent des proportions différentes de gaz dont la composition varie selon les espèces, l'âge et les saisons. J'ai reconnu que dans quelques cas ces gaz représentaient le vingtième du cube du bois.

» 6. Dans le cours de mes expériences, j'ai pu très-bien apprécier que la contractilité des vaisseaux du bois, sous l'influence de certains agents, n'était pas la même, et que tandis que telle espèce se laissait parfaitement pénétrer par la liqueur A, qui était neutre, et par la liqueur B, qui était astringente, une autre espèce n'admettait dans ses vaisseaux que la liqueur A. En pratique, cette observation est importante.

» 7. Les bois les plus légers ne sont pas ceux qui se laissent pénétrer le plus facilement, ainsi qu'on serait disposé à le croire. Le peuplier résiste beaucoup plus que le hêtre, le charme, etc., et le saule bien davantage que le poirier, le hêtre et le platane. »

Procédé de Callender pour préparer le bois d'acajou de manière à le garantir des influences de l'atmosphère.

On sait que les Anglais fabriquent tous leurs meubles d'acajou en bois plein, tandis que chez nous on est dans l'usage de les plaquer, ce qui permet d'obtenir des ronçures et des veines agréables et variées. Lorsque ce placage est bien fait, il est tout aussi solide que le bois plein; mais il faut avoir soin de fixer les feuilles sur des bois déjà très-secs, avec de la colle qui ne soit pas trop hygrométrique.

Il paraît que l'humidité du climat fait *voiler* les bois d'acajou, du moins ceux récemment travaillés, ce qui oblige à les faire sécher préalablement, opération longue et dispendieuse qui ne remédie souvent qu'imparfaitement à ce défaut. M. Callender propose de l'abréger par un procédé fort simple qu'il a communiqué à la Société d'encouragement de Londres, et pour lequel il a obtenu une récompense de quinze guinées. Il consiste à placer les bois dans une caisse ou chambre hermétiquement fermée où l'on fait arriver, par un tuyau aboutissant à une chaudière, de la vapeur d'eau qui ne doit pas être au-dessus de la température de 80 degrés de *Réaumur*. Après que les bois ont été ainsi exposés pendant deux heures, plus ou moins, à l'effet de la vapeur, et qu'on juge qu'ils en sont bien pénétrés, on les porte dans une étuve ou dans un atelier chauffé, où ils restent pendant 24 heures avant d'être mis en œuvre. Nous observons que l'auteur n'entend parler que des bois de moyenne dimension, c'est-à-dire de ceux de 41 à 54 millim. (1 pouce 1/2 à 2 pouces) d'épaisseur, dont on fait ordinairement des chaises, des balustrades, des lits, etc. On conçoit que des pièces d'un plus fort échantillon exigent plus de temps pour être complètement desséchées.

De beaux blocs d'acajou sont souvent déparés par des taches et des veines verdâtres renfermant des insectes qui ne tardent pas à les attaquer. M. Callender assure que son procédé remédie à ce double inconvénient, en effaçant les tâches, et en détruisant les larves des insectes.

Plusieurs habiles ébénistes de Londres ont pratiqué avec succès ce moyen dont ils ont rendu le compte le plus satisfaisant. Ils attestent que l'acajou, ainsi préparé, ne se déjette pas quand il est exposé au soleil et à la chaleur; qu'il ne s'y manifeste point de gerçures, et que sa couleur acquiert plus d'intensité.

Nous ne doutons pas que ce procédé ne trouve de nombreuses applications en France, surtout pour empêcher les bois d'être piqués des vers.

Procédé de M. Paulin Desormeaux pour la conservation des bois.

Après l'abattage et la rentrée des bois dans le cellier, on

débite ceux en grume, en bûches de 1 mètre 29 centim. à 1 mètre 62 centim. (4 à 5 pieds) de longueur, on colle, sur les bouts, des rondelles de papier sur lesquelles on répand ensuite de l'huile. Pour les garantir de la piqûre des vers, on écorce ces bûches un an après leur abattage, au printemps, à l'instant où les œufs des insectes déposés dans cette écorce, commencent à éclore. L'écorce ôtée, le bois sèche et durcit : les œufs, s'ils éclosent, ne peuvent nuire au bois, et ceux déposés par la suite ne peuvent y causer de dommage ; le ver, lorsqu'il éclot, ne trouvant plus l'écorce qui le nourrit jusqu'à ce qu'il soit assez fort pour perforer le bois même. C'est surtout pour les bois fruitiers, c'est-à-dire les bois les plus précieux, que ce procédé offre de l'avantage. Le noyer n'est garanti, par ce moyen, que des gros vers, les petits parvenant encore à s'y loger ; mais il fait exception, et c'est toujours quelque chose d'avoir seulement à redouter ces derniers qui n'ont point d'action sur le bois verni.

Défaut des bois. — Les bois, lorsqu'ils sont débités et desséchés, sont assujétis à des défauts importants à connaître ; les principaux sont : les *nœuds*, les *malandres*, l'*aubier*, les *gerces* et l'*échauffé*.

Les nœuds sont la partie interne d'où naissent les branches, en partant près du canal médullaire du tronc ; ils traversent ses couches ligneuses, en interrompant et dérangeant la direction de leurs fibres ; ces nœuds augmentent, chaque année, d'une couche ligneuse de même nature que celles du tronc auquel ils appartiennent ; mais ces couches sont plus dures en ce point que dans tout autre ; cela tient à un engorgement de séve occasioné par le changement de direction des fibres ligneuses du tronc. Les nœuds en dérangent ainsi les fibres, les rendent courbes en divers sens, au lieu d'être droites, surtout lorsqu'il s'en trouve plusieurs assez proche les uns des autres ; dans ce cas, on dit que le bois est *tranché* ou à *rebours*. Il se trouve des nœuds pourris intérieurement ; ceux-là peuvent occasioner des détériorations très-graves ; il faut avoir soin de mettre au rebut les parties des planches qui en sont affectées.

Les malandres sont des veines blanches ou quelquefois d'un rouge terne, qui annoncent un commencement de détérioration du bois, qui finit par se décomposer et se pourrir insensiblement.

L'aubier est, comme il a déjà été dit, d'une contexture plus imparfaite que le bois, ce qui le rend très-susceptible de se décomposer, d'engendrer des vers qui le réduisent en poussière et finissent par attaquer le bois; par conséquent, on doit avoir grand soin de l'en retirer du bois. Dans le chêne, par l'effet du flottage, l'aubier est facile à reconnaître, parce qu'il devient blanc.

Les gerces peuvent provenir d'un dessèchement trop rapide, produit par un grand vent ou par l'action du soleil; elles peuvent aussi être le résultat de quelques maladies. Cette désunion des fibres ligneuses est très-nuisible lorsque ces gerces sont en grand nombre et profondes, elle cause un déchet considérable, car il est impossible d'employer les parties des planches totalement gercées.

L'*échauffé* provient de la sève qui n'a pu être expulsée complètement; la partie restant dans le bois se corrompt, entre en fermentation, détériore le bois jusqu'au point d'y engendrer la pourriture; ce défaut peut aussi être occasioné par l'eau qui a séjourné entre deux planches d'une même pile; mais il est moins grave que le premier.

D'après ce qui vient d'être dit, les bois de bonne qualité consistent : en ce qu'ils soient exempts de défauts, que leurs fibres soient ligneuses, fortes, souples, bien droites et homogènes. Lorsqu'on sait ainsi reconnaître la qualité des bois par la nature et la contexture de leurs fibres, et par les accidents qui les caractérisent, on est en état d'en tirer le meilleur parti et de faire des ouvrages remplissant les conditions particulières de la durée et de la solidité.

CHAPITRE III.

DES DIVERSES ESPÈCES DE BOIS INDIGÈNES.

Je diviserai en deux classes les bois que je veux faire connaître, savoir : les bois originaires de France ou qui y sont acclimatés, et les bois qui croissent dans d'autres pays. Parmi ceux dont je parlerai, il y en a quelques-uns qui servent plus souvent au tourneur qu'au menuisier; mais je n'ai pas cru devoir les omettre. Pour rendre les recherches plus faciles, j'ai disposé les notices par ordre alphabétique.

Abricotier.

C'est un bois assez agréablement veiné; mais on s'en sert

peu, parce qu'il est sujet à fendre. Il se polit difficilement, et souvent il est pourri au cœur.

Acacia.

Ce bel arbre, apporté en France en 1600, par M. Robin, n'est pas encore assez estimé chez nous. Il vient extrêmement vite. Quand un homme se marie aux Etats-Unis, il arrive souvent qu'il plante en acacias plusieurs acres de terrain, et au bout de vingt ans, la coupe de ces arbres lui suffit pour établir ses enfants. Ce bois, qui ne pourrit ni à l'eau ni à l'air, que les vers n'attaquent point, est d'un grain fin, assez dur et bien veiné. Il est d'un jaune verdâtre, et ses veines brunes tirent aussi un peu sur le vert. Il se polit très-bien, et le brillant de son poil offre un satinage agréable. Ce bois nerveux et léger convient mieux que tout autre pour faire des chaises.

Alizier ou Alouchier.

Cet arbre est malheureusement exposé à être attaqué par les vers, qui, après avoir rongé l'écorce, pénètrent jusqu'au cœur. Jeune, il est blanc, doux sous l'outil, a un grain très-fin, et des veines disposées comme le noyer. Il reçoit les moulures les plus déliées. En vieillissant, il devient rougeâtre, acquiert de la dureté, et peut recevoir un beau poli ; il prend très-bien les teintures rembrunies. Il a quelquefois au cœur des veines d'un beau noir, qui, malheureusement, sont cassantes.

Amandier.

C'est un excellent bois, que les ouvriers nomment faux gaïac ou gaïac de France. En effet, le bas du tronc, quand le bois est bien sec, n'est pas tout-à-fait sans ressemblance avec le gaïac. Quand il est scié avec une scie à denture très-fine, il est luisant comme ce bois exotique, très-pesant, très-dur et imprégné de résine ; il est excellent pour faire des manches de ciseau qui résistent longtemps au maillet : il est bien veiné, mais très-susceptible de se fendre en spirale. Avant de s'en servir, il faut le laisser très-longtemps sécher à l'air, sans cela il serait impossible d'en tirer parti.

Aulne.

Son bois est blanc, facile à teindre, surtout en noir, et les ébénistes l'emploient souvent au lieu de l'ébène ; il est d'une coupe lisse et nette sur le ciseau. Les sculpteurs et les tourneurs l'estiment, quoiqu'on ne puisse ni le poncer ni le ver-

nir; il reçoit bien les moulures, mais les vers s'y mettent aisément. On l'emploie le plus ordinairement à faire des chaises
communes et des échelles, qui ont l'avantage d'être très-légères; mais cet arbre porte des espèces de loupes ou excroissances qui, dans ces derniers temps, ont été travaillées avec succès.
Ces loupes sont agréablement mélangées de dessins rouges et
moirés; elles presentent l'aspect de l'acajou, et ont le grain de
la loupe d'orme; mais le placage qni en résulte et très-tendre,
et se raie aisément.

Bouleau.

Ce bois est solide, mais moins dur dans nos climats que dans
le Nord. Sa couleur est d'un blanc rougeâtre; son grain n'est ni
fin ni grossier quand il est sec : on en fait des ustensiles de ménage, des sabots, des jougs et autres instruments aratoires. Il
se forme sur le bouleau des nœuds ou loupes d'une substance
rougeâtre, marbrée, légère, solide et non fibreuse, recherchés
par les tourneurs.

Buis.

Il y en a deux espèces, le buis de France et le buis d'Espagne. Le *buis de France* est presque toujours rabougri. Tout le
monde sait qu'il est jaune, nuancé de vert, qu'il est assez dur
et que les tourneurs le recherchent. Souvent il porte à fleur de
terre des excroissances ou loupes difficiles à travailler, et dont
on fait beaucoup de cas. Souvent on obtient de ces loupes
d'une manière artificielle. Pour cela, on fait passer une branche par une virole de fer qu'elle remplit exactement. La branche ne peut plus grossir, la sève s'y accumule et la gonfle au-
dessous de la virole. Il y pousse d'autres petites branches que
l'on coupe, ce qui produit des nœuds; le gonflement continue toujours, et l'on finit par avoir une loupe plus facile
à travailler et aussi belle que celle que produit la nature. On
fait ressortir les veines de ces loupes à l'aide d'une teinture
de bois d'Inde et d'un mélange d'acétate de fer et d'acide
nitrique.

Le *buis d'Espagne* est ainsi nommé, parce que c'est surtout dans les Pyrénées qu'il croît avec abondance. On le trouve
là à haute tige, droit et sans nœud. Ses qualités sont celles du
buis ordinaire; il se polit de même, mais porte rarement des
loupes.

Cèdre.

La rareté, la beauté et l'incorruptibilité de ce bois l'ont

rendu célèbre. Il est excellent pour la charpente et devrait être multiplié. Sa croissance est rapide. Il se plaît dans les terrains pierreux, sablonneux et maigres, on pourrait en couvrir les coteaux arides, et le placer dans les bosquets d'hiver où il ferait un bel effet. Le bois de cèdre est rougeâtre, odoriférant. On a prétendu que les charpentes des temples de Jérusalem et de Diane, à Éphèse, avaient été construites avec ce bois; mais M. de Fenille fait observer avec raison que cet arbre n'ayant pas plus de 6 mètres 50 cent. (20 pieds) de hauteur, ne peut servir à la charpente d'aussi grands édifices. Le même auteur doute encore plus qu'on l'ait employé, comme le rapporte l'histoire, à sculpter la statue de Diane dans le même temple. Ce bois est trop mou et d'un grain trop inégal pour cela; il se fend en outre très-aisément.

Cerisier.

Il y en a plusieurs espèces.

Le *Cerisier ordinaire* a l'aubier blanchâtre et le cœur d'un rouge assez semblable à celui de l'acajou, ce qui le rendrait bien plus précieux pour l'ébénisterie si cette couleur se soutenait. On la fixe bien en partie en y passant de l'eau de chaux, mais alors la couleur brunit et devient moins agréable; c'est pourtant une des plus solides parmi celles qu'on communique artificiellement. Il est un peu trop tendre pour la grosse menuiserie, ainsi que les suivants, et ne peut d'ailleurs être employé pour les ouvrages qu'on exposerait à l'air.

Le *Merisier*, dont le bois est plus serré, plus dur que celui des cerisiers ordinaires, prend mieux le poli, et par cette raison mérite de beaucoup la préférence. Mais, comme le cerisier, il pâlit extraordinairement en vieillissant, quelle que soit la couleur qu'on lui ait donnée, et sous ce rapport, il est moins propre que le noyer à l'imitation de l'acajou. C'est d'ailleurs un bois très-sujet à la vermoulure, et dont les planches sont rarement saines en entier, de sorte qu'il y a beaucoup de déchet. Néanmoins, quand on le traite par les acides et quand on choisit un bois riche en accidents, on produit des meubles très-élégants et très-recherchés. On a vu à Paris des fauteuils et des chaises de merisier verni qui étaient du plus bel effet. C'est surtout pour ce dernier genre de travail qu'on fait un grand usage de ce bois. Néanmoins, pour les chaises communes il faut lui préférer l'acacia qui est bien plus solide, et qui deviendrait peut-être aussi beau si on s'étudiait à le teindre et à lui appliquer les acides.

Le *Guignier* est encore plus dur que le merisier. Il est aussi plus liant, plus roncé. Les planches du guignier ornées de nœuds font de très-beaux dessus de table. Ces nœuds, vert-olive avec des accidents rougeâtres, blancs ou bruns, se détachent sur un fond vert tendre. On ne doit donc y mettre une couleur que dans le cas où il ne présente que très-peu de nuances.

Le *Cerisier mahaleb*, ou bois de *Sainte-Lucie*, croît en abondance dans les Vosges, près du village de Sainte-Lucie. Sa couleur naturelle est celle du cerisier, mais il brunit beaucoup en vieillissant. Il a une légère odeur de violette. Il ne faut pas le confondre avec le bois de *palissandre* qu'on nous apporte de l'île de Sainte-Lucie, et qui a une odeur semblable à celle du *mahaleb*.

Le *Cerisier à grappes* ou *putier*, ressemble beaucoup au précédent, et présente un beau veinage quand il est débité *en semelle*.

Charme.

La contexture des fibres du charme est singulière. Ses couches concentriques ne suivent point une couche exactement circulaire comme celle des autres arbres; elles sont ondulées en zigzag. Le charme est par conséquent rebours, difficile à travailler, et s'enlève en éclats sous l'outil. En revanche, il fait peu de retraite et est très-dur, ce qui le rend supérieur à tous les autres bois pour la confection des instruments qui doivent frapper de grands coups ou opposer une forte résistance. Son grain est serré, il est d'un blanc mat, d'où il résulte qu'on l'emploie souvent pour faire des cases de damier ou des filets de marqueterie. Il se polit difficilement; cependant on en vient à bout quand on l'attaque avec un outil affûté bien vif. Celui qui vient dans les terrains humides est mou, sans consistance, et doit être rejeté. Le charme noueux fournit les meilleurs maillets.

Châtaignier.

C'est un des meilleurs bois pour la charpente et la menuiserie commune. On en fait d'excellents cercles de tonneaux, et quelques ouvriers prétendent qu'il ne se retire pas en séchant. S'il possédait vraiment cette qualité, on devrait le préférer à tout autre bois pour les bâtis destinés à être plaqués; mais il est maintenant si rare à Paris, qu'on ne le distingue pas du chêne auquel il ressemble. Il ne faut pas croire, comme l'ont dit plusieurs auteurs, que les charpentes du Louvre et de presque tous les grands édifices gothiques ont été faites en châtaignier. Daubenton a prouvé que ces charpentes sont en chêne blanc, qui, lorsqu'il a vieilli, a l'aspect du châtaignier.

Chêne.

C'est peut-être de tous les bois celui que l'on emploie le plus dans la charpente et dans la menuiserie; il est en effet difficile d'en trouver un qui soit plus propre à cet usage, quoiqu'il ait peu d'éclat, et que son tissu grossier ne permette guère d'y pousser des moulures. De toutes les espèces, le chêne blanc est la meilleure. L'yeuse, ou chêne vert, est cependant plus dure. On trouve quelquefois des loupes de chêne qui égalent en beauté les bois d'ébénisterie les plus remarquables. Elles viennent de Bretagne, mais ne doivent être employées que fort sèches, parce qu'elles éprouvent un retrait considérable.

Ce bois a tant de débit et d'importance, que nous devons traiter de ses différentes espèces en détail.

1º *Chêne de Fontainebleau.* — Plus beau que le chêne de Champagne, si connu des ouvriers parisiens, ce bois est moins solide, surtout lorsqu'on l'emploie à l'extérieur des bâtiments. Des vers qui le rongent avant qu'il soit abattu, de profondes gerçures, dégradent souvent les planches qui en proviennent, et leur font éprouver un assez grand déchet. Les trous de vers ont quelquefois jusqu'à 20 millimètres (9 lignes) de diamètre; et alors, le parti à prendre de ce bois, est de l'employer aux cadres et moulures. D'ailleurs, il est doux à travailler, à raison de son grain gros et tendre.

2º *Chêne des Vosges.* — Il fournit un bois très-estimé, et propre aux décorations intérieures et distinguées des appartements. Sa beauté surpasse celle du chêne de Fontainebleau, et sa durée égale celle du chêne de Champagne, lorsqu'il est tenu dans un endroit sec; de plus, il est exempt des défauts de l'un et de l'autre. Sa couleur est belle; son grain très-doux, gros et poreux. On peut en faire des bâtis, cadres et panneaux.

3º *Chêne de Champagne.* — Les qualités spéciales de ce bois sont la durée et la solidité : c'est celui qu'il faut employer de préférence pour les ouvrages destinés à porter quelques fardeaux. On en fait grand usage tant à l'extérieur qu'à l'intérieur des bâtiments, principalement pour les bâtis. Ses fils étant droits et fort serrés, le font convenir aux assemblages. Il convient également aux panneaux lorsqu'il est bien sec.

Des trains, flottant sur la Marne, transportent ce bois à Paris : c'est donc un bois flotté, circonstance qui ne diminue en rien sa bonne qualité, mais le rend d'un travail assez désagréable, parce que beaucoup de grains de sable attachés à sa surface le rendent graveleux. Le chêne des Vosges n'a pas cet inconvénient; d'ailleurs il est débité par des moulins, ce qui rend ses planches plus droites que celles des chênes de Champagne et de Fontainebleau.

Quand le chêne de Champagne est débité sur mailles, il est infiniment plus solide et plus avantageux; il se retire et se coffine beaucoup moins, et l'on doit toujours le choisir débité de la sorte, surtout lorsqu'il est question de panneaux. On sait qu'une planche débitée sur mailles fend difficilement, tandis qu'une planche débitée dans le sens contraire, se fend souvent d'elle-même à l'air. Outre ce grand avantage, les mailles, ainsi présentées, rendent le bois beaucoup plus beau, grâce à leurs nuances transparentes, à leur brillant éclat.

Un seul inconvénient est attaché à l'emploi du bois sur mailles. Cet inconvénient consiste dans l'extrême difficulté de rendre exactement unie la surface d'un panneau de bois ainsi débité. Quelque soin que l'on mette à faire agir le rabot, il coule toujours un peu sur la maille toujours plus dure et plus saillante que les parties environnantes ; et, quoi qu'on fasse, chaque maille présente une légère inégalité. Fait-on usage du racloir, c'est encore pis; et, lorsqu'une faible épaisseur de peinture et de vernis recouvre le bois, elle laisse apercevoir les mailles imparfaitement polies. Toutefois les avantages du bois sur mailles sont si importants, qu'on doit, pour se les procurer, se résigner à ce désagrément-là.

Les anciens en jugeaient bien ainsi, puisque, pour leurs panneaux, ils choisissaient toujours les planches refendues au *coutre*, et sur mailles, comme nous le voyons dans les panneaux des vieux lambris.

4º *Chêne du Bourbonnais.* — Voici la plus mauvaise espèce de chêne : il a beaucoup de défauts; il est poreux, dur, difficile à travailler, et de plus très-sujet à se tourmenter. Son aubier, fort considérable, se décompose entièrement et tombe en poussière en moins de trois ans; et si l'on néglige d'extraire cette partie, ses vers pénètrent dans le cœur du bon bois et le perdent aussi quelques années après. Si on en fait usage pour des ouvrages placés dans des lieux humides, il se pourrit ; dans des lieux secs, il se pique : aussi, par tous ces motifs, il est rebuté de la menuiserie en bâtiments, et se vend à plus bas prix que toutes les autres espèces de chêne.

Un de ses désagréments est d'être mal scié ; on y peut trouver, dans la même planche, 27 et 45 millimètres (12 et 20 lignes) d'épaisseur, d'un bout à l'autre. Son seul avantage est d'offrir, grâce à son débit en deux *échantillons variés* (je vais expliquer cela), une grande quantité de longueur et d'épaisseur qui procure un asssortiment considérable avec assez peu de bois.

Chêne de Hollande ou du Nord.

Ce bois est plus estimé que nos meilleurs chênes indigènes ; il passe pour réunir toutes leurs qualités ; mais son principal mérite est d'être débité sur mailles.

Si l'on est d'accord sur son bon emploi, on est divisé, en revanche, sur le pays qui le produit. Les uns disent qu'il croît dans le Nord, d'où les Hollandais le tirent en grume, et le font ensuite débiter dans leurs scieries mécaniques, ce qui cause un déchet considérable et des échantillons étroits. D'autres prétendent au contraire que ce soi-disant bois de Hollande est notre chêne des Vosges que les Hollandais transportent en grume dans leurs canaux où ils le laissent séjourner quelque temps, puis ils le débitent sur mailles. Quoi qu'il en puisse être, c'est un excellent bois.

Sous le nom de *merrain*, il y a un autre bois de chêne qui est très-rare ; ce bois est fendu en courte comme celui des lames de jalousies et des douves de tonneaux ; c'est sans doute pour cette raison que les planches ainsi fendues n'ont jamais plus de 1 mètre 45 millimètres (3 pieds 2 pouces) de longueur.

La Belgique fournit de très-beaux bois de chêne, on en tire aussi de Riga ; mais ces bois s'emploient peu souvent.

Cognassier.

Bois jaune, d'un tissu serré, assez ordinairement noir au centre, susceptible de recevoir un beau poli. Comme il est très-sujet à fendre, il faut le tenir longtemps à la cave. On le monte progressivement marche par marche.

Cormier.

Plus dur et plus liant que l'alizier, il doit encore être pré-

féré à ce dernier bois, parce qu'il est d'un rouge brun plus
foncé. Celui de montagne, moins gros que celui de plaine,
est cependant plus beau et nuancé de veines noires d'un très-
bel effet. Malgré sa dureté, il est facile à polir. On l'emploie
pour faire les fûts des varlopes, demi-varlopes, rabots et autres outils à fûts. Ce bois, d'ailleurs très-pesant, a pourtant
le défaut d'être sujet à se tourmenter. A l'une des dernières expositions, il y avait une table à l'antique, très-belle et toute
plaquée en cormier.

Cornouiller.

Il est brun au cœur et noircit en vieillissant. Sa croissance
est très-lente. Il a un aubier blanchâtre avec une légère nuance
de rose. Il est dur et d'un grain serré, susceptible de recevoir
un beau poli, très-propre à faire des massues de fléau, mais
souvent tellement criblé de nœuds qu'il devient impossible de
le travailler.

Cyprès.

On en compte plusieurs espèces. Le *Cyprès commun*, origi-
naire du Levant, croît avec abondance dans la plupart des îles
de l'Archipel; il vient aussi en France. Son bois dur, très-serré,
presque incorruptible, est très-propre à faire des pieux, des
palissades, des barrières et autres ouvrages extérieurs pour
lesquels il faut des bois de longue durée. Son odeur pénétrante
et suave a quelque analogie avec celle du santal. Sa couleur
est d'un rouge très-pâle, avec quelques veines brunes.

Le *Cyprès horizontal* croît dans les îles du Levant et vient
plus haut que le précédent. C'est le principal bois de charpente de l'Asie. Très-bon pour faire des planches, il acquiert
en peu de temps la grosseur du chêne, quand il est bien cultivé. Autrefois, dans l'île de Candie, on l'appelait *dos filiœ*,
parce que le prix d'un seul de ces arbres suffisait pour doter
une fille. Il résiste aux vers et passe pour incorruptible. On
s'en servait en Egypte pour faire des cercueils qui durent encore. Les portes de l'Eglise Saint-Pierre, construites du temps
de Constantin, étaient encore en bon état quand, onze siècles
après, le pape Eugène IV les remplaça par des portes en bronze.

Cytise des Alpes.

Ce petit arbre croît naturellement dans les Alpes suisses,
italiennes, et dans le midi de la France. Son bois est très-dur,
très-souple et très-élastique. En Provence, on l'emploie à
faire des rames et des bâtons de chaises à porteurs. Dans le

Mâconnais, on le courbe en arcs qui, après un demi-siècle, conservent toute leur élasticité. Il est assez semblable, par sa couleur, à l'ébène vert. Son cœur, d'un vert sombre, est entouré d'un aubier d'une couleur tranchant agréablement. Le pointillé de son fil et ses nervures concentriques, rayonnant du centre à la circonférence, font un bel effet. Il prend bien le poli, et l'acide sulfurique le noircit profondément.

Erable.

Il y en a deux espèces.

L'*Erable commun*, ou petit érable des bois, est un bois dur, souple, liant, assez ferme, et fin comme celui de tous les érables. Il prend un beau poli et est très-recherché quand il a beaucoup de nœuds. Sa couleur est d'un jaune très-pâle, mais l'action de l'eau forte la rend dorée et chatoyante. Alors, quand on plaque un meuble avec du broussin d'érable, traité de cette manière, qu'on l'a poli et verni avec soin, il fait le plus bel effet, et peu de bois exotiques lui sont préférables. Plusieurs meubles, construits de la sorte, ont universellement fixé l'attention aux dernières expositions. La loupe d'érable produit encore un plus bel effet, mais elle est rare. Ce bois prend aussi différentes nuances par l'action de l'acétate de fer. A l'exposition de 1827, un superbe billard entièrement plaqué en érable ondulé, et un secrétaire, revêtu de loupe d'érable et de bois de citronnier mélangés, attiraient l'attention de tous les connaisseurs.

L'*Erable sycomore* se travaille bien sous la varlope. C'est un bois blanc, tendre, agréablement ondulé et veiné. Il prend un beau vernis, et l'on recherche le sycomore marbré des montagnes.

M. Varenne de Fenille parle d'une espèce d'érable, qu'il décrit sous le nom d'*érable duret* et qui croît dans les montagnes du Jura. Elle paraît peu connue des botanistes; mais les habitants de ces montagnes lui donnent la préférence sur toutes les autres espèces d'érable. Son bois est plus dur, moins sujet à se fendre, et cependant on n'y distingue ni aubier ni couches annuelles.

Frêne.

Ce superbe arbre forestier est, de tous les grands végétaux de France, celui qui fournit le bois le plus flexible. On en fait de bons manches de marteaux, d'excellents montants d'échelles, des montures de scie. Son bois, d'un assez beau blanc, rayé

de jaune à la séparation des couches concentriques, est peu
serré et assez difficile à raboter.

Mais ce qui rend surtout ce bois précieux pour l'art qui
nous occupe, ce sont ces loupes énormes, que l'on peut quelquefois débiter en quartels de 1 mètre 29 centim. (4 pieds) de
haut sur autant de large, et dont l'emploi est une des plus précieuses découvertes de l'ébénisterie moderne. On peut en distinguer trois espèces, la brune, la blanche et la rousse.

La couleur sombre de la loupe brune est, dit-on, le résultat
des vapeurs méphytiques dont elle se pénètre dans des fosses
de fumier où on les laisse pendant longtemps. Elle a la couleur de la noix de coco, mélangée de dessins d'une nuance
plus tendre et même de parties blanches, qu'on prendrait pour
des corps étrangers. Cette variété est sujette à des crevasses
qu'il faut boucher comme celles de la loupe d'orme. Néanmoins plusieurs ébénistes habiles, pour perdre moins de temps,
se contentent de remplir les petits vides avec un mastic fait de
sciure de bois et de colle forte, qu'ils remplacent quelquefois
avec du vernis au pinceau épaissi à une douce chaleur. Quand
la crevasse est trop grande, il faut nécessairement coller une
pièce de rapport. Cette loupe et ses suivantes, faciles à travailler en tous sens, reçoivent un poli de glace et imitent le plus
beau marbre. On peut y faire les moulures les plus délicates.

La loupe blanche n'a été soumise à aucune influence étran-
gère. Aussitôt qu'elle est détachée de l'arbre, on la renferme
dans un endroit sec. Elle n'est pas crevassée comme la précédente. Un beau moiré blanc, mélangé d'une couleur tendre café
au lait et parfois d'accidents gris-bleus, forme la teinte primitive
de cette loupe. Mais, par les acétates de fer, dont la composition et l'emploi seront indiqués dans le dernier chapitre de
cet ouvrage, on peut à volonté la teindre en beau vert jaspé, en
brun roux mêlé de gris blanc et de jaune; enfin, en brun foncé
nuancé de noir et de rouge sombre. Suivant les plus habiles ébénistes, on doit scier en feuilles la loupe de frêne blanche presque aussitôt que l'arbre est abattu. Alors les feuilles n'ont pas
de gerçure. A la vérité elles se tourmentent beaucoup; mais en les
tenant pendant quelque temps dans un endroit humide, et en
les pressant ensuite entre des cales chaudes, on les rend aussi
unies que des feuilles de papier. Il faut avoir soin que les cales
soient bien polies et sans défaut. On doit aussi les frotter avec
du savon et non pas avec de la cire : sans cela, la blancheur
du bois serait altérée.

La loupe rousse est d'un jaune obscur mêlé de roux. M. Desormeaux à qui j'emprunte ces détails, et qui, le premier, a décrit ces trois variétés, croit que la différence de couleur provient uniquement de ce que la loupe rousse a séjourné dans
l'eau et la loupe brune dans du fumier.

Les ouvriers qui emploient la loupe de frêne en placage ne
doivent pas oublier qu'elle exige des bâtis plus solides que
l'acajou.

Fusain.

Avec ce bois, qui est jaune, on fait des pieds de roi, des
règles, des fuseaux. Il obéit bien au ciseau et les sculpteurs en
font usage; mais c'est un arbuste trop petit pour avoir de l'importance. Dans quelques pays, après avoir divisé les branches
en copeaux longs et minces, on frise ces lanières et on en fait
des balais à chasser les mouches.

Gaînier ou arbre de Judée.

Cet arbre croît spontanément en Espagne, en Italie et dans
le midi de la France. C'est un des plus beaux arbres d'agré-
ment. Ses feuilles sont grandes et belles, et au printemps il se
couvre d'une multitude de fleurs roses. Sa couleur est assez
semblable à celle de l'acacia. Quand on le débite à bois de fil,
il est aisé à polir, et son aspect filandreux est agréable. Son aubier blanchâtre tranche agréablement avec son cœur vert jaune
diapré de veines d'un vert plus foncé.

Genévrier.

Bois tendre, susceptible d'un beau poli, répandant une odeur
faible, mais agréable, et joliment veiné. Il ne peut être utile
que pour de très-petits ouvrages ou pour la marqueterie.

Hêtre.

Suivant M. de Fenille, ce bois ne paraît ni d'une grande force
ni d'une grande élasticité; il se tourmente, se fend avec excès
et fait prodigieusement de retraite; le grain n'est pas assez homogène pour recevoir un beau poli. Les faisceaux de fibres
(prolongements médullaires), qui tendent de la circonférence
au centre, sont très-prononcés, de sorte que de quelque manière
qu'on le débite, la moelle est toujours très-apparente. Ce bois
est sujet à la vermoulure; mais on l'en garantit en le tenant
vingt semaines dans l'eau. On prétend aussi qu'il y est moins
exposé quand il a été coupé en été. Ce bois est un des plus
employés; il supporte bien le fort assemblage, se laisse couper

dans tous les sens, et est très-utile pour la construction des banquettes et autres sièges communs. On aurait tort de l'employer comme le conseille M. Paulin-Desormeaux, pour faire les bâtis et les intérieurs de meubles destinés à être plaqués. Le hêtre même très-sec se tourmente toujours et finit par faire éclater la feuille de bois plus précieux dont on le recouvre. En revanche, c'est, après l'orme, le bois le plus convenable pour les tables d'établi. A Paris, on en fait des commodes auxquelles on donne la couleur du noyer, en les frottant avec du brou de noix, qu'on a broyé et laissé pourrir, ou qu'on a fait bouillir dans l'eau jusqu'à ce qu'il se soit réduit en pâte. La fraude est néanmoins facile à découvrir, car les miroirs ou petites plaques luisantes formées par la moelle abondent sur le hêtre et ne se trouvent pas sur le noyer.

Le layetier fait grand usage du hêtre; il l'emploie en planchettes, ou *goberges*, à une quantité de menus ouvrages.

Houx.

C'est un bois excessivement dur et blanc. On prétend, dans plusieurs ouvrages, qu'il ne surnage pas sur l'eau, c'est une erreur, puisqu'il pèse à peu près moitié moins que ce liquide. Ce bois est susceptible d'un poli parfait; il est du plus beau blanc possible, et on serait tenté de le prendre pour de l'ivoire. Comme cette substance, il jaunit un peu en séchant. Les tabletiers l'emploient pour faire les cases blanches de leur damiers, et comme son cœur un peu noirâtre prend la couleur noire plus parfaitement que tout autre bois, on pourrait aussi le substituer à l'ébène. Par malheur, il est très-difficile à travailler, et le fer du rabot doit être bien affûté et très-peu incliné. Ce bois fournit aussi les meilleures baguettes de fusil. A l'exposition de 1827, il y avait une table de houx dont la blancheur, relevée par des baguettes d'amaranthe, produisait le plus agréable effet. Une disposition analogue charmait également, en 1834, tous les regards; d'ailleurs, à cette exposition, le houx se multipliait en incrustations sur le palissandre, l'angica; mais on a blâmé justement son mélange avec l'ivoire. En effet, les teintes blanchâtres de ces deux objets doivent présenter une discordance désagréable. Tout-à-fait dépourvu de nervures et fort dur, le houx est peut-être moins propre à faire des incrustations qu'à en recevoir.

If.

M. de Fenille le regarde comme le plus beau de nos bois

indigènes pour la marqueterie. Il souffre la comparaison avec la plupart des bois que l'on fait venir à grands frais d'Amérique pour le même objet. La couche peu épaisse de son aubier, d'un blanc éclatant et très-dur, recouvre un bois plus dur encore, plein, sans pores apparents, qui reçoit le poli le plus vif, et d'un rouge orangé. Sa couleur est d'autant plus foncée que l'arbre est plus vieux. Elle tire plutôt sur l'orangé que sur le rouge quand le bois est nouvellement employé ; mais avec le temps, l'air et la lumière, en le rembrunissant, l'embellissent.

« Le hasard m'a fait découvrir, dit le même auteur, qu'on pouvait aisément lui donner la couleur d'un pourpre violet assez vif, qui le rapproche encore plus de la beauté des bois des Indes. L'artifice consiste à en immerger des tablettes très-minces, que les ébénistes appellent des feuilles, dans l'eau d'un bassin pendant quelques mois. Cette opération, infiniment simple, développe sa partie colorante de manière à produire le changement avantageux que j'annonce. L'opération réussit mieux et plus promptement si le bois a toute sa sève. »

Tout ce que dit cet auteur sur ce bois est fondé, et ne peut recevoir aucun reproche d'exagération, quand on sait choisir l'if ; car s'il y a des ifs qui sont bien veinés, bien ronceux, il y en a d'autres qui trompent toutes les espérances. Les ouvriers distinguent par cette raison l'if anglais de l'if français. Cette distinction est juste ; mais la dénomination est fautive, car l'if prétendu anglais, que nous appellerons if noueux, et qui seul est veiné, croît abondamment en France. Cet arbre pousse dans les endroits pierreux, s'élève rarement à une grande hauteur, est tout hérissé, depuis le pied, de petites branches qui se prolongent dans l'intérieur, et forment le roncé. Son écorce est comme rocailleuse et profondément sillonnée de gerçures ; et quand l'arbre a crû dans un terrain ferrugineux, le bois est jaspé d'un violet bien prononcé qui ajoute à sa beauté ; malheureusement l'exiguité des dessins de ce bois ne permet pas de l'employer pour de grands meubles. L'if ordinaire, qui est loin d'avoir le même mérite, quoique la couleur soit à peu près la même, est droit, non hérissé de branches, et a l'écorce lisse. On peut le veiner artificiellement avec les acétates de fer et l'eau forte.

Lierre.

Bois léger et spongieux, qui ne peut servir qu'à faire des polissoirs.

Lilas.

Son bois est très-dur et le plus pesant des bois indigènes après le sorbier. Son grain est aussi compacte et aussi serré que celui du buis. Sa couleur est grise, mêlée quelquefois de veines couleur de lie de vin. Les Turcs font des tuyaux de pipe avec ses branches qu'ils vident de leur moelle.

Maronnier d'Inde.

Bois tendre, spongieux, peu propre au chauffage, souvent abandonné aux sculpteurs et aux layetiers. Un ébéniste de Lyon l'a pourtant fait servir à plaquer des meubles qui avaient un aspect agréable; il a été imité par M. Chireau, ébéniste à Paris, qui a présenté à l'exposition de 1827 un très-beau billard plaqué en loupe d'orme et en bois de maronnier. Le racloir suffit presque pour polir ce bois, et il devient très-beau sous la ponce à l'eau. Frotté avec une décoction de bois de Brésil et de Fernambouc, sans alun, il prend bien la couleur d'acajou, et devient très-brillant par l'application d'un vernis. A l'exposition de 1834 le maronnier a été employé en incrustations.

Mélèze.

Suivant M. Latour d'Aigues, ce bois serré, n'étant pas rempli de nœuds comme le sapin, est l'émule du chêne par sa durée, et même le surpasse. Dans des treillages construits partie en chêne, partie en mélèze, on a vu le chêne se pourrir le premier. Le mélèze n'est point sujet à plier. Très-bon pour la menuiserie commune, il est employé dans la Provence à faire des tonneaux, et la finesse de son grain retient parfaitement les esprits des liqueurs sans altérer leurs qualités. Suivant Miller, qui confirme ces éloges, il résiste à l'action de l'air et de l'eau mieux que le chêne; mais d'autres auteurs lui reprochent de se tourmenter et de transsuder longtemps, quand il est exposé à la chaleur, une résine qui doit en faire proscrire l'usage.

Micocoulier.

Bois noir, pur, compacte, pesant et sans aubier; il est excellent pour les ouvrages qui exigent de la souplesse, et Duhamel le regarde comme le bois le plus pliant. Autrefois il était réputé le plus dur après l'ébène et le buis; il ne contracte jamais de gerçures, et ses racines, moins compactes que le tronc, sont plus noires. On dit que scié obliquement à ses couches, il peut suppléer le bois satiné qu'on apporte d'Amérique. La couleur n'est pourtant pas la même; néanmoins il est probable qu'il produit alors beaucoup d'effet. Il se polit bien.

Mûrier.

Le bois des deux espèces de mûrier est chanvreux et difficile à polir. Le *mûrier noir* a une couleur plus foncée, assez semblable à celle de l'acacia; le *mûrier blanc*, dont la couleur est plus claire, n'est guère employé qu'à faire des tonneaux, qui, dit-on, communiquent un goût agréable au vin blanc.

Néflier.

Ce bois est en grande réputation pour la fabrication des cannes, et convient en effet très-bien à cet usage. Il joint la flexibilité à une extrême dureté. Son grain est fin, égal, et par conséquent on peut obtenir un beau poli; mais ce bois, qui est gris, veiné de quelques nuances rougeâtres, sèche lentement et se tourmente beaucoup. L'azerolier est une de ses espèces.

Noisetier.

Bois très-flexible, d'une couleur de chair pâle, d'un grain plein et égal, mais trop tendre pour recevoir un beau poli.

Noyer.

C'est le rival de l'acajou, auquel les Anglais le préfèrent. Sa couleur est sérieuse, mais elle est belle; il n'existe pas de bois plus doux, plus liant, plus facile à travailler. En le tenant immergé dans l'eau pendant plusieurs mois, on renforce sa couleur, et ses larges veines noires sur un fond brun sont beaucoup plus prononcées. Les racines de cet arbre, qui sont assez grosses pour être employées, ont des veines ondoyées et chatoyantes d'un bel effet.

C'est en Auvergne que croissent les plus beaux noyers. Les veines noires qui les sillonnent ne sont pas des accidents comme dans le noyer ordinaire; elles s'y trouvent constamment, et forment le caractère qui les distingue. On les scie en épais plateaux que l'on envoie à Paris. Quand on veut que ce bois soit encore plus beau, on le fait séjourner quelque temps dans des fosses de fumier. Lorsque l'on veut céder au caprice de la mode, il est facile de donner au noyer peu foncé la couleur et l'aspect de l'acajou. Nous en donnerons plus bas les moyens. C'est de tous les bois celui qui se prête le mieux à cette imitation, et conserve le plus longtemps la couleur.

Olivier.

L'olivier, qui croît en abondance dans le Midi, est recherché par les ébénistes et mérite de l'être. Son odeur agréable, sa couleur jaune nuancée par des veines brunes, le beau poli qu'il est susceptible de recevoir, concourent à le rendre précieux. On attache surtout du prix à ses loupes et à ses racines; mais ce bois a l'inconvénient d'être tortueux et fragile : ses couches concentriques ont très-peu d'adhérence ensemble.

L'olivier se prête particulièrement à une agréable fantaisie, dont M. Youf a exposé en 1834 un exemple tout-à-fait gracieux, c'est-à-dire une jolie table en *Mosaïque d'olivier*. Ce genre de bois s'obtient en formant des faisceaux de branches d'olivier dans les vides desquels on enfonce avec force des coins du même bois; puis on donne un trait de scie perpendiculairement à la direction des branches, et l'on obtient ainsi une sorte de bois d'un aspect très-agréable et très-nuancé.

Oranger.

L'oranger et le citronnier sont des bois jaunes, d'une odeur agréable. Le premier n'est guère susceptible de recevoir un beau poli; quant au second, il est maintenant fort à la mode. A l'exposition de 1823, on vit un secrétaire qui en était revêtu, et maintenant on en fait encore beaucoup de petits ouvrages de tabletterie, ornés de clous d'acier, tels que nécessaires, boîtes à thé, etc. Ce bois prend difficilement la colle et fait un mauvais placage.

Orme.

Le bois de l'orme ordinaire est aussi précieux que le chêne; dur, liant, facile à travailler, et très-propre surtout à faire des pièces cintrées. C'est le meilleur des bois pour le charronnage, les tables d'établi, de cuisine, et les billots de boucher.

Pour l'ébénisterie, on donne la préférence à l'orme tortillard dont les fibres sont extrêmement serrées, entrelacées, de sorte que le bois paraît ne pas avoir de fil. Lorsqu'un tenon de bois dur, et qui ne fléchit pas, est enfoncé à grands coups de marteau dans une mortaise creusée dans l'orme, les fibres de ce dernier, forcées de céder à l'impulsion, réagissent ensuite contre le tenon et le serrent comme dans un étau.

De nos jours, l'orme tortillard a été employé avec un très-grand succès par plusieurs ébénistes.

Ce bois est bien nuancé et tout pointillé. Il se polit difficilement, prend bien le vernis et ressemble alors à un beau marbre, surtout lorsque des nœuds rougeâtres traversent l'aubier recouvert de bois fait d'une teinte plus foncée, et dont les nuances varient depuis le brun noir jusqu'au rouge carminé. On tire surtout un parti avantageux des têtes d'orme qui ont été régulièrement ébranchées. Néanmoins, on leur préfère encore les loupes d'orme débitées en feuilles de placage. On désigne par ce nom des excroissances d'une nature particulière formées par l'entrelacement d'une multitude de fibres, et d'un grain très-serré.

Deux difficultés s'opposent cependant à ce qu'on en fasse un aussi grand usage que semble l'indiquer la beauté de la matière. Ce bois est très-rebours et fort difficile à corroyer et à polir ; d'un autre côté les loupes sont presque toujours creusées d'une multitude de petits trous et de petites crevasses. Il n'y a pas d'autre remède que de boucher ces défauts avec un grand nombre de petites chevilles que l'on fixe dans les cavités avec un mélange de bonne colle forte et de poussière fine d'acajou ou de bois de corail. On commence par remplir les vides avec le mastic, on y enfonce les chevilles après les avoir trempées dans de la colle, et quand tout est sec on enlève ce qui déborde avec une scie. Mais on sent combien cette opération doit être longue et combien on perd de temps à couper toutes ces chevilles. La couleur un peu sombre des meubles plaqués en loupe d'orme, et leur cherté, qui provient de la difficulté qu'on éprouve à les polir, se sont seules opposées à ce qu'ils devinssent d'un usage général.

Pêcher.

Lorsque le pécher a crû en plein vent, M. Varenne de Fenille le regarde comme un des plus beaux indigènes qu'on puisse employer en placage. Loin d'altérer sa couleur, le contact de l'air ajoute à sa beauté. Ses veines sont larges, bien prononcées, d'un beau rouge brun, couleur de tabac d'Espagne, entremélées d'autres veines d'un brun plus clair. Le grain de ce bois est fin ; il reçoit un beau poli ; mais il faut avoir soin de le débiter en feuilles, tandis qu'il est encore vert ; car, sans cela, il est sujet à se gercer, et alors il y aurait beaucoup de perte.

Peuplier.

On en distingue plusieurs espèces.

Le *Peuplier grisaille*, que les ouvriers appellent *bois grisard*, forme de belles boiseries qui durent longtemps, si le lieu où on les place n'est pas humide. Débité en petites planches minces et étroites, il sert en Flandre à faire de beaux parquets; on doit l'employer bien sec. Il se laisse travailler sans peine, se prête bien à l'assemblage, et reçoit un beau poli qui manque pourtant d'éclat. C'est un bois très-blanc, moins tendre que les autres bois de même espèce : il présente, particulièrement dans le cœur, des veines d'un rouge rose qui ressortent très-bien quand on applique sur ce bois une couleur jaune, composée tout simplement d'esprit-de-vin et de *terra-merita*, couleur végétale extraite de la racine du *cucurma*. Ainsi préparé, le peuplier grisaille imite le citronnier, et sert pour des intérieurs de secrétaires; mais cette couleur est peu solide.

Le *Peuplier-tremble*. — C'est un bois blanc et tendre dont la volige sans nœuds est très-utile aux ébénistes pour faire les panneaux des bâtis, qu'ils recouvrent ensuite de placage.

Le *Peuplier noir*. — Cet arbre, qui croît promptement, est très-recherché dans le midi de la France pour la charpente légère.

Le *Peuplier d'Italie*. — On en fait moins de cas que des autres, à cause de sa contexture spongieuse et de la facilité avec laquelle il se pourrit; néanmoins, sa grande légèreté et son bas prix doivent le faire employer de préférence par les layetiers. Une caisse d'emballage en planches épaisses de 27 millim. (1 pouce), longue de 1 mètre 29 cent. (4 pieds), large de 97 centim. (3 pieds), haute de 65 cent. (2 pieds), pèse en tremble 21 kilog. 50 décag. (43 livres 15 onces); en sapin, 18 kilog. 50 décag. (37 livres 13 onces); en peuplier d'Italie, 16 kilog. 82 décag. (29 livres 6 onces). Cette différence n'est pas à négliger pour le commerce.

On prétend que le peuplier d'Italie ne se retire pas; et par cette raison les ébénistes lui donnent la préférence pour les panneaux de secrétaires et de bureaux qui doivent recevoir un dessus de maroquin ou de basane.

Le layetier préfère le peuplier à tout autre bois pour les caisses d'emballage, à cause de sa grande légèreté.

Pin.

Cet arbre résineux est très-bon pour la charpente; il fournit d'excellents corps de pompe; mais son odeur doit le faire rejeter de la menuiserie intérieure. Dans les villes de montagnes, on en fait des parquets.

Platane.

Il n'est naturalisé en France que depuis peu de temps.

Buffon planta le premier, à Paris, au Jardin des Plantes, et Bacon fut le premier qui en introduisit un en Angleterre. Cet arbre est maillé comme le hêtre ; il se tourmente de même quand il n'est pas employé parfaitement sec. Mais son grain est plus fin ; il reçoit un plus beau poli, et comme on peut le couper dans tous les sens, on en profite pour faire ressortir des accidents et des teintes qui ajoutent à sa beauté. Sa surface est quelquefois comme diaprée. Il est d'un blanc un peu fade, qu'on peut aisément relever avec une légère teinture. Oléarius nous apprend qu'en Perse, où on l'emploie pour la menuiserie, après qu'il a été frotté d'huile, il contracte une couleur brune, mêlée de veines jaspées, qui le rendent préférable au noyer. Sur certains platanes, on remarque des anneaux tout autour de la tige. Ce caractère indique les arbres les plus noueux et ceux qu'on doit préférer pour l'ébénisterie. Il y en avait une jolie table à l'exposition de 1827.

Poirier.

De tous les bois, celui-ci est le plus facile à travailler ; il se laisse couper et tailler en tous sens sans la moindre difficulté. On donne la préférence au poirier sauvage ; il est plus dur, et sa pâte est si fine qu'elle reluit sous le tranchant du ciseau. Il peut recevoir le plus beau poli, et sa couleur jaune est veinée de filets d'un noir d'ébène brillant et d'un rouge brun très-vif. Il reçoit parfaitement les moulures dont on veut l'orner. Quand il a été cultivé, il est moins dur, d'une couleur rougeâtre, mais toujours facile à travailler. Il prend très-bien la teinture noire.

Pommier.

C'est un bois fort semblable au cormier par sa couleur et par ses veines ; il est plus facile à travailler ; mais les planches qu'on en retire se fendent et se voilent à l'excès.

Le pommier sauvage est, en revanche, un des meilleurs arbres que nous fournissent nos forêts. Il n'est pas sujet à se fendre ; son cœur est d'un beau rouge, son aubier d'un jaune qui devient un peu rougeâtre au poli à l'huile ; des nœuds et des veines nuancent ce fond richement coloré. On peut remarquer qu'en général, les plus beaux bois de nos climats sont ceux que fournissent les arbres fruitiers. Celui dont je viens de parler n'est pas aussi employé qu'il mériterait de l'être.

Prunier.

Le prunier sauvage est ordinairement d'un trop petit vo-

lume pour qu'il soit nécessaire de s'en occuper. Sa couleur est
semblable à celle du pécher, et il se tourmente beaucoup.

Le prunier cultivé mérite beaucoup plus d'attention. Ce
bois, doux et liant, peut être travaillé avec la plus grande facilité. Ses veines sont variées, ondées de brun et d'un jaune
rougeâtre; quelquefois il est parsemé de petites taches d'un
rouge très-vif qui rendraient ce bois plus précieux encore si elles
étaient plus abondantes. De tous nos bois indigènes, c'est celui
qui reflète le mieux la lumière, quand il a été bien poli et recouvert d'un vernis. Les ébénistes de quelques provinces l'emploient beaucoup, et le distinguent par les noms de *satiné de
France, satiné bâtard*.

Parmi les diverses espèces de prunier, il faut surtout remarquer le prunier dit de *Saint-Julien*. Sa couleur et ses reflets
imitent assez bien l'acajou. Rouge au cœur, ce bois est d'un
blanc-vert près de l'écorce; mais on donne à l'aubier la même
couleur qu'au cœur, en l'imbibant d'acide nitrique mêlé d'un
peu d'eau. Cet acide (ou eau forte) n'agit pas sur le cœur. En
variant les acides, et surtout en recourant aux acétates de fer,
on peut faire un très-beau veiné artificiel. Voyez à la fin du
dernier chapitre de l'*Art de l'Ebéniste*.

Les ébénistes ne savent pas assez tirer parti de ce bois et
du contraste qui existe entre le cœur et l'aubier, auquel on
donne une consistance presque égale à celle du bois fait, en
le coupant en bonne saison après l'avoir écorcé un an d'avance.

Sapin.

Bois blanc, très-employé, quoiqu'il soit assez souvent
noueux, et que ses nœuds se détachent quand il est sec. On
n'en fait aucun ouvrage destiné à être plaqué, parce que les
veines résineuses dont il est traversé prennent mal la colle. Il
convient bien aux layetiers.

On divise, à Paris, le sapin en quatre espèces différentes,
employées toutes à la menuiserie de bâtiment. Ce sont, 1° le
sapin du Nord, ou sapin de Hollande, divisé à son tour en
sapin rouge et *sapin blanc*; 2° le sapin de Lorraine; 3° le sapin
d'Auvergne; 4° le sapin de bateaux, dont nous parlerons en
traitant l'*Art du Layetier*.

Sapin du Nord (sapin rouge).

Ce genre de sapin, lorsqu'il est de couleur rouge, est le
meilleur de tous les sapins, puisqu'il réunit tous les mérites,
la beauté, la solidité, la facilité du travail. Il se coupe bien,

fournit de bons assemblages, résiste à l'humidité plus que le chêne de médiocre qualité, et fournit la meilleure menuiserie de bâtiments, après le châtaignier et le bon chêne. Une partie de cette supériorité sur les sapins ordinaires est due à la présence de la matière résineuse dans les fibres du bois; ce qu'on exprime en disant que l'arbre n'a pas été *saigné avant d'être abattu*. La résine qu'il contient alors remplit ses pores, les rend moins spongieux, et par conséquent, moins susceptibles d'aspirer l'humidité; elle nuance agréablement ses veines, et rend son grain d'un plus facile travail. Aussi l'emploie-t-on pour la menuiserie extérieure et intérieure.

Ce bois croît en Norwège, où les Hollandais vont le chercher, soit pour le vendre en grume aux marchands français, soit pour le débiter eux-mêmes.

Sapin blanc. Il est fort inférieur au précédent. Sa couleur est blanche sans aucune veine rouge; son débit a lieu par madriers de 81 millim. (3 pouces) d'épaisseur sur 217 millim. (8 pouces) de largeur, et de toutes longueurs jusqu'à 6 mètres 50 cent. ou 7 mètres 80 cent. (20 ou 24 pieds), vendus au cent de toises linéaires.

Une autre variété connue sous le nom de *sapin de Riga* est tirée de la Livonie. Ce sapin est d'une contexture parfaite, il se travaille très-bien, convient parfaitement aux ouvrages d'assemblage comme à ceux élégis de moulures. La Suède et la Prusse produisent aussi de très-beaux sapins, moins résineux que ceux de la Norwège et de Riga; mais les menuisiers les emploient rarement, cela tient sans doute à leurs prix élevés.

De ces différentes variétés de sapin, une seule est flottée, c'est celle de Lorraine; celles d'Auvergne, de Norwège et de Riga ne le sont jamais. Il est à remarquer que les sapins de Lorraine et d'Auvergne n'ont pas d'aubier apparent; mais ceux de la Norwège en ont. Il n'y a pas généralement de graves inconvénients à employer cet aubier, parce qu'il est peu différent du bois, si ce n'est sa couleur qui est d'un gris foncé.

Sapin de Lorraine.

Il est flotté, et par suite, un peu graveleux; inconvénient bien compensé par sa beauté, car cette sorte de sapin vient immédiatement après celui du Nord, quoiqu'il soit bien moins solide. Il en approcherait davantage sans les saignées qu'on lui a fait subir, et qui lui enlèvent avec sa matière résineuse

une grande partie de sa qualité; qui le rendent dur à travailler, spécialement pour ses nœuds qui sont d'une dureté sans
égale; mais, par compensation, il est plus léger, plus facile à
sécher, à prendre la colle.

Il est débité par planches de 3 mètres 75 cent. et 3 mètres
90 cent. (11 et 12 pieds), qui se comptent, dans le commerce
au cent, réduites à 217 millim. (8 pouces) de largeur sur 3
mètres 37 cent. (11 pieds) de longueur. La plus grande partie
a 32 centim. (1 pied) de largeur, et 27 millim. (1 pouce) d'é-
paisseur : le feuillet offre de semblables dimensions, et n'a que
14 à 18 millim. (6 à 8 lignes) d'épaisseur.

Sapin d'Auvergne.

Relativement à la qualité, le sapin des montagnes d'Auvergne a beaucoup de ressemblance avec celui de Lorraine :
comme lui, il est saigné et flotté; plus que lui, il est dur et
noueux. Relativement au débit, ses planches portent, à l'ordinaire, 3 mètres 90 cent. (12 pieds) de long, 32 centimètres
(1 pied) de large, et 34 millim. (15 lignes) d'épaisseur; échantillon qu'on appelle sapin de 34 millim. (15 lignes) ou *forte
qualité.*

Il y a encore un échantillon, nommé *madrier*, qui se
compte pour deux planches de 34 millim. (15 lignes) d'épaisseur. Il est épais de 54 à 68 millim. (2 pouces à 2 pouces 1/2),
large de 32 centim. (1 pied), et long de 1 mètre 95 centim.
(1 toise); quelquefois plus, mais fort rarement.

Nous ne dirons rien pour le moment du sapin de bâteaux,
qui convient surtout aux ouvrages bruts; et nous parlerons en
passant du *chêne de bateaux*, qui a tous les défauts du sapin,
et qu'on emploie seulement à faire des cloisons de caves ou
des planches à bouteilles.

Sorbier.

Le plus pesant et le plus dur des bois fournis par les grands
arbres de France. Sa fibre est homogène, son grain fin, il
prend bien le poli. Sauvage, ses qualités sont à peu près les
mêmes. Il résiste parfaitement au frottement et à la percussion.

Sumac.

Cet arbrisseau, de 2 mètres (6 pieds) de haut environ, croît
dans le midi de la France. Son bois est compacte, d'un jaune
assez vif, mêlé d'un vert pâle et assez agréable. L'aubier est
blanc. Les ébénistes l'emploient beaucoup.

Tilleul.

Bois tendre, très-employé par les sculpteurs; mais mauvais pour la menuiserie, parce qu'il se broie bientôt sous le ciseau.

CHAPITRE IV.

DES BOIS EXOTIQUES.

Acajou.

On donne aux îles le nom de pommier d'acajou à un arbre dont le bois est blanc et qui est utile, quoiqu'il soit ordinairement tortueux, parce qu'on s'en sert pour faire des corniches et des cintres. On voit que cet arbre, que Linné appelle *anacardium*, ne doit pas être confondu avec celui qui fournit l'acajou des ébénistes, et dont le vrai nom est *mahogon*. Voyez ce mot.

Agaloche.

Ce bois est fort célèbre dans l'Orient à cause de l'odeur agréable qu'il répand quand il brûle. Il y en a diverses espèces, qu'on désigne par les noms de *bois d'aigle*, *bois d'aloès*, *bois de calambac*. Il paraît que ces différents noms n'indiquent pas des espèces différentes d'arbres, mais des morceaux du même végétal, plus ou moins foncés en couleur, plus ou moins odoriférants, suivant qu'ils sont pris dans telle ou telle partie de l'arbre, ou suivant que l'arbre lui-même était plus ou moins vieux. C'est un bois résineux, pesant, d'une saveur amère, très-aromatique. Les parties les plus recherchées sont celles qui avoisinent les nœuds, parce qu'elles renferment plus de résine. Aux Indes, à la Chine et au Japon, on le vend au poids de l'or. On sent qu'un bois pareil ne peut être employé qu'à de très-petits ouvrages. Cependant, il en arrive du Brésil et du Mexique, dont le prix est moins élevé; tantôt il est d'un rouge brun marqué de lignes résineuses et noirâtres, tantôt il est d'un brun vert. Les morceaux en sont assez gros. La variété à laquelle on donne spécialement le nom de *bois d'aigle* est plus noire, plus compacte et assez semblable à l'ébène.

Aigle (bois d').

Variété de l'*agaloche*.

Amaranthe.

Bois d'un violet brun, qui vient de la Guyane. Il est assez

dur et prend un beau poli, quoique ses pores ne soient pas
très-serrées. Comme sa couleur est sombre, on ne l'emploie
avec succès que pour de petits ouvrages et dans la marqueterie. Avant de le vernir, il faut le laisser quelque temps à
l'air afin qu'il prenne sa couleur.

Amboine (bois d').

Ce bois, qui porte le nom de l'île qui le produit, a de nombreux rapports avec le courbari, le calliatour, etc.

Angica.

Les couleurs de ce beau bois sont vives et variées. Le fond
jaune présente de belles nervures brunes, dont les tons chauds
sont très-agréables à l'œil. Un tel bois doit rejeter forcément
les incrustations : cependant l'exposition de 1834, qui nous a
révélé son mérite, nous l'a montré aussi gâté par ces malen-
contreux ornements.

Aspalath.

On peut en distinguer deux espèces. L'une, dont le bois est
noir, et que les ébénistes confondent avec l'ébène, quoique ce
ne soit pas le même bois; l'autre, qui est d'un brun obscur,
avec des veines longitudinales plus foncées, assez semblable à
une espèce d'aloès, mais ne répandant aucune odeur.

Badiane.

Cet arbrisseau croît naturellement à la Chine. Son odeur
lui a fait donner le nom de bois d'anis, et ses capsules, très-
connues dans la parfumerie, portent celui d'anis étoilé. Ce
bois est dur, d'un gris quelquefois rougeâtre et propre à la
marqueterie.

Balatas.

On donne ce nom à des arbres qui croissent en Amérique
et surtout à Cayenne. Les espèces qu'on désigne sous le nom
de balatas rouge, balatas blanc, peuvent être employées dans
l'ébénisterie, et portent aussi le nom de bois de capucin.

Balsamier de la Jamaïque.

On l'appelle vulgairement bois de rose de la Jamaïque. Il a
beaucoup de ressemblance pour l'odeur et la couleur, avec le
vrai bois de rose ou de Rhodes.

Bambou.

Il y en a un grand nombre d'espèces, elles sont peu conques en Europe; néanmoins, je dois dire quelques mots des principales.

Le *Bambou telin* croît à Java et à Amboine; fendu en plusieurs lattes, il fait des bancs, des cloisons, des feuilles de parquet. Entier, on s'en sert pour des montants d'échelle; quand il est très-gros, on l'emploie en guise de solives qui ont l'avantage d'être très-légères. Mais, dans les incendies, l'air que ces solives renferment, dilaté par la chaleur, les fait éclater avec explosion.

Le *Bambou ampel*, commun dans toute l'Inde, est très-léger et si dur, qu'il peut pénétrer les bois mous, et qu'on en fait des couteaux avec lesquels on fend les autres bambous en clissage. Les tiges du diamètre de 135 millim. (5 pouces) servent à porter les palanquins. Les Tissadors, qui recueillent le vin de palmier, en font des ponts très-légers avec lesquels ils passent d'un arbre à l'autre, sans avoir besoin de descendre. Je crois que ce végétal serait utile en France.

Le *Bambou bulu-zuy* abonde aux Moluques; son bois est si dur qu'il fait étinceler les lames de couteau. Ses articulations sont couvertes de graines ridées comme la peau de chien de mer, avec lesquelles on peut polir le fer et les os. Ce bambou est excellent pour faire des cannes, des flûtes, des supports de ligne.

Le *Bambou outick* est le plus utile pour les Européens. Ses articulations, longues de 325 millim. (1 pied) et presque entièrement ligneuses, sont lisses, luisantes, d'un beau noir; on s'en sert pour le placage et pour faire des tablettes d'écritoire.

Bignone ébène.

Cet arbre, de l'Amérique méridionale, produit l'ébène verte. Ce bois, dépouillé de son aubier grisâtre, qui est inutile, est d'un vert olive, semé de veines plus claires. Il ressemble beaucoup au bois de grenadille, est excessivement dur, prend toutes les formes qu'on veut lui donner et reçoit le poli le plus éclatant. Ses fibres sont remplies de résine qui forme une infinité de points rangés en lignes parallèles aux couches concentriques. Cette résine, qui est verte, brunit avec le temps, si on ne prévient pas cet effet par l'application d'un vernis.

Une autre espèce de bignone donne l'ébène jaune.

Bourra-courra.

Le bourra-courra, qu'on appelle aussi *bois de lettre*, vient à

la Guyane hollandaise, où il n'est pas très-commun. Il est d'un
rouge cramoisi très-vif, tacheté de mouches irrégulières et
noires, qui lui ont fait donner son nom vulgaire, parce qu'elles
ressemblent assez aux caractères d'un livre. L'arbre qui le
fournit a 10 ou 13 mètres (30 ou 40 pieds) de haut. Le cœur
est compacte, extrêmement dur, mais un peu sujet à rompre;
il prend le poli le plus brillant. L'aubier, qui est épais, jaune
et moucheté de noir, est vendu dans le commerce comme une
espèce particulière de bois de lettre.

Brésillet ou bois de Brésil.

Ce bois, qui sert surtout à la teinture, est foncé, très-dur et
susceptible de devenir très-brillant sous la ponce.

Calliatour.

Les teintes de ce bois ont de l'analogie avec celles du palissandre, mais elles sont mieux veinées et d'un aspect plus
animé.

Campêche (bois de).

Il est fourni par un bel arbre qui s'élève à 10 ou 13 mètres
(30 ou 40 pieds) et croît abondamment sur les bords de la
baie de Campêche. Comme on l'emploie beaucoup dans la
teinture, il forme un objet de commerce précieux. L'aubier
est d'un blanc jaune. Le cœur, que l'on importe seul, est
rouge brillant et comme glacé de jaune. Il est un peu difficile
à tailler et à raboter, parce que ses fibres sont croisées en différents sens; mais il prend un beau poli. On recherche beaucoup les parties noueuses.

Cannellier.

Les vieux troncs de cet arbre fournissent des nœuds résineux, ayant l'odeur du bois de rose et qu'on peut employer
aussi dans l'ébénisterie. Voyez aussi le mot *Laurier*.

Cayenne (bois de).

Il y a, dit M. Mellet, deux sortes de bois de ce nom. L'un
est veiné de jaune et de rougeâtre, à grain fin et serré; l'autre
est d'un brun rouge, veiné et grisâtre sur les bords. Tous les
deux sont semés de petites cavités remplies d'une espèce de
gomme ou de résine qui s'évapore à l'air. Cette matière gom-
meuse suit les fibres longitudinales du bois, et paraît à bois debout contenue dans une infinité de petits tuyaux, semés irrégulièrement; ce qui n'empêche pas que ce bois ne se polisse
très-bien.

!èdre. Voyez *Genévrier de Virginie*, et au chapitre précédent.

Charme d'Amérique.

L'arbre que les botanistes nomment *charme-houblon* donne un bois dur, brun, très-estimé, et qui porte, au Canada où il croît, le nom de *bois d'or*.

Chine (*bois de la*).

On donne ce nom à plusieurs espèces de bois très-diverses, qui sont en général d'un brun obscur, veiné et moucheté, très-durs, faciles à polir, à pores peu visibles.

On distingue parmi toutes ces espèces le *bois d'Agra*, qui est très-odorant; le *bois d'amourette*, qui offre aux yeux une multitude de nuances entremêlées depuis le rose jusqu'au rouge brun très-foncé; le *bois de badiane* ou *d'anis* auquel j'ai consacré un article spécial.

Coco (*bois de*).

Ce bois, très-commun aux Antilles et dans presque tous les pays chauds, est très-dur, très-serré, très-compacte; dans quelques espèces, jaune d'abord, il devient comme les autres d'un brun sombre, sans veinage, auquel on peut donner un poli de glace. Quelques autres espèces ont une odeur agréable qui leur fait donner le nom de *bois de citron*.

Copaïba (*bois de*).

Ce bois est d'un rouge foncé parsemé de taches d'un rouge vif. Il est aussi dur que le chêne, et a l'odeur du Fernambouc.

Corail (*bois de*), ou *Condori*.

Il y en a deux espèces principales : celle qui provient du condori à graines rouges ou *adenanthera pavonia*, qui croît dans l'Inde, est très-dure, d'un jaune obscur, et peut être confondue avec le santal rouge.

L'autre est produite par l'éritherine rouge, et nous vient des Antilles. Elle est d'une belle couleur de corail, tantôt uniforme, tantôt nuancée de veines d'un brun clair qui la rendent encore plus précieuse. Néanmoins, comme cette dernière variété est très-poreuse, elle n'est parfaitement belle que de fil.

Quand on fend l'éritherine rouge, elle paraît jaune et ne rougit que par suite à son exposition à l'air.

Cormier des îles.

Il croît dans les mornes des Antilles et dans les forêts de la Louisiane, n'a pas d'aubier, prend un superbe poli, est plus foncé en couleur et mieux veiné que le cormier de France, auquel d'ailleurs il ressemble beaucoup.

Courbari.

A l'une des dernières expositions, ce bois si distingué a été avantageusement remarqué, surtout aux superbes pianos de M. Pleyel. Il a tous les caractères du calliatour, et se rapproche ainsi du palissandre.

Cyprès du Japon.

Ce bois mou, qui croît aisément au Japon et à la Chine, prend facilement les empreintes qu'on veut lui donner. On en fait des boîtes et des petits coffres ; mais avant de l'employer, on l'enterre quelque temps, puis on le met macérer dans l'eau ; il prend alors une couleur bleuâtre.

Ébène.

On en distingue un grand nombre d'espèces. Les principales sont : la noire qui provient du plaqueminier ébène, du mabolo et de l'ébénoxille ; la verte, qui est fournie par la bignone ébène ; l'ébène de Crète, qui est une anthyllide ; l'ébène des Alpes ou cytise, que nous avons fait connaître en parlant des indigènes ; l'ébène de plumier, qui est un aspalath. Voyez les mots *Plaqueminier*, *Ebénoxille*, *Bignogne ébène*, *Aspalath*.

Ebénoxille.

C'est un grand arbre qui croît à la Cochinchine, à la côte de Mozambique et aux Philippines. Il produit une espèce d'ébène qu'on nomme *ébène de Portugal*. Son bois est d'un brun obscur ; on y distingue facilement les fibres. Il est plus dur que l'ébène, mais moins noir.

Epi de blé.

On ne connaît pas l'origine de ce bois tout couvert de stries d'un noir rougeâtre entremêlé de raies couleur de chair beaucoup plus fines et de petits points ovales, aussi couleur de chair, éparpillés sur un fond brun.

Féroles (bois de).

Il y en a trois espèces. L'une est d'un jaune clair ; l'autre,

d'un jaune plus foncé, mêlé de lignes plus claires et plus ob-
scures; la troisième, d'un pourpre très-vif, avec de nombreuses
veines brunes extrêmement fines. Ce bois, qui nous vient de
la Guyane et des Antilles, reçoit un beau poli, surtout quand
il est rouge, et devient alors chatoyant comme le satin, ce qui
lui a fait donner le nom de *bois satiné*. Ces reflets brillants,
qui proviennent d'une contexture un peu analogue à celle de
la nacre de perle, le font rechercher comme un des plus beaux
bois exotiques.

Gaïac.

Ce grand arbre, de la famille des rutacées, croît abondamment aux Antilles, au Mexique, et surtout à Saint-Domingue,
et donne un bois d'une dureté presque métallique. Il a peu
d'aubier; son bois est dur, compacte, pesant, aromatique, extrêmement résineux. Il émousse les meilleurs outils, et c'est le
bois qu'on peut employer avec le plus de succès pour les manches d'outils, les poulies de navires, les roulettes de lit. Quand
l'arbre est vieux, le cœur est d'un brun foncé peu agréable;
mais, dans sa jeunesse, il est tout entier d'une couleur plus
claire mêlée de veines jaunes et verdâtres. Quelquefois même
la couleur jaune domine. Dans ces derniers cas, il est recherché pour l'ébénisterie, et n'est pas trop difficile à polir;
mais pour cette opération, il faut employer l'eau et non pas
l'huile.

Genévrier de Virginie.

C'est un bel arbre à cime cônique et pyramidale, à tronc
droit, revêtu d'une écorce rougeâtre, qu'on appelle aussi *cèdre
rouge de Virginie*. Il croît dans les sables les plus arides de
l'Amérique méridionale. Dans ces contrées on le recherche
pour la charpente, et il sert à la construction de divers ustensiles. Les pores sont remplis d'une résine amère qui empêche les vers de l'attaquer, et le rend précieux pour la menuiserie soignée. On en fait de très-jolis secrétaires qu'on
transporte dans les pays chauds, où ils sont très-utiles pour
conserver les papiers. En effet, l'odeur pénétrante et pourtant
agréable de ce bois écarte les insectes si nombreux dans cette
partie du monde, et qui, sans cela, les auraient bientôt dé-
vorés.

Grenadille.

Ce bois est dur, se rabote bien, et reçoit le plus brillant
éclat, mais se casse aisément; il est assez joliment moucheté.

On prétend que les instruments à vent faits avec ce bois sont les plus harmonieux.

Heister.

Le bois qui fournit cet arbre est nommé aussi *bois de perdrix*, parce qu'à la Martinique, où il croît, on appelle perdrix les tourterelles qui recherchent ses fruits avec avidité. C'est un bois d'un gris brun plus clair que le palissandre avec lequel on le confond quelquefois. Quand il est débité obliquement, outre les fibres longitudinales, on aperçoit une multitude de petits points et de veines noires transversales, qui sèment la surface du bois tantôt d'un pointillé délicat, tantôt d'une sorte de réseau très-fin et très-délié. Ce bois prend un poli de glace.

Laurier.

Les îles de France et de Bourbon en produisent une espèce qu'on appelle *laurier cupulaire,* et qui est plus grande et plus forte que celle qu'on cultive dans nos climats. Son bois sert à faire des lambris, des planches, et toutes sortes de meubles en menuiserie. Lorsqu'on l'emploie, il exhale une odeur forte et désagréable. Sa couleur a de l'analogie avec celle de notre noyer. Les habitants l'appellent *cannellier*, et son bois reçoit le nom de *bois de cannelle.*

Le *laurier rouge* de la Caroline mérite aussi notre attention. C'est un bois fort estimé en Amérique : on en fait de beaux meubles ; et Catesby dit en avoir vu des morceaux choisis qui ressemblaient à du satin ondé.

Magnolier.

Le *magnolier acuminé* est un grand arbre d'un excellent usage pour beaucoup d'ouvrages. Il est très-dur, d'un beau grain et de couleur orange. Il croît à la Pensylvanie et réussirait en France.

Mahogon.

Cet arbre, que les botanistes appellent *swietenia*, nous fournit l'acajou. Il est d'un beau port. Son écorce est cendrée et parsemée de points tuberculeux. Il croît dans les îles du golfe du Mexique, mais commence à devenir rare dans quelques-unes.

Tout le monde connaît ce bois, un des meilleurs qu'on puisse employer pour la charpente et la menuiserie. Il peut servir aux ouvrages les plus grossiers comme aux ouvrages les plus délicats. Les Espagnols, qui ont un chantier de construction à la Havane où ce bois abonde, le préfèrent à tout autre pour la construction de leurs vaisseaux de guerre, parce qu'il est d'une grande durée, qu'il reçoit le boulet sans se fendre, et qu'en mer les vers ne s'y mettent pas. Les Anglais, qui se le procurent en grande quantité par leur commerce, le font servir aux usages les plus communs; et nous, nous le préférons à tous les autres bois pour le placage et les meubles de prix. On met ce bois dans le commerce en madriers d'environ 3 mètres 24 cent. ou 3 mètres 90 cent. (10 ou 12 pieds) de long sur une largeur de 1 mètre 30 cent. (4 pieds) et même davantage. L'acajou se vend d'autant plus cher qu'il provient d'un arbre plus vieux, parce qu'en avançant en âge, le bois de l'arbre devient plus compacte, d'une couleur plus foncée, mieux veiné, et susceptible de recevoir un plus beau poli. Les nœuds et les accidents de ce bois augmentent son prix et le font rechercher. Il y en a une variété qu'on nomme *acajou moucheté*, dans laquelle ces accidents plus nombreux et entremêlés de mouches brunes ajoutent beaucoup à la beauté du bois. On recherche aussi beaucoup l'*acajou ronceux*, que l'on croirait couvert d'herborisations; c'est celui qui provient de la culasse des arbres. Les racines sont aussi très-belles; mais elles coûtent d'autant plus cher qu'elles donnent beaucoup de peine à arracher et qu'on en trouve rarement d'un gros volume. Il y en a une dernière espèce, que l'on nomme *acajou bâtard*, dont la couleur est ordinairement peu foncée. L'*acajou chenillé* est moins rouge, moins veiné, et d'un ton plus chaud que l'acajou ordinaire.

L'acajou, qui d'abord est d'un jaune rougeâtre assez clair, brunit beaucoup en vieillissant, surtout quand il est exposé au soleil. C'est le poli qui fait ressortir ses veines jusque-là très-peu apparentes; il en résulte qu'il est extrêmement difficile de le bien choisir quand il est en billes, et que les plus adroits peuvent se tromper. Il est rare cependant que l'acajou ne soit pas moucheté quand on remarque à la circonférence de la bille des espèces de trous de vers. La partie de l'arbre où commence la division des grosses branches, est celle qui fournit le bois le mieux roncé, quand on fend le morceau fourchu dans toute sa longueur, en suivant le milieu des deux branches.

Mancenillier.

Ce bois américain dure longtemps, a un beau grain, et prend bien le poli. Il est d'un gris cendré, mêlé de brun, avec des nuances de jaune. On l'emploie en Amérique à faire des meubles de prix, et surtout de très-belles tables dont la surface est lisse et comme marbrée. Lorsqu'il est vert, l'arbre contient une sève extrêmement vénéneuse, dont les gouttelettes brûlent comme des charbons ardents. On est obligé, pour l'abattre, de se couvrir le visage d'une gaze et de prendre des gants. Comme cette sève conserve longtemps sa propriété délétère, je crois qu'il serait prudent de bannir ce bois de la menuiserie ou du moins de ne s'en servir qu'après l'avoir fait longtemps bouillir dans l'eau.

Marbré (bois).

C'est une variété du bois de Féroles. Son cœur est nuancé de veines rouges sur un fond blanchâtre.

Mûrier des teinturiers.

Il croît en abondance dans les forêts de l'Amérique. C'est un grand et bel arbre dont le bois, d'un jaune brillant et doré, se polit bien; il est propre à la teinture et porte aussi le nom de bois jaune.

Noyer de la Guadeloupe.

On en trouve beaucoup dans cette île et à la Jamaïque, où il est connu sous le nom de fablier. Il ne ressemble en rien, pour le veiné et la couleur, au noyer de France; il est dur, pesant, d'un jaune tendre, veiné d'un jaune plus foncé, et se polit bien.

Palissandre.

Il vient principalement de l'île Sainte-Lucie, est très-dur, d'un brun violet avec quelques veines plus claires, qui forment souvent de beaux contours, de larges dessins accidentels comme l'acajou. Cependant, naguères, il paraissait monotone et peu susceptible de servir à de grands ouvrages, quoiqu'il nous arrivât en fortes pièces. Mais depuis quelque temps il reprenait insensiblement faveur, et, à l'exposition de 1834, les élégants et riches travaux de MM. Chenavard, Bellangé, Durand, etc., l'ont tout-à-fait placé hors de ligne. Maintenant ce bois employé est plus cher que l'acajou, quoique bruts leur prix soit le même.

A raison de sa teinte brune, de ses nervures qui n'ont pas une couleur beaucoup plus foncée que le fond, le palissandre est très-propre à recevoir les incrustations; à raison de sa contexture molle, il est aussi très-convenable pour en faire. Il exhale une odeur agréable, analogue à celle du bois de S^{te}.-Lucie ou Mahaleb, avec lequel parfois on le confond à tort.

Plaqueminier.

Le *Plaqueminier ébène* qui croît à Madagascar, nous fournit l'ébène, dont tout le monde connaît le noir brillant, le beau poli et la dureté. Plus l'arbre est vieux, plus il a de prix; mais ce bois est sujet à fendre.

Le *Plaqueminier dodécandre* croît à la Cochinchine. Quand il est très-vieux, son bois, excessivement compacte et pesant, est d'un beau blanc nuancé de veines noires.

Rose ou de Rhodes (bois de).

On donne ce nom à plusieurs espèces de bois venus des Antilles et du Levant, et même de la Chine, d'une couleur rose ou feuille-morte, veinés quelquefois de jaune, de rouge-violet et comme marbrés. On les connaît aux Antilles sous le nom de *liseron à bouquet, balsamier, licari*; quand on les travaille, ils ont une douce odeur de rose, pâlissent en vieillissant, si on ne les vernit pas et ne se laissent bien polir qu'à l'eau, parce qu'ils sont résineux.

Santal.

On distingue le santal blanc, le santal rouge et le santal citrin. Les arbres qui les fournissent croissent aux Indes orientales.

Le *Santal citrin* est assez compacte, exhale une odeur aromatique, se fend aisément en petites planches. Sa couleur est d'un roux pâle, tirant sur le citron, et son odeur est analogue à celles du musc, du citron et de la rose réunies.

Le *Santal blanc* est d'une couleur blanche, tirant un peu sur le jaune. Il est probable que, de ces deux espèces, la première est le cœur, et la seconde l'aubier du *petrocarpus santalinus*.

A l'égard du *Santal rouge*, on ne connaît pas bien l'arbre qui le produit, mais on présume que c'est une espèce de condori; il est d'un rouge obscur, à fibres tantôt droites, tantôt ondulées, imitant des vestiges de nœuds, et ne se distingue guère du bois de Brésil que par sa saveur astringente.

Sidérodendre.

Il croît à la Martinique. C'est le plus dur de tous les bois. Quand il est sec, les meilleures haches s'y brisent. On en fait des meubles de prix et des ustensiles recherchés, en prenant la précaution de le travailler vert ou de le tenir dans l'humidité jusqu'au moment où on l'emploie. On l'appelle aussi *bois de fer*.

Violet (bois).

Moins usitée qu'elle ne l'était autrefois, cette espèce de palissandre, dont le nom indique la couleur, est marbrée de veines plus claires et se polit bien.

ÉCHANTILLONS SOUS LESQUELS ON TROUVE LES BOIS DANS LE COMMERCE, ET MODE DE LEUR LIVRAISON.

Le sapin de Lorraine se trouve dans le commerce sous les dénominations et dimensions suivantes :

	ÉPAISSEUR.		LARGEUR.		LONGUEUR.	
	mil.	*lig.*	*c.*	*po.*	*m. m.*	*pds.*
Feuillet,	16à18	(7à8) }	21,31	(73/4, 11 1/2)	3,57. 3,90	(11,12).
Ordinaire,	27	(1 p.) }				
Planche,	34	(15 l.) }	51	(11 1/2)	3,90	(12).
Madrier,	61	(2p1/4) }				

Le mode de livraison suivi pour le *feuillet* et la planche dite *ordinaire*, consiste à prendre pour unité la planche qui a de longueur 3 mètres 57 cent. (11 pieds), et de largeur 21 centim. (7 pouces 3/4), et se livrent au cent; celles qui ont 3 mètres 57 cent. (11 pieds) de long et 31 centim. (11 pouces 1/2) de large se comptent moitié de plus, ou le cent pour cent cinquante, et enfin, celles de 3 mètres 90 cent. (12 pieds) de long, et qui ont 21 ou 31 centim. (7 pouces 3/4 ou 11 p. 1/2) de large, sont comptées un onzième de plus; en sorte que le cent de *feuillet* ou le cent de planche *ordinaire* est toujours composé de cent planches ou feuillets ayant 3 mètres 57 cent. (11 pieds) de longueur et 21 centim. (7 pouces 3/4) de largeur.

Comme la *planche* et le *madrier* ne varient point en dimensions, ils sont livrés au cent, suivant l'échantillon.

Le *feuillet*, la planche *ordinaire*, la *planche* et le *madrier* ont chacun un prix différent, non compris le transport du magasin du marchand à l'atelier du menuisier. Le premier et les deux derniers échantillons sont, depuis quelque temps, un peu rares dans le commerce.

Le sapin d'Auvergne est très-variable en dimensions; on trouve des planches ayant 41 millim. (18 lignes) d'épaisseur par un bout et 27 millim. (1 pouce) par l'autre, en largeur 35 centim. (13 pouces) au bout le plus épais, et 27 centim. (10 pouces) à l'autre; les longueurs varient de 3 mètres 57 cent. à 4 mètres 22 cent. (11 à 13 pieds).

Ceux du Nord, blanc ou rouge, ont des échantillons bien

distincts et se livrent au cent de mètres (ou de toises) linéaires, à des prix différents pour chacun.

	ÉPAISSEUR. mil.	LARGEUR. c. po.	LONGUEUR. m. m. pds.
Planche 4/4,	27 (1 po.)		2,60 à 5,85 (8 à 18).
Planche 5/4,	34à41 (15à18l.)	22à25 (8à8 1/4)	de 52 en 52c (1p.en 1p.)
Petit ma-drier,	50à54 (21à24l.)		(c'est-à-dire 8. 9. 10. 11. 12. 15. 14. 15. 16.
Madrier,	81 (5 po.)		17 et 18 pds.)

Le peuplier se trouve ordinairement en

	ÉPAISSEUR. mil. l.	LARGEUR. cent.	LONGUEUR. m. m. m.
Volige,	14 à 16 (6 à 7)	19 à 22 (7 à 8 po.)	1,95. 2,27. 2,92.
Planche,	27 (1 po.)	22 à 25 (8 à 9 po.)	(6 pds. 7 pds. 9 pds.)
Madrier,	54 (2 po.)	25 à 27 (9 à 10 po.)	

On en trouve rarement en planches de 34 millim. (15 lignes) d'épaisseur. Ces échantillons se livrent au mètre (ou à la toise) linéaire et par cent.

Le chêne du Bourbonnais a des échantillons assez variés, qui se livrent au cent de mètres (ou de toises) linéaires.

	ÉPAISSEUR. mil. lig.	LARGEUR. c. po.	LONGUEUR. m. m.
Planche,	27 à 30 (12 à 14)	25 (9)	1,95 et 2,92 (6 et 9 pds.)
dito	34 à 45 (15 à 20)	25 à 27 (9 à 10)	
Membrette,	68 (2p.1/2)	16 (6)	
Chevron,	95 (3p.1/4)	10 (5 5/4)	

Celui de Champagne est infiniment plus varié en dimensions.

	ÉPAISSEUR. mil. l.	LARGEUR. c. po.	LONGUEUR. m. m. m. m. m. m.
Feuillet,	11 à 14 (5à6)		1,95.2,27.2,60.2,92.5,25.3,90.
panneau,	18à20 (8à9)	25à26 (9à9 1/2)	
Entrev.,	27 (1 p.)		(6. 7. 8. 9. 10 et 12 pds.)
Chevron,	81 (5 p.)	95 mil. (3 1/4)	
Petit bat-tant de porte co-chère,	81 (5 p.)	27 (10)	2,60.2,92. 5,25 (8, 9 et 10 pds.)
Planche,	34 (15 l)	25 (9)	1,95.2,27.2,60.2,92.5,25.3,90.
dito	41 (18 l)	22 (8)	
Mem-brure,	81 (5 p.)	15à16 (5 1/2à6)	(6. 7. 8. 9. 10 et 12 pds.)
Joublette	54 (2 p.)	50à52 (11 à 12)	
Battant de porte cochère,	11 c. (4 p.)	32 (12)	5,90 et 4,87 (12 et 15 pds.)

Il est à remarquer que l'*entrevoux*, qui doit avoir 27 millim. (1 pouce) d'épaisseur, n'a que 25 millim. (11 lignes); la *planche* de 34 millim. (15 lignes) d'épaisseur a ordinairement 36 et 38 millim. (16 et 17 lignes), celle de 41 millim. (18 lignes) a de 42 à 47 millim. (18 à 21 lignes); enfin, la *doublette* a de 54 à 61 millim. (2 pouces à 2 p. 3 lig.) d'épaisseur.

Ces échantillons se livrent au cent de mètres (ou de toises) linéaires, en les reduisant à deux unités principales, pour l'*entrevoux*, le *chevron* et le *petit battant de porte cochère*. C'est l'entrevoux qui sert d'unité, le chevron est livré en même nombre, mais le petit battant compte pour quatre entrevoux, de sorte que 100 *chevrons* ou 25 *petits battants* sont comptés et livrés chacun pour un cent d'*entrevoux*.

Pour les deux espèces de *planche*, la *membrure*, la *doublette* et le *battant de porte cochère*, c'est la planche de 34 millim (15 lignes) d'épaisseur qui est l'unité; ainsi, les deux espèces de planche et la membrure comptent chacune pour une, la doublette pour deux, et le battant pour quatre unités; c'est-à-dire, que 100 *planches* de 41 millim. (18 lignes) d'épaisseur, 100 *membrures*, 50 *doublettes* ou 25 *battants de porte cochère* se livrent chacun pour un cent de *planches* de 34 millim. (15 lig.) d'épaisseur.

Le prix du mètre (ou de la toise) de l'entrevoux et de la planche ainsi réduits, varie en raison du nombre de longueur de 3 mètres 25 cent. et 3 m. 90 c. (10 et 12 pieds) que l'on prend; il varie aussi suivant la quantité de petit battant, membrure, doublette et battant de porte cochère.

Quant au feuillet et au panneau, il est assez rare d'en trouver actuellement dans le commerce; mais ils ont chacun un prix particulier.

Le chêne des Vosges a des dimensions très-inégales par rapport au débit sur maille; les planches ont 25, 30, 40 et 50 millim. (11, 14, 18 et 22 lignes) d'épaisseur, 11 à 60 centim. (4 à 22 pouces) de largeur, et 1 mètre 95, 2 m. 92, 3 m. 90 cent. (6, 9 et 12 pieds), rarement 4 mètres 87 cent. (15 pieds) de longueur; ces planches se livrent au mètre (ou à la toise) linéaire, et pour n'avoir qu'un seul prix, on les réduit à une unité qui a 25 millim. (11 lignes) d'épaisseur et 25 centim. (9 pouces) de largeur; de manière que les planches ayant 30 millim. (14 lignes) d'épaisseur sont comptées dans le commerce pour planches un quart; celles de 40 millim. (18 lignes) pour planches et demie, et celles de 50 millim. (22 lignes) pour deux;

ces planches sont aussi réduites ou augmentées selon leur largeur, afin de les ramener à 25 centimètres (9 pouces) de large.

Le sapin et le chêne de *bateau* se trouvent sous deux échantillons différents : le premier qu'on nomme *planche* n'est pas d'une épaisseur fixe; les planches les plus minces peuvent avoir 18 millim. (8 lignes), et les plus épaisses 45 millim. (20 lignes), la largeur varie de 16 à 65 centim. (6 pouces à 2 pieds); quant à la longueur, elles sont coupées à 1 mètre 95, 2 m. 27, 2 m. 60, 2 m. 92, 3 m. 25, 3 m. 90 et 5 m. 85 cent. (6, 7, 8, 9, 10, 12, 15 et 18 pieds); ces planches se livrent au mètre (ou à la toise) superficiel, dont le prix varie suivant la qualité et la beauté du bois.

L'autre est connu sous le nom de *plats-bords;* il provient du bordage des tonnes, il a environ 8 centim. (3 pouces) d'épaisseur et 50 centim. (18 pouces 1/2) de large par un bout, tandis que l'autre à 41 millim. (18 lignes) d'épaisseur et 25 centim. (9 pouces) de large; sa longueur varie selon celles des tonnes et bateaux desquels il provient, elle peut être de 10 à 16 mètres (30 à 50 pieds), mais rarement de 20 mètres (60 pieds). Ces plats-bords sont vendus à la paire; le prix varie en raison de la qualité de bois, des dimensions et de leur rareté.

Le tilleul est débité à peu près suivant les mêmes échantillons du peuplier. Le châtaignier est tellement rare dans le commerce, qu'il n'a point d'échantillon fixe.

Le hêtre se trouve en planches, membrures et madriers ou tables, dont les dimensions sont assez variées; les planches et les membrures se livrent au cent de mètres (ou toises) linéaires; mais les madriers se vendent à la pièce, et le prix en varie suivant la beauté et les dimensions.

Le noyer n'a aucun échantillon fixe; on le débite en feuillets, en planches et en tables de diverses épaisseurs, dont la largeur et la longueur sont très-variables; il est vendu à la pièce dont le prix est aussi variable que celui des madriers de hêtre.

Quant aux bois d'acajou, d'amaranthe, d'ébène et de palissandre, ils sont débités de diverses manières, en feuillets, en planches ou en madriers, qui sont vendus au poids.

DEUXIÈME SECTION.

INSTRUMENTS ET OUTILS DU MENUISIER.

Dans presque tous les arts mécaniques, on a besoin d'appareils particuliers, à l'aide desquels la matière première est fixée et maintenue d'une manière invariable et de telle sorte que les deux mains soient entièrement libres pour l'exécution des travaux. Mais il n'en est aucun dans lequel les instruments de ce genre soient plus multipliés que dans la menuiserie. Indépendamment de ces outils, elle en emploie beaucoup d'autres, qui servent à couper, creuser ou percer le bois, à unir ses surfaces, à lui donner diverses formes ou à tracer l'ouvrage.

Examinons et décrivons tous ces outils, tout en renvoyant à d'autres chapitres ceux qui ne servent que rarement et dans une seule opération. Faisons connaître avec étendue tous les outils nouveaux, toutes les améliorations que les anciens ont subies.

J'ai cru ne pouvoir donner trop de soin à cette importante partie de mon travail, et je ne saurais assez engager ceux pour qui j'écris, à mettre à profit les documents qu'il renferme. Un bon choix d'outils peut suffire à assurer l'existence d'un ouvrier. M. le baron Dupin, a prouvé, par le calcul, que si un ouvrier employait 1,000 francs à se procurer d'excellents outils, dès la fin de la première année il en résulterait pour lui un surcroît de bénéfices suffisant pour le couvrir de l'intérêt de l'argent, et entretenir les outils; enfin, qu'il y aurait encore un petit excédant, qui, mis de côté, formerait 6,000 fr. au bout de vingt ans, et 14,000 au bout de quarante-deux ans. De semblables calculs tiennent lieu de conseils.

CHAPITRE I.

INSTRUMENTS ET OUTILS PROPRES A ASSUJETTIR LES PIÈCES DE BOIS QU'ON VEUT TRAVAILLER.

1°. L'Etabli.

C'est sans contredit, de tous les outils de menuiserie, celui dont l'usage est le plus fréquent. C'est sur l'établi que pres-

que tous les travaux s'exécutent. Il sert, soit qu'on veuille ra~
poter et polir une planche sur le plat, soit qu'on veuille la
dresser et l'unir par les côtés, soit qu'on ait le projet de la
scier transversalement ou de l'entailler.

On donne ce nom à une espèce de table ou banc, large pour
l'ordinaire de 48 à 65 centim. (18 à 24 pouces), long de 1
mètre 94 cent. à 2 mètre 59 cent. (6 à 8 pieds). Sa hauteur
doit être d'environ 81 centim. (30 pouces); elle doit varier
suivant le plus ou le moins de grandeur de la taille de l'ouvrier, et de manière qu'il puisse travailler commodément.
L'instrument se compose de deux parties principales, la *table*
proprement dite et les *pieds*. La table est formée d'ordinaire
d'un plateau d'orme ou de frêne. L'orme étant le plus pesant
et le plus commun des bois qu'on peut employer à cet usage,
est, par cette raison, préférable, puisqu'il est alors plus difficile d'ébranler l'établi. Le hêtre qui, comme l'orme et le frêne,
a la propriété de ne pas se fendre, fait aussi des tables de ce
genre excellentes. Les pieds sont ordinairement en chêne et
très-forts, au nombre de quatre ou six, suivant la grosseur de
l'établi.

Comme il est essentiel d'unir les pieds à la table, de la manière la plus solide, on doit les assembler à enfourchement
double. Ces pieds seront réunis par le bas et à quelques pouces
de terre avec une traverse assemblée avec les pieds à tenons
et mortaises. On peut, dans le bas de l'établi, pratiquer des
tiroirs qui serviront à renfermer des outils; on peut le clore
en partie tout autour avec des planches qui serviront encore
à mieux lier les pieds entre eux.

La table, épaisse de 81 millim. (3 pouces) au moins, est per~
cée bien perpendiculairement d'un certain nombre de trous
circulaires. Ils ont 27 à 41 millim. (1 pouce à 1 pouce 1/2) de
diamètre, et sont dispersés irrégulièrement sur la table. A
81 millim. (3 pouces) à peu près du devant de la table, et proche d'une de ses extrémités, on creuse un autre trou carré
ayant 54 millim. (2 pouces) de côté. Il traverse la table de
part en part comme les trous circulaires; ses parois sont bien
unies et taillées bien perpendiculairement. Les trous ronds
sont destinés à recevoir les valets; dans le trou carré
glisse à frottement une boîte ou tige de bois carrée, garnie à
son extrémité supérieure d'un crochet dentelé. Lorsque le
crochet est convenablement enfoncé dans la boîte, il a l'air
d'une plaque de fer mince, triangulaire, fixée à angle droit

sur le sommet de la boîte, affleurant avec le dessus, débordant
un peu par le devant, de manière à présenter en saillie une
rangée de dents aiguës, faisant face à l'extrémité de la table
opposée à celle dans laquelle la mortaise carrée a été pratiquée. On peut, à coups de maillet, hausser ou baisser cette
boîte : la hausser en frappant par-dessous, la baisser en frappant par-dessus, de telle sorte que le crochet puisse à volonté
être plus élevé que la table de plusieurs centim., ou la toucher
tout-à-fait. C'est contre ce crochet que l'on fixe, d'un coup de
marteau, les planches que l'on se dispose à corroyer ou à
polir. Les dents pénètrent dans l'épaisseur ; le mouvement de
la varlope, l'espèce de choc qui en résulte les fait enfoncer
davantage, et aucune saillie ne la gêne dans son action, puisque le crochet, faisant le sommet de la boîte, est toujours au-
dessous de la face supérieure de la planche. A force de hausser et baisser la boîte, la mortaise dans laquelle elle glisse
s'agrandit, le mouvement devient trop libre. Autrefois, il n'y
avait d'autre remède que de refaire la boîte ; maintenant on
a imaginé de la fixer à la place convenable avec une vis de
pression. A cet effet, l'extrémité de la table est percée d'un trou
horizontal, parallèle à la longueur de l'établi, et pénétrant jusqu'à la boîte ; ce trou est taraudé. On y place une vis à tête
large et aplatie qui, suivant qu'on la tourne dans un sens ou
dans un autre, laisse glisser, en se retirant, la boîte garnie du
crochet, ou, pénétrant à travers le trou pratiqué dans la paroi
de la mortaise, assujettit cette boîte contre la paroi opposée.
On sent que la vis doit être assez forte et coupée carrément à
son extrémité.

La *fig.* 1, *pl.* 1ʳᵉ, représente l'établi avec la boîte à crochet
A, et les trous circulaires dont nous devons maintenant expliquer l'usage, après avoir dit que l'établi du layetier n'offre
ou plutôt n'offrait point ces trous, ou un tout au plus du côté
du crochet, parce que cet ouvrier n'emploie pas de valet.

Le crochet est suffisant pour assujettir la planche soumise
à l'action de la varlope ; mais si on voulait scier transversalement une planche, la raboter en travers, la creuser avec le ciseau ou le bédane, on sent qu'on ne pourrait plus en attendre
d'effet. Il ne peut servir que lorsque la direction donnée à
l'instrument pousse la planche contre ses dents. Dans les autres cas, on a recours au valet.

Il y en a diverses espèces. Le plus communément employé
est un crochet en fer, dont la tige cylindrique a de 48 à 65

centim. (18 pouces à 2 pieds) de longueur, et un diamètre
de 27 à 41 millim. (1 pouce à 1 pouce 1/2). La partie supérieure se recourbe et se termine en une pate large et mince
(*fig.* 1, *d*), qui, lorsque la tige est dans une position perpendiculaire, se trouve presque complètement horizontale. L'inclinaison de la pate et son amincissement doivent être tels
qu'elle ne puisse pincer le bois, quand on emploie le valet à
cet usage, que par son extrémité. En frappant avec un marteau sur le valet qu'on se propose d'acheter, on s'assure par la
nature du son qu'il n'a aucun défaut. On doit rejeter tous ceux
qui ne sont pas beaucoup plus forts au coude que partout ailleurs. C'est par là surtout que souffre cet outil; et de ce ren-
forcement dépend toute sa solidité.

Lorsque le valet est placé dans un des trous de l'établi, la
tige y glisse commodément dans une position perpendiculaire;
mais lorsque l'on place une planche entre la pate et l'établi,
l'épaisseur de la planche la soulève, et, par conséquent, écarte
la tige de sa situation perpendiculaire, pour lui donner une
situation oblique. Alors elle glisse avec peine dans le trou
et frotte, par sa partie supérieure, contre le rebord du trou,
du côté éloigné de la planche, et, par sa partie inférieure,
contre la partie inférieure du trou, du côté rapproché de la
planche. Si l'on donne quelques coups de maillet sur la tête (*d*)
du valet, la tige enfonce, mais comme la pate n'enfonce pas en
même temps, l'obliquité augmente, la pression de la tige contre
les parois du trou s'accroît, le frottement ne permet plus à la
tige de couler. Elle est fixée d'une manière invariable, et, par
la même raison, la pate, devenue immobile, fixe à son tour la
planche B, en la pressant contre la table de l'établi; alors la
planche peut être sciée, entaillée, frappée dans tous les sens et
ne change plus de place. Le valet l'assujettit, par la face supérieure, comme le crochet l'assujettissait en pénétrant dans l'é-
paisseur. Mais on sent que l'élévation du valet, au-dessus de la
surface, ne permettrait plus de la raboter commodément. Pour
dégager la planche, il suffit encore de frapper le valet par-
dessous, à l'extrémité de la tige, ou de donner quelques coups
à côté de la tête, de manière à détruire l'obliquité.

Ces coups de maillet occasionnent presque toujours une empreinte de la pate dans la planche; pour éviter cet inconvénient, on emploie le valet à vis. La pate est taraudée et porte
une vis de pression (*fig.* 2). Lorsqu'on l'enfonce, elle rencontre la planche, la presse; mais, en même temps, élève la

pate par un mouvement uniforme et cause l'obliquité, et, par suite, la pression.

La partie de la vis qui touche le bois a peu de surface. Il peut donc en résulter encore une empreinte nuisible aux ouvrages délicats et soignés. On remédie tout-à-fait à ce mal à l'aide du valet à vis et à écrou, qui n'a d'autre défaut que d'être d'un usage un peu embarrassant (Voyez *fig.* 3). Il se compose 1° d'une vis à tête sphérique, percée d'un trou transversal dans lequel est passée une tige de métal, à l'aide de laquelle on tourne la vis; 2° d'un double crochet se recourbant à droite et à gauche, et se terminant de chaque côté par un plateau large et épais (B, C); 3° d'un écrou (D) placé au-dessous du crochet. On peut se dispenser de tarauder le trou du crochet dans lequel passe la vis, et le faire assez grand pour qu'elle y coule librement. La tête de la vis suffit pour faire descendre le crochet. L'inspection de la figure fait déjà deviner l'usage de cet instrument. On ôte l'écrou; on passe la tige de la vis dans le trou de l'établi; on remet l'écrou de manière à ce que la table de l'établi se trouve entre le crochet et l'écrou. On place la planche à fixer sous la pate du crochet et on tourne la vis. La pate descend, et par suite de ce mouvement, l'ouvrage et la table de l'établi se trouvent serrés l'un contre l'autre entre l'écrou et le crochet. Mais si l'on ne prenait pas une légère précaution, une des pates des crochets portant sur l'ouvrage, et se trouvant, par conséquent, plus élevée, le bois serait pressé, non par la partie large et aplatie de la pate, mais par l'angle le plus voisin de la vis, et il en résulterait une empreinte. Il faut donc avoir grand soin de maintenir l'horizontalité, en plaçant sous l'autre pate un appui quelconque, égal en hauteur à la pièce de bois que l'on veut assujettir. Ce soin paraît minutieux; mais ce que je viens de dire en prouve la nécessité, et la fréquentation des ateliers la fera encore mieux sentir. A ce premier inconvénient, il faut en ajouter un autre. Chaque fois qu'on veut changer le valet de place, il faut ôter l'écrou, soulever la vis, puis le crochet, remettre l'écrou, faire tourner longtemps la vis; de là des pertes de temps préjudiciables. Je crois qu'il vaut beaucoup mieux s'en tenir à l'usage du valet ordinaire et du valet à vis de pression, sauf à mettre entre la pate et l'ouvrage, ou entre la vis de pression et l'ouvrage, un bout de planche bien dressé. On en a toujours de reste dans un atelier de menuiserie, et il n'en faut pas davantage pour préserver de toute empreinte les bois à ménager.

Je vais néanmoins encore décrire une troisième espèce de valet, dit *valet à bascule*, qui a les avantages du valet à vis simple sans avoir ses inconvénients. La pièce principale de ce valet est assez semblable à un valet ordinaire, ainsi qu'on peut s'en convaincre en jetant les yeux sur la *fig.* 3, G. Mais la partie supérieure, au lieu de se courber vers la terre, se relève, et au lieu d'être amincie en pate, finit par un enfourchement; dans cet enfourchement est fixée, à l'aide d'une goupille, qui lui permet de se mouvoir, comme un fléau de balance, une pièce semblable en tout à l'extrémité supérieure d'un valet ordinaire. La tête de cette pièce mobile est taraudée, et porte une vis à tête plate dont l'extrémité s'appuie sur la pièce que nous avons décrite la première. Quand on tourne la vis de façon à l'enfoncer dans le trou taraudé, il faut nécessairement que cette extrémité de la pièce mobile se soulève. Alors elle fait bascule, l'autre bout terminé en pate s'abaisse et presse graduellement la planche qu'on a mise au-dessous.

Les moyens de maintenir les bois sur l'établi ont tous quelque désavantage. Le crochet n'est bon que lorsque l'on pousse la varlope longitudinalement, en dirigeant sa course contre le crochet; et il est quelques bois qu'on est forcé de raboter en travers. Les valets occupent une partie de la face supérieure de la planche; et de ces deux instruments, l'un servant à un usage, l'autre à l'autre, il arrive que si, après avoir raboté, on veut entailler ou creuser le bois, il faut mettre le crochet, puis l'ôter si l'on veut raboter de nouveau. Il en résulte une perte de temps désagréable. Pour éviter cela, on a imaginé, en Allemagne, de serrer la planche à travailler entre deux crochets qui l'assujettissent, en pénétrant dans l'épaisseur à chaque extrémité. Les établis qui permettent cette manœuvre ont été introduits depuis peu de temps en France, sous le nom d'*établis à l'allemande.*

Ces établis, au lieu de porter seulement des trous ronds à placer les valets, sont percés d'une ou plusieurs rangées d'ouvertures carrées, dans lesquelles on peut placer des *mentonnets.* Ce sont des tiges de fer carrées, recourbées en crochet au sommet. Quelquefois la partie recourbée est aussi grosse que la tige; d'autres fois elle est plus mince, plus large et semblable au crochet de l'établi ordinaire; elle est aussi dentée dans ce second cas. C'est entre deux de ces crochets que la planche est fixée. Mais, pour que le bois soit bien assujetti par ce moyen, il est nécessaire que l'un des crochets puisse à volonté être serré contre la planche. On y parvient en plaçant un des mentonnets dans une pièce de bois mobile, placéé à l'extrémité de l'établi, se déplaçant d'une certaine quantité par un mouvement parallèle à la longueur de l'établi, et désigné par le nom de boîte de rappel.

L'usage de cette boîte de rappel étant encore peu connu dans les provinces, je crois devoir donner, sur sa construction, des détails assez étendus pour que chaque menuisier puisse l'exécuter lui-même.

On commence par faire à la table de l'établi une entaille dont la longueur est égale au quart de la longueur totale de la table ou un peu moins, et dont la largeur est du tiers de la largeur de la table (voyez *fig.* 4). On voit déjà qu'il faut que les pieds ne soient pas de ce côté tout-à-fait à l'extrémité de l'établi, sauf à soutenir cette extrémité par un cinquième pied placé au-delà de l'entaille. Cette précaution est indispensable. On cloue ou l'on assujettit avec des vis, sous la table, une traverse A B, forte et bien dressée, saillante, en avant de l'établi, de manière à être de niveau avec le bord P. Une autre traverse G D, fixée en G, sous l'établi, vient en D s'assembler à queue d'aronde avec la traverse A B. Cette seconde traverse est moins élevée que la première de 16 millim. (un demi-pouce). Sur le côté F de la table on fait une entaille longitudinale assez profonde, puis on refouille sous ses parois et l'on y creuse une rainure dans laquelle une planche puisse commodément glisser à coulisse. On peut, si l'on veut, se dispenser de faire cette rainure et se contenter de bien unir les bords de cette entaille destinés à soutenir la boîte de rappel qui doit glisser, aller et venir, portée par ces bords et par les deux traverses.

La partie principale de la boîte (voyez *fig.* 5) est la tête z, formée d'un morceau de bois dur dont les bouts doivent être parallèles à la longueur de l'établi : par conséquent, cette tête se présente à bois debout contre la paroi G, lorsqu'on l'a mise en place. Elle est percée dans sa partie supérieure d'un trou carré dans lequel on place le mentonnet x. Si l'on veut, on fait la tête plus longue, on y perce plusieurs trous, et l'on raccourcit la vis de rappel; mais cette méthode est moins bonne, la tête est moins solide et le mouvement de la boîte est plus borné. Par-dessous, cette espèce de cube en bois est entaillée carrément (voyez *fig.* 6, la coupe de la tête; Q l'entaille). C'est dans cette rainure que se loge la traverse C D (*fig.* 4), destinée à diriger en droite ligne le mouvement de la boîte. Le reste de l'extérieur de la boîte est formé de cinq fortes planches. Celle qui est à l'extrémité plus courte que la tête z (voy. fig. 5), est percée en k d'un trou destiné à passer la vis $l i$. Elle doit même être formée de deux pièces que l'on assemble à rainure et languette, après que la vis a été convenablement placée. La planche de dessous s'assemble au-dessus de la rainure conductrice creusée dans la tête. Mais la planche de derrière (fig. 7), qui doit toucher la paroi F (fig. 4) de l'établi, mérite une attention spéciale. Elle est percée d'une longue ouverture, comme le représente la figure 7, et ses bords sont taillés en languette destinée à courir dans la rainure creusée sur les bords de l'entaille F (fig. 4). Si on n'a pas fait cette entaille, il suffit de bien dresser les bords inférieur et supérieur de cette planche ; moins haute, dans ce cas, que celle de devant taillée de manière à pénétrer juste et à coulisse dans l'entaille F, elle s'unit solidement avec la tête, et la figure 6 représente cet assemblage : Q est la tête, b la planche de derrière avec sa double languette. Toutes les planches qui forment la boîte doivent être en bois dur, bien assemblées en feuillures ; il est bon de consolider le tout avec quelques vis placées de distance en distance.

Venons à la manière de faire mouvoir la boîte. On se sert pour cela de la vis de rappel $l i$. Cette vis, fixée en l dans la tête z (fig. 5), de manière néanmoins à pouvoir tourner, passe ensuite dans un écrou m, dont la queue, passant à travers la fente longitudinale de la planche de derrière, va s'enfoncer en V (fig. 4) dans l'établi, où elle est maintenue à l'aide de deux boulons qui la traversent (voyez fig. 8). Cet écrou, glissant librement dans la fente de derrière de la boîte, ne fait pas corps avec elle ; mais la vis est en quelque sorte unie à la boîte par un collet ou gorge circulaire qu'elle porte en V (fig. 5), et dans laquelle s'engagent deux clavettes de fer, inhérentes l'une à la planche inférieure, l'autre à la planche supérieure de la boîte. La tête i de la vis, percée d'un trou transversal, sort en k, comme le représente la figure.

Si maintenant on place la boîte sur la traverse CD (fig. 4), de manière à ce que l'entaille de la tête soit à cheval sur cette traverse, si l'on fait glisser les languettes de la planche de derrière dans les rainures de l'entaille F ; si la queue de l'écrou, enfoncée en V, est solidement rivée avec ses deux boulons, on verra facilement comment se meut la machine.

Quand, à l'aide d'une tige de fer placée dans le trou de la

tête de la vis, on la fait tourner, cette vis, prise dans un écrou,
est forcée d'avancer ou de reculer; et comme d'une part elle
tient à la tête z, tandis que, de l'autre côté, elle est maintenue
en V par deux clavettes, elle entraînera la boîte avec elle en
avant ou en arrière; la queue de l'écrou ne gênera pas la marche de la boîte, puisque la planche de derrière est fendue
longitudinalement. La saillie de p (*fig.* 9) de la tête arrêtée
par l'exhaussement de la traverse AB (*fig.* 4), au-dessus de la
traverse CD, ne permettra plus à la boîte de quitter sa place
après qu'on aura fixé ces traverses, qui ne doivent être défini-
tivement consolidées qu'après qu'on a mis la boîte là où elle
doit être, et boulonné la queue de l'écrou. On sent que le dessus de la boîte doit être de niveau avec le dessus de l'établi.

Maintenant, avec cet appareil, veut-on fixer une pièce de
bois? Rien ne sera plus facile. Soit la planche c c (*fig.* 9); placez un mentonnet dans un des trous de la table de l'établi;
placez l'autre mentonnet dans la boîte, mettez la planche entre
les deux mentonnets, tournez la vis, bientôt le mentonnet
mobile aura, en s'avançant, pressé la planche contre le mentonnet de l'établi. Si la planche était plus longue, on place-
cerait le mentonnet dans un trou plus éloigné de la boîte; mais
ces trous ne doivent pas être séparés entre eux par un intervalle plus grand que celui que peut parcourir la boîte, afin que
son mouvement puisse compenser l'écartement de ces trous.

Cette manière de fixer les bois sur l'établi est solide, invariable. On peut les assujettir ou en long ou en travers, travailler dant tous les sens et dans toutes les positions. Enfin,
quand on se sert de mentonnets dont le crochet est aplati et
denté, la face supérieure de la pièce de bois et deux des faces
latérales sont entièrement libres. En outre, la boîte peut servir de presse dans un grand nombre de cas, et assujettir les
pièces que l'on veut refendre ou tailler, en les fixant, à l'aide
de la vis de presssion, contre la paroi G de l'établi (*fig.* 4).

Nous allons donner une manière plus simple et plus claire
de construire cette presse, qui est d'une importance tellement
majeure, qu'il est impossible de laisser subsister aucune ob-
scurité sur ce qui concerne sa construction. Nous en emprun-
terons la description au *Journal des Ateliers,* en laissant parler
le rédacteur.

« *Presse à l'allemande, d'après un procédé perfectionné.*

» Les presses allemandes sont une amélioration générale-

ment sentie : elles facilitent considérablement le travail ; c'est
ce qui nous a déterminés à donner trois modes différents de
construction de cet appareil dans notre *Art du Menuisier.*
Nous ne connaissions pas alors celui dont nous allons faire
mention..... La presse allemande, telle qu'on la fait communément, a un grave inconvénient, c'est d'être sujette assez
souvent, par suite du travail des bois, à se disjoindre d'avec
la table de l'établi : la poussière s'introduit dans la boîte par
l'écartement, et le travail de la presse est promptement en-
travé. Suivant la nouvelle manière de faire, cette disjonction
n'est plus à craindre ; on n'a plus de châssis conducteur à construire, et l'on n'a plus besoin d'entailler le dessous de la table
de l'établi.

» Ainsi qu'on peut le voir par la figure 165, pl. 6 (1), la vis
de cette presse n'offre rien de particulier : seulement le tourillon *a* est garni en cuivre ; quant à la boîte (*fig.* 166), elle n'offre également aucune particularité ; construite solidement en
hêtre ou en chêne, un de ses côtés, celui qui touche au champ
de l'établi, n'est point recouvert ; les deux morceaux qui forment les deux bouts sont très-épais. Le bout *a* est percé au
centre d'un trou livrant passage au collet de la vis. Dans un
encastrement *b*, pratiqué sur son champ intérieur, il reçoit
la clé d'arrêt vue de face (*fig.* 170 A') qui, en entrant dans la
rainure circulaire *b* (*fig.* 165), forme le rappel.

» L'autre bout *c* est percé au centre du côté de l'intérieur de
la boîte, d'un trou dans lequel s'engage le tourillon *a* (*fig.* 165).
Sur son champ intérieur se trouvent en saillie deux tenons *d*
destinés à glisser à pression sentie dans les coulisses *d d* (*fig.*
167). C'est dans ce bout *c* que s'implante le mentonnet en fer
vu de face et en profil (*fig.* 170 B').

« La *fig.* 167 représente la partie postérieure de la quar-
telle ou table de l'établi, échancrée à l'endroit occupé par la
boîte (*fig.* 166). On voit en *a* les trous dans lesquels se place
le mentonnet faisant face à celui planté dans la partie *c* de la
boîte, et devant agir concurremment avec lui : on voit en *b* et
en perspective la pièce de derrière vue à part (*fig.* 168), et telle
qu'elle se présente lorsqu'on regarde l'établi par son bout
postérieur.

» On voit en *e* de cette même fig. 168, une mortaise percée
au travers de la table, dans laquelle s'engage à pression sentie

(1) Les additions multipliées apportées à cette édition, et l'ordre des figures ont
exigé cet intervalle.

la queue de l'écrou représenté à part (*fig.* 169); en *f* est l'encastrure de l'écrou du boulon de devant *f* (*fig.* 168); en *g* la feuillure (*fig.* 167) dans laquelle se place le contre-écrou vu à part (*fig.* 170 C').

» Le premier écrou (*fig.* 169) est maintenu en place, 1° par la pression qu'il éprouve dans la mortaise *e*; 2° par le boulon *h*, passé dans la queue de cet écrou et vissé dans l'écrou *i*. Ce boulon, dont la tête est noyée, est apparent sur le côté de l'établi opposé à celui offert par la fig. 167 : c'est à l'aide de ce boulon qu'on fait avancer ou reculer l'écrou (*fig.* 169).

» Quant au second écrou (*fig.* 170 C'), il se meut également en avant et en arrière, au moyen de la pression qu'il éprouve de la part de la pièce de derrière (*fig.* 168), laquelle pression est réglée par l'effort des boulons *f k*, passant par les coulisses *f k* (*fig.* 170 C'). L'encoche *m* pratiquée en dessous de la queue de cet écrou et apparente en dessous de l'établi, sert à donner prise au coin à l'aide duquel on recule l'écrou en le chassant à coups de marteau. Lorsqu'il est en place, on le maintient par la pression des boulons *f k*.

» La pièce de derrière (*fig.* 168) est elle-même un peu mobile d'avant en arrière, et *vice versâ*, les trous dans lesquels passent les boulons *f k* étant ovalisés à cet effet.

» Pour percer la mortaise *e* et placer convenablement la feuillure *g* (*fig.* 167), il convient de placer d'abord la vis de rappel (*fig.* 165) dans les écrous (*fig.* 169 et 170 C') et de faire le tracé; ces écrous étant présentés horizontalement au champ de la table de l'établi.

» Expliquons maintenant comment ces diverses pièces opèrent le perfectionnement de l'ensemble. Si par suite du retrait produit par la dessiccation, le champ de l'établi (*fig.* 167) vient à reculer, le côté correspondant de la boîte (*fig.* 166) cesse de joindre. Si ce retrait a eu lieu également sur toute la longueur, on se contente alors de tirer les écrous en arrière, savoir : celui fig. 169, en serrant le boulon *h*, et celui fig. 170 C', en desserrant les boulons *f k* et les resserrant lorsqu'il est repoussé. On repousse par le même moyen la pièce de derrière (*fig.* 168). Si ce retrait n'est que partiel, on redresse et on fait la même opération pour le rapprochement de la boîte. Il en est aussi de même lorsque c'est du côté de la boîte que le retrait a lieu. On la redresse au rabot si le retrait est partiel; s'il est général, on recule les écrous, et la boîte joint contre l'établi.

« Cette manière de faire la presse allemande est simple et

commode; elle le cède aux autres manières sous le rapport du grand écartement et de la résistance contre les fortes pressions; mais elle offre un avantage précieux qui ne se rencontre pas ailleurs, celui qui résulte de sa parfaite et constante adhésion contre le champ de l'établi. »

Ces procédés, pour fixer le bois sur l'établi, ne suffisent pas encore pour tous les ouvrages qu'on a à exécuter. Très-souvent on a besoin de poser la planche que l'on travaille, non pas à plat, mais *de champ*, c'est-à-dire sur la tranche, sur le côté. On n'y parviendrait pas par les moyens que nous avons décrits. Si on se servait des valets, la planche n'étant pas soutenue latéralement, finirait par vaciller et tomber à plat.

Dans ce cas, on applique la planche contre les côtés de l'établi, de telle sorte que son plat en touche les pieds latéralement. Voici le moyen de la soutenir dans cette position.

Au côté de la table de l'établi, on adapte une traverse solidement fixée, taillée obliquement à l'extrémité et placée de telle sorte que son biseau (sa partie oblique) forme un angle rentrant avec le bord de la table (V. *fig.* 1, *pl.* 1re). Les pieds sont percés de plusieurs trous D. On place dans un de ces trous une cheville de bois ou un valet plus court que les valets ordinaires, et que l'on désigne par le nom de *valet de pied*. On place un valet dans un des trous de l'autre pied, et sur ces deux valets on pose la planche, on la pousse de manière à ce que son extrémité s'engage dans l'angle formé par la traverse C. Cette pièce de bois l'empêche de glisser le long de la table; les valets que l'on assujettit avec un coup de maillet, l'empêchent de tomber en avant, et l'on peut commodément travailler la tranche, y faire des moulures ou les polir, pourvu que le rabot ou le *guillaume* soit dirigé contre l'angle ou crochet formé par la traverse de bois.

On remarque sans peine, dès la première vue, combien cet appareil est incomplet et insuffisant: aussi est-il dès à présent assez généralement abandonné. On le remplace avec beaucoup d'avantage par une presse adaptée au pied de l'établi (voyez *fig.* 10.) La pièce principale, nommée *mors*, a la forme d'une grande mâchoire d'étau placée verticalement le long du pied. Aux deux tiers de sa hauteur à peu près est un trou dans lequel passe librement une vis qui tourne horizontalement dans un trou taraudé, percé dans le pied de l'établi vis-à-vis le trou du mors. Lorsqu'on tourne la vis à l'aide de la tringle mobile qui traverse sa tête, cette vis avance dans le trou du pied, et comme sa tête est trop grosse pour passer à travers le trou du mors, elle serre cette pièce de bois contre l'établi; le bas du mors est assemblé avec une traverse carrée qui glisse dans une mortaise de même forme, creusée au bas du pied. L'ouvrage qu'on place entre la presse et l'établi, soutenu à une extrémité par la vis, et à l'autre par un valet ordinaire, est maintenu par devant par la presse.

Souvent on se dispense d'employer le valet de pied en adaptant au-devant du pied de derrière un tasseau placé à la hauteur du dessus de la vis de la presse, et sur lequel on fait porter le bout de la planche opposé à celui que maintient la presse.

Telle est la presse généralement en usage; mais des ébénistes intelligents ont inventé et adopté une presse horizontale qui rend les mêmes services que la presse verticale, et permet en outre de pincer un morceau de bois ou un panneau de la hauteur de l'établi.

L'extrémité de l'établi, garni de cette presse, est représentée (*fig.* 10). Elle consiste, comme on voit, en une traverse horizontale de 48 millim. (18 pouces) de long, aussi épaisse que l'établi, contre le bord duquel on peut la serrer à l'aide d'une forte vis en bois dur; la tête de cette vis est percée d'un trou propre à recevoir un levier, à l'aide duquel on peut serrer autant qu'on veut. Cette vis est placée près d'une des extrémités de la presse; l'autre extrémité, qui répond au bout de l'établi, porte une traverse en bois dur qui s'enfonce dans l'épaisseur de la table à mesure que la presse s'en rapproche. Cette traverse ou conducteur a pour but de maintenir la presse dans une position parallèle au bord de l'établi, et d'empêcher qu'elle ne s'en rapproche plus par un bout que par l'autre, ce qui arriverait infailliblement quand on serre avec force une pièce un peu grosse, et ce qui aurait l'inconvénient grave de briser les filets de la vis. Pour faire l'espèce d'étui dans lequel le conducteur glisse à frottement doux, on creuse dans l'extrémité de l'établi une coulisse de la grandeur convenable, et on la recouvre avec une pièce de bois *e*, que l'on fixe avec des vis à bois ou de fortes pointes.

Ordinairement on s'en tient là; mais le conducteur n'est pas toujours suffisant pour maintenir la presse bien parallèle quand elle supporte un grand effort. Quand on veut n'avoir rien à désirer, il faut y ajouter la vis *c*, que l'on fixe solidement à la presse, et qui glisse librement, et sans tourner, dans un trou cylindrique creusé dans l'établi ; elle est en fer, à pas très-incliné, et porte un écrou *d* qui tourne très-librement. Quand l'ouvrage est déjà serré, on applique, en le faisant tourner rapidement, l'écrou contre l'établi ; alors on peut serrer tant que l'on veut, rien ne dérangera le parallélisme de la presse maintenue à la fois par la vis et par le conducteur. Cette vis, que l'on fait quelquefois en bois, est moins forte que la première dont nous avons parlé. Quand on ne veut pas qu'elle fonctionne, ou quand on veut fermer tout-à-fait la presse, on fait remonter l'écrou dans une encastrure pratiquée à la naissance de la vis. Il va sans dire qu'il faut donner à la table de l'établi une épaisseur assez grande pour qu'elle ne soit pas trop affaiblie par toutes ces ouvertures ; et il est facile de voir que cette excellente presse s'associe à merveille aux établis les mieux perfectionnés.

Peu de mots compléteront ce qu'il nous reste à dire sur l'établi. Sur le côté opposé à la presse, on enfonce à mortaise deux tasseaux espacés d'environ 48 centimètres (1 pied 1/2), et saillants de 18 à 23 millim. (8 à 10 lignes) ; sur ces tasseaux on cloue une planche étroite et longue de 48 centim. (1 pied 1/2). Par cela seul qu'elle est clouée sur les tasseaux, elle est séparée de quelques millimètres de l'établi. Cet appareil, nommé *râtelier,* sert à placer divers outils, dont la partie étroite passe à travers l'intervalle, tandis que la partie large les arrête et les tient suspendus. On place ordinairement ainsi les outils à manche, tels que ciseaux, fermoirs, etc. Les tasseaux et le râtelier doivent être de niveau avec le dessus de l'établi.

A côté de ce râtelier, et toujours sur le côté de l'établi, on fixe un autre tasseau ; mais celui-ci doit être plus bas que le dessus de l'établi, de 54 millimètres (2 pouces) environ. Il est percé d'une mortaise, et sert à recevoir l'équerre lorsqu'on n'en fait pas usage.

M. Erhenberg, fabricant d'outils, rue de Charonne, n° 24, a exposé en 1827 un établi modifié en plusieurs points importants et qui doit être préféré à tout autre par l'amateur qui fait de la menuiserie un amusement. Nous allons décrire ces perfectionnements en peu de mots.

Cet établi est mobile et se démonte aisément. Les pieds de chaque extrémité sont unis ensemble par deux courtes traverses inférieures et supérieures assemblées à tenon et chevillées. Quand la table de l'établi est en place, elle repose sur ses traverses supérieures auxquelles on l'unit avec de longues

vis à bois; ou bien, plus simplement, on fait entrer les traverses des rainures creusées sur la table. Lorsque les pieds des extrémités sont accouplés, ainsi que nous venons de le dire, on
unit l'un à l'autre ces deux couples de pieds par un moyen
facile. Le bas de chaque pied est percé d'une mortaise. Dans
ces mortaises on fait passer deux longues traverses qui complè-
tent le carré long avec celles qui sont à demeure. On fixe
momentanément en place ces traverses longues au moyen des
clés d'arrêt. Pour cela, l'extrémité de ces traverses taillée en
tenons se prolonge au-delà du pied dans lequel elle entre; et
cette extrémité saillante est percée d'une mortaise perpendiculaire dans laquelle on enfonce, à coups de marteau, la clé
ou coin de bois. Toutes ces pièces peuvent donc être facilement montées et démontées.

Cet établi porte une presse horizontale semblable à celle
que nous venons de décrire. Il est aussi muni d'une presse
d'établi à l'allemande. La seule modification un peu importante qu'il lui ait fait subir, consiste dans la manière dont la
vis de rappel est fixée à la boîte. La vis ne porte pas un renflement creusé d'une gorge dans lequel entrent deux clavettes;
mais elle est creusée d'une rainure circulaire ou collet dans la
partie qui passe au milieu de la petite planche qui forme l'extrémité de la boîte opposée à la tête. Cette rainure reçoit une
clé d'arrêt formée de deux longues clavettes réunies en une
seule pièce à leur extrémité supérieure, de manière à faire par
le bas une espèce de fourche ou de fer à cheval dont l'écartement embrasse exactement la vis à l'endroit où elle est amincie par une rainure. Cette clé d'arrêt passe à travers une mortaise pratiquée verticalement dans la boîte au-dessus de la
rainure dans laquelle se logent ses deux branches. On l'enfonce entièrement dans la mortaise; mais alors la partie inférieure dépasse par-dessous. Comme la partie supérieure est
taillée en mentonnet, on peut lui en faire remplir les fonctions;
pour cela il suffit de faire rentrer la partie inférieure pour que
le haut fasse saillie au-dessus de la boîte. Les mentonnets ont
leur crochet taillé en mâchoire d'écrou, ce qui leur donne
beaucoup de solidité. Le côté opposé au crochet est muni d'un
ressort qui leur permet de se soutenir seuls dans le trou de
l'établi à diverses hauteurs, résultat qui provient de la pression
exercée par le ressort contre la paroi de l'écrou. Et, comme le
mentonnet est percé dans sa partie supérieure d'un trou taraudé dans lequel on peut placer à volonté une vis finissant en

pointe, chaque mentonnet peut faire les fonctions d'une poupée de tour. Deux de ces mentonnets opposés l'un à l'autre remplissent à merveille les fonctions de la machine à plaquer les colonnes. Enfin, pour compléter, on a placé sur le derrière une longue presse horizontale, régnant d'un bout de l'établi à l'autre, formée d'une longue et forte traverse percée à chaque extrémité d'un trou dans lequel tournent librement deux grosses vis à tête, percées transversalement. Ces vis, qui tournent ensuite chacune dans un trou taraudé, percé horizontalement dans l'épaisseur de la table, servent à rapprocher et serrer à volonté la traverse contre le bord de l'établi. Cette presse est infiniment commode quand on veut travailler de champ quelque longue pièce, ou la plaquer. Elle peut aussi recevoir les poupées d'un tour quand la traverse est convenablement écartée du bord de la table.

2° Etabli perfectionné.

M. Fraissinet a pris un brevet d'invention pour un nouveau procédé de construction d'un banc de menuisier avec ses accessoires.

Explication des figures qui représentent ce banc dans son ensemble, et diverses parties accessoires.

Fig. 245, *pl.* 7, élévation de face de cet établi.

Fig. 246, coupe transversale.

Fig. 247, plan.

a, pieds et traverses de l'établi.

b, deux pièces de bois formant une aile de chaque côté du banc; chacune de ces pièces est percée de trois mortaises ou coulisses verticales que l'on voit ponctuées en *e* (*fig.* 245).

d, six boulons entrant dans les coulisses *e*, et se vissant dans la tête du banc : ils servent à fixer les pièces *b* à la hauteur convenable contre les côtés de l'établi.

e (*fig.* 246, 247), quatre vis servant à presser l'une contre l'autre les pièces de bois que l'on veut corroyer ou dresser.

f, deux pièces servant de support à la varlope; elles ont de chaque côté, et à leur partie supérieure, un rebord qui coule dans une coulisse *i* pratiquée dans l'épaisseur des ailes *b*.

g, ouverture réservée dans la largeur du banc pour la marche des crochets *h*.

k, quatre boulons passant sous les supports de la varlope; et servant à rapprocher les crochets et à les serrer contre les pièces de bois à corroyer. Comme dans certains cas ces bou-

lons seraient trop courts, on se servira, pour parer à cet inconvénient, de petites planches préparées à cet effet qui
s'ajustent et qui glissent dans des coulisses pratiquées intérieurement dans les longues traverses supérieures de l'établi :
ces crochets sont fixés par des vis portant écrou en dessous du
banc.

m, (*fig.* 247), servant à assembler aux extrémités les ailes *b*.

n, deux emboîtures à coulisse, assemblées aux deux bouts
du banc.

l, pièces de bois ou cales laissant des deux côtés un espace
pour que le fer de la varlope puisse mordre sur toutes les pièces
à corroyer, et pour empêcher la vis *e* d'appuyer sur les pièces
de bois soumises au travail.

Les supports et les crochets marchant à volonté, peuvent
alors se placer à des distances convenables qui dépendent
des pièces qu'on veut corroyer, et la varlope qui se meut sur
ces supports et que l'on voit de profil (*fig.* 255), doit avoir
une longueur suffisante pour ne pas heurter par ses deux
bouts contre lesdits supports. Cette varlope se pousse avec
autant de facilité que celle dont on se sert habituellement, et
lorsqu'elle cesse d'enlever des copeaux, toute la surface sur
laquelle on opère se trouve terminée. Cela fait, on retourne
les pièces et on recommence la même opération. Les supports
f montent et descendent à volonté avec les ailes *b*, pour s'a-
juster suivant l'épaisseur des pièces de bois sur lesquelles le
travail se fait.

Pour faire usage de ce banc et retirer tous les avantages
qu'il est susceptible de procurer, on le charge de la quantité
de bois qu'il peut contenir, placé sur un ou deux rangs, selon la longueur des pièces ; après les avoir préalablement débitées à la scie, tant en longueur que largeur, et lorsqu'on
les a assujetties par le moyen des crochets fixés sur ce banc,
on opère avec la plus grande facilité et on met toutes les pièces
à l'équerre, face par face, sans qu'il soit nécessaire de marquer aucune pièce au trusquin, ni de faire usage d'équerre.
Par cette méthode, une personne quelconque pourra être chargée du travail et faire dans un même temps autant de besogne
que quatre bons ouvriers qui se serviraient des outils ordinaires.

L'appareil que l'on voit de côté et en plan (*fig.* 253 et 254),
est établi pour monter des cadres de tableaux, estampes, etc.;
il est formé d'un plancher *a*, destiné à recevoir les pièces de
bois déjà préparées à onglet, et d'une traverse diagonale *b*

qui est fixée à ses extrémités par deux vis *c*; cette même traverse porte, dans son milieu, une troisième vis *d* servant à assujettir la pièce.

Fig. 256 et 262, élévation et plan d'un mécanisme propre à former une quantité de tenons à la fois et d'un seul trait; on le charge d'autant de pièces de bois qu'il en peut contenir et qu'on assujettit par quatre vis à poignée *b*, vissées dans la traverse supérieure *e*; les bouts appuient sur une pièce de bois *d*. On commence le travail par tracer un trait à l'équerre sur le bout des pièces de bois auxquelles on veut pratiquer des tenons; on passe le rabot représenté sur deux faces (*fig.* 260 et 261 N'), pour dresser le bois debout jusqu'à ce qu'on soit arrivé au trait qu'on a tracé. On fait ensuite les arrasements avec la scie montée en forme de bouvet, que l'on voit sur deux faces (*fig.* 266 et 267), à la profondeur et à la distance convenables; il serait même à propos d'avoir un second bouvet de même forme pour faire une seconde incision au même degré de profondeur au milieu du bois à enlever, pour former la face entière des tenons, attendu que ces deux empreintes donneraient beaucoup de facilité pour enlever le reste avec le guillaume. On tourne ensuite le mécanisme pour achever les tenons de la même manière, du même bout; et l'on agit de même pour l'autre extrémité de la pièce de bois, si elle doit porter un tenon.

Fig. 248, 249, élévation et coupe horizontale d'un mécanisme propre à former les onglets; ce mécanisme et celui qui est représenté *fig.* 253 et 254, s'assujettissent sur un banc quelconque à l'aide d'un ou de deux valets.

Fig. 265, racloir, dont la forme peut être celle d'un rabot rond, d'une varlope, d'une mouchette ou d'une moulure quelconque : il dresse et polit le bois sans laisser d'inégalités.

Fig. 250, 251, 259, vue, sur trois faces, d'un outil au moyen duquel on fait avec célérité aux extrémités des bois coupés d'onglet, des mortaises sans risque de fendre le bois, pour peu qu'il reste d'épaisseur en dehors de ces mortaises.

Fig. 257, plan d'un châssis épais propre à faire des coffres et autres objets, formant onglet à chacun des quatre angles. Huit vis *a*, dont on ne voit que quatre dans la figure, parce que les autres sont placées directement au-dessous de celles-ci dans l'épaisseur des côtés du châssis, servent à rapprocher les côtés *b*, *c* de la boîte qu'on veut former; des deux autres côtés *d*, *e* sont appliquées contre deux des côtés du châssis.

Dans chaque angle, il y a de petits crampons en fil de fer qui se grippent dans l'épaisseur des bois, à l'endroit des onglets.

Fig. 258, racloir en forme de rabot à deux manches, pour arrondir et adoucir les pièces de bois.

Fig. 261 O', autre racloir dont la coupe est la même que celui en usage, et qu'on peut monter indifféremment à un ou deux fers pour dégrossir les pièces qu'on veut arrondir.

Fig. 258 L' et M', élévation et coupe verticale d'une machine destinée au même usage que celle représentée *fig.* 248 et 249.

3° *Les Presses.*

Il y en a plusieurs espèces : dans toutes, une ou plusieurs vis forment les pièces principales. Leur destination spéciale est d'assujettir l'ouvrage lorsqu'on veut le débiter ou le coller.

La *presse horizontale* est ainsi nommée à cause de la direction de son mouvement et de la position dans laquelle on la place sur l'établi. Elle se compose de deux pièces de bois, dont les quatre faces sont bien dressées, percées chacune et à égale distance de chaque extrémité, de trous taraudés destinés à recevoir des vis à tête percée (*fig.* 11, *pl.* 1re). Dans les trous des têtes de vis, on fait passer des boulons de fer à l'aide desquels on tourne successivement chaque vis d'une égale quantité. Ce mouvement force les traverses de bois à se rapprocher ou à s'écarter, et par conséquent aussi à serrer plus ou moins l'ouvrage placé entre les deux traverses. Cette presse se couche sur l'établi, où il est facile de la fixer à l'aide du valet.

Le mouvement de *la presse verticale* (*fig.* 12) est tout différent. Elle se compose 1° d'une traverse de bois placée horizontalement, et dans laquelle sont assemblées et fixées avec solidité deux vis s'élevant bien parallèlement entre elles, et verticalement par rapport à la traverse; 2° de ces deux vis; 3° d'une deuxième traverse de bois, percée de deux trous, dont le diamètre est plus grand que le diamètre des vis, de manière à donner à celles-ci un libre passage; 4° de deux écrous ou osselets taraudés qu'on fait tourner autour des vis, soit avec des oreilles, soit à l'aide d'une clé. Si ces écrous sont placés près de l'extrémité la plus élevée de la vis, il deviendra facile de hausser jusqu'à eux la traverse supérieure, de placer l'ouvrage entre les deux traverses, et d'assujettir celle de dessus contre l'ouvrage en la pressant avec les osselets qu'on fait tourner à cet effet. Cette presse maintient l'ouvrage dans une position horizontale, et on la fixe sur l'établi avec le valet, ce qui devient facile, puisque la traverse inférieure est plus longue que la traverse supérieure. On l'emploie souvent à maintenir le placage; mais plus souvent on a recours, dans ce but, au *châssis d'ébéniste*.

C'est encore une espèce de presse plus compliquée, mais d'un usage plus sûr et plus commode que la précédente. Imaginez un châssis solide et quadrangulaire, formé de quatre pièces de bois solidement assemblées (*fig.* 13). C'est de la manière dont est fait cet assemblage que dépend la bonté de la machine. Les vis tendent toujours, par leur effort, à séparer la traverse inférieure de la traverse supérieure; il faut donc que ces traverses soient solidement assujetties dans les montants. Pour cela, on les assemble ordinairement à tenon et à mortaise; mais peut-être vaudrait-il mieux tailler en fourche la traverse, et faire pénétrer dans l'enfourchement le montant entaillé à cet effet sur les côtés. La supériorité de cet assemblage paraît incontestable, puisque, par ce moyen, on réserve plus de force aux traverses qui fatiguent bien davantage. La face interne des montants est creusée d'une rigole ou rainure, commençant au-dessous de la traverse supérieure, et allant jusqu'au-dessous de la traverse inférieure. Entre ces deux traverses se meut librement une traverse mobile, terminée à chaque bout par une languette ou tenon qui glisse dans la rainure des montants et empêche la traverse mobile de sortir des châssis. La traverse supérieure est percée perpendiculairement de plusieurs trous également espacés et taraudés, c'est-à-dire dans les parois desquels on a creusé un pas de vis. Dans ces trous se meuvent des vis à tête percée, et dont le filet saillant pénètre dans la partie creuse de la vis dont le trou est intérieurement revêtu. Leur extrémité porte contre la traverse mobile, et la presse de toute leur force contre la traverse inférieure. La traverse supérieure n'est là que pour guider la vis et lui servir de point d'appui.

On peut multiplier les vis à volonté, de manière à augmenter aussi à volonté la force de la presse; on peut en faire de diverses grandeurs, dont les montants sont plus ou moins espacés, de manière à permettre l'introduction, entre les deux traverses, d'ouvrages plus ou moins étendus. Enfin il est possible d'employer plusieurs de ces presses à la fois. Si, par exemple, on voulait coller du placage sur un panneau très-long et maintenir solidement la feuille mince de bois précieux, tandis que la colle sèche, on pourrait faire passer le tout à travers trois ou plusieurs châssis; et en faisant faire le même nombre de tours à chaque vis, dont nous supposons les filets également inclinés, presser l'ouvrage d'une manière égale aux extrémités et au milieu.

Les *presses à main* doivent être, comme l'indique leur nom, plus commodes à manier. Elles sont formées par un châssis rectangulaire, dont l'un des montants est une vis à tête percée qui glisse et se meut dans un trou taraudé à l'extrémité de la traverse supérieure, et dont le bout presse l'ouvrage contre la traverse inférieure. Pour que les trois pièces *fixes* soient solides, il est indispensable de les assembler à tenon et à mortaise, ou, si l'on aime mieux, à enfourchement double; il y a encore suffisamment de solidité, même dans ce dernier cas. De simples chevilles s'opposent seules, il est vrai, à ce que les traverses, que l'on nomme aussi les branches de la presse, sortent de l'enfourchement creusé dans le montant ou la pièce fixe, verticale et parallèle à la vis. Mais, comme la vis est située à l'extrémité de la branche, son mouvement tend moins à faire sortir verticalement la branche hors de l'enfourchement, qu'à soulever une de ses extrémités, et à lui faire décrire une portion de cercle autour des chevilles, qui alors serviraient de pivot. Mais l'extrémité de la branche, taillée en forme de double tenon, appuyant à plat sur le fond de l'entaille creusée dans le montant, produit l'effet d'un levier, et s'oppose à cet effet tant que les chevilles ne cassent pas. L'effort qu'ont à supporter les chevilles n'est même pas aussi grand qu'on pencherait à le croire, parce que l'arrasement, c'est-à-dire l'excédant d'épaisseur de la branche sur le tenon, s'appliquant exactement contre la face latérale du montant, forme encore un levier qui trouve à son extrémité supérieure un point de résistance efficace dans cette face latérale. Souvent la tête de la vis, au lieu d'être percée, est octogone ou hexagone (à 6 ou 8 pans), ce qui permet de la faire tourner à la main, sans recourir à un boulon.

Souvent on fait ces presses en fer. Alors elles sont plus petites, et le montant ne forme qu'une seule pièce avec les deux branches. Dans ce cas, la tête de la vis est ordinairement à oreilles.

L'usage de ces deux presses est le même; il sert à assujettir les petites pièces que l'on veut coller ensemble, ou à fixer les grandes pièces par les bords. Rien n'empêche de les multiplier, t d'en employer plusieurs en même temps; mais, quand on en sert, comme le bout de la vis porte immédiatement sur ouvrage, et que la pression a lieu sur un espace de peu d'é-ndue, on a à craindre des empreintes qui détérioreraient des uvrages délicats. Il faut alors placer, entre la vis et la pièce e bois qu'on travaille, un intermédiaire plus ou moins flexi-le et d'une forme appropriée à la circonstance.

4° La Servante.

Il arrive souvent, lorsqu'on travaille de grandes pièces, u'elles ne peuvent pas porter entièrement sur l'établi. Si lles le dépassent de beaucoup, si elles sont minces et suscep-ibles de se courber par leur propre poids, il devient néces-aire de leur donner un point d'appui. C'est à quoi l'on par-ient à l'aide de la *servante*, instrument construit pour four-ir un support transportable, et dont la hauteur varie à volonté *fig.* 14).

Sur un pied massif ou à quatre branches, et pour lequel la esanteur est un mérite, puisqu'elle augmente la solidité, s'é-ève verticalement une pièce de bois plus large qu'épaisse. ia hauteur doit surpasser au moins d'un tiers celle de l'établi. iur l'un de ses côtés elle est garnie de dents ou taillée en cré-naillère. Ce travail est facile. Pour l'exécuter, on divise en par-ies égales le côté de la traverse. On la couche sur l'établi, et à haque division on scie jusqu'à la profondeur de 27 ou 42 nillim. (1 pouce ou 18 lignes), de manière que le trait de cie soit bien vertical. Cela fait, on place la scie à la surface ur la première division, et lui donnant une position oblique, on la fait aller et venir de façon que, coupant depuis l'extré-nité supérieure de la première division jusqu'à l'extrémité nférieure de la seconde, elle enlève par ce mouvement, en lliagonale, une pièce de bois triangulaire. On répète la même opération à toutes les divisions. C'est le long de ce montant que e meut le support; ce sont les dents qui doivent le retenir à a hauteur qu'on désire. A cet effet, la partie plane des dents est tournée vers le haut. Le support glisse le long du côté uni du montant opposé à la crémaillère. Il porte une bride en fer retenue par une goupille qui lui sert de pivot, autour du-quel elle peut décrire des portions de cercle. Lorsque cette lbride est dans une position horizontale, et croise la traverse à angle droit, elle est plus grande que les dents de la crémail-lère, et leur livre un libre passage; mais si on laisse le sup-

port livré à lui-même, son poids fait prendre à la bride une position oblique; son ouverture n'est plus suffisante, et l'extrémité de
la bride est arrêtée par les dents. La pesanteur de la pièce
que l'on pose sur le support contribue à le fixer d'une manière plus invariable. Si on le trouve trop bas, on le soulève
et on fait passer la bride par-dessus une dent plus élevée; il
faudrait faire l'inverse si on voulait le baisser. Pour compléter
tout ce qu'il y a à dire sur cet instrument commode et souvent
indispensable, il me suffira d'ajouter que les dents ne doivent
pas être trop espacées, afin qu'il y ait plus de variation dans
les différents degrés de hauteur du support, et que l'une d'elles
doit être placée de sorte qu'on puisse mettre le support de niveau avec le dessus de l'établi.

5° *Les Sergents.*

Les instruments que j'ai déjà décrits comme propres à maintenir l'une contre l'autre deux ou plusieurs pièces de bois que
l'on veut coller ensemble, ne peuvent être employés que pour
embrasser l'épaisseur des pièces, lors, par exemple que l'on
veut unir deux planches par leur surface la plus large, ou
joindre à une planche une très-mince feuille de bois précieux.
Mais on n'a plus la même commodité lorsqu'il faut coller deux
planches par la tranche. Quelle serait alors la presse assez large
pour embrasser la largeur des deux planches à la fois? Pour
les placer d'ailleurs sous la presse, il faudrait les poser debout
sur leur côté le plus mince, les mettre de champ, et la base
étant extrêmement étroite, elles ne pourraient que bien difficilement se maintenir dans cette position. Pour peu que cette
base ne fût pas parfaitement dressée, parfaitement plane, la
pression de la vis suffirait seule pour tout déranger. Il a donc
fallu chercher d'autres instruments. Tels sont les *sergents*. Il
y en a de plusieurs sortes : je n'en décrirai que deux, parce
qu'ils peuvent suffire à tous les cas, qu'ils sont simples, commodes, et ne diffèrent des autres que par le défaut de quelques accessoires plus gênants qu'utiles.

Le plus ancien et le plus simple, le seul qui fût connu du
temps de Roubo, dont le volumineux ouvrage sur la menuiserie ne sert plus guère qu'à constater les immenses progrès que
cet art ou ce métier (comme on voudra l'appeler) a fait depuis
cinquante ans, se construit toujours en fer. C'est une tige
carrée dont la longueur varie depuis 487 centim. jusqu'à 1 mètre
95 cent. ou 2 mètres 60 cent. (18 pouces jusqu'à 6 ou 8 pieds). A

n extrémité, elle est recourbée de manière à former un cro-
let (voyez *fig*. 15). Cette portion du sergent, que l'on désigne
us le nom de mentonnet, a 81 ou 108 millim. (3 ou 4 pouces)
e courbure pour les petits sergents, et 162 millim. (6 pouces)
ur les plus grands. Un autre mentonnet mobile A glisse le
ng de la tige du sergent. C'est une autre petite tige de fer,
ngue de 81 à 162 millim. (3 à 6 pouces), courbée presque à
gle droit à une des extrémités, percée à l'autre d'une douille
rrée P d'un diamètre intérieur un peu plus grand que la tige
1 sergent. La petite surface plane que l'on ménage à l'extré-
ité inférieure de chaque mentonnet, est rayée en différents
ns, afin de ne pas glisser sur le bois. Voici maintenant la ma-
ère de se servir de cet instrument. Supposez que l'on ait à
rrer et maintenir deux planches collées par la tranche. Après
s avoir posées sur l'établi, ou sur deux tréteaux, on appli-
le mentonnet fixe contre l'un des côtés, l'une des tranches
l'assemblage; on fait glisser l'autre mentonnet jusqu'à ce
e la portion recourbée vienne aussi s'appuyer contre l'autre
anche de l'assemblage. On donne alors quelques coups de
arteau sur la douille du mentonnet mobile, que l'on nomme
ssi la pate du sergent, pour le rapprocher du mentonnet
e. Alors la pate prend une position oblique, parce qu'elle
ut avancer par le haut, tandis que les planches l'empêchent
avancer par le bas. La vive arête interne dans la douille
baisse du côté du mentonnet immobile, presse la face supé-
eure de la tige du sergent; et comme cette face n'est pas
lie, le frottement de cette partie anguleuse de la douille sur
tte surface rugueuse suffit pour maintenir en place la pate,
. par conséquent, les deux planches que cette pate rapproche
ar sa partie inférieure. Cet effet de frottement est analogue à
lui qui empêche la tige du valet de courir dans le trou de
Établi, après qu'on a placé sous sa pate une pièce de bois,
ui lui fait prendre une position inclinée. Mais, si la théorie
e ces deux genres de pression est la même, les incouvénients
ont semblables dans l'un et l'autre cas. Il faut donner des
oups de marteau sur la douille du mentonnet mobile, comme
ur la tête du valet. De là, des secousses, des chocs irréguliers;
e là, des empreintes nuisibles à la perfection de l'ouvrage.

Tout cela n'a pas lieu avec la seconde espèce de sergent dont
l manœuvre, en revanche, est moins rapide. On le construit
uvent en bois, et le menuisier aura l'avantage de pouvoir le
ire lui-même. Il se compose d'une pièce de bois, longue d'en-

viron 1 mètre 62 cent. (5 pieds), moyen terme, large de 81 ou
108 millim. (3 ou 4 pouces), épaisse de 54 millim. (2 pouces).
D'un côté, sa tranche est taillée en crémaillère comme le montant d'une servante. Les dents de cette crémaillère soutiennent,
à l'aide d'une bride en métal, un support absolument semblable à celui de ce dernier instrument, mais dans des dimensions différentes ; il est plus large et beaucoup plus épais ; c'est
le mentonnet mobile de cette espèce de sergent, et cela suffit
pour connaître quelles doivent être ses proportions. A l'extrémité de cette tige vers laquelle sont tournés le dessus du support et, par conséquent, la surface horizontale des dents, s'assemble à l'angle droit, à tenon et à mortaise, une traverse de
bois dont l'épaisseur et la largeur sont égales à l'épaisseur et à
la largeur de la tige, dont la longueur est égale à la saillie
du support. Cette traverse forme un mentonnet fixe qui la
distingue surtout du mentonnet fixe de l'autre sergent,
dont, pour ainsi dire, tout l'avantage est de porter, presque
à son extrémité, un trou taraudé dans lequel tourne une
vis dont la tête à huit pans est aisément mise en mouvement
avec la main. Cette vis se meut parallèlement à la crémaillère.
On comprend facilement l'usage de cette machine. Placée dans
une position horizontale, elle serre les planches contre son support par la pression qu'exerce sa vis. Ce mouvement de la vis
doux et uniforme, risque moins de meurtrir la tranche des
planches à coller ; son seul inconvénient est que les limites en
sont assez bornées, et que l'intervalle entre les mentonnets
entre le support et le bout de la vis seraient peu variables,
mais la mobilité du support compense amplement ce désavantage. Cette machine n'est qu'une modification de la *presse à
main* ; elle en diffère uniquement parce que la vis est proportionnellement bien plus courte, et parce que la tige en est plus
grande et d'une longueur variable. Quand on s'en sert, on
place une cale entre la planche et la vis.

Le sergent à vis et à crémaillère s'exécute aussi très-bien
en fer ; il est même plus solide. Alors le mentonnet porte-vis
est d'une seule pièce avec la tige, et bien moins susceptible de
se casser.

6° Banc du menuisier en chaises.

Rien de plus simple que cet appareil, commode dans bien
des circonstances. Qu'on s'imagine un banc de 1 mètre 30 cent.
(4 pieds) de longueur tout au plus, plus élevé d'environ
81 millim. (3 pouces) à une extrémité qu'à l'autre. Sa hau-

eur doit être telle qu'on puisse commodément s'y asseoir à cheval. A son extrémité la plus basse est adaptée une planche en bois dur, de même largeur que le banc, avec lequel elle forme un angle presque droit en s'élevant au-dessus de sa surface d'environ 32 cent. (1 pied). Elle doit être perpendiculaire au sol, et c'est pour cela que, le banc étant incliné, l'angle qu'elle forme avec sa surface n'est pas tout-à-fait droit. L'ouvrier s'assied à cheval sur le banc, la poitrine tournée vis-à-vis cette planche. Il a sur sa poitrine un plastron ou pièce de bois légèrement courbée et fixée avec une courroie. Le morceau de bois qu'il veut travailler, appuyé d'un côté sur ce morceau de bois, porte par l'autre bout contre la planche; mais pour que ce point d'appui soit solide et que le morceau de bois ne glisse pas, on a taillé dans la planche une ouverture carrée revêtue intérieurement de fer, pour que les bords ne soient pas trop vite usés par le frottement. Au-dessus de cette entaille et à quelques millimètres seulement du bord supérieur de la planche, on cloue quelquefois une petite traverse de 13 millim. (un demi-pouce) de saillie et sur laquelle on appuie aussi quelquefois l'ouvrage. Cet instrument est commode lorsqu'on veut travailler une pièce de bois avec le couteau à deux mains ou la râpe.

7° Les Etaux.

Un outil qui, saisissant l'ouvrage par un très-petit nombre de points, permet de travailler tous les autres et de lui faire prendre toutes les positions les plus différentes, est assurément très-utile. Tel est l'étau que, dans ces derniers temps, on a singulièrement perfectionné.

Parmi les espèces anciennement connues, il n'y en a que deux qui puissent être de quelque utilité au menuisier, ce sont l'étau à pied et l'étau d'horloger.

Comme l'*étau à pied* se trouve chez tous les marchands d'outils, même en province, je crois inutile de le décrire; j'aime mieux indiquer les caractères auxquels on reconnaît qu'un de ces instruments est de bonne qualité.

Les mâchoires de l'étau doivent être fortes, s'ouvrir aisément et beaucoup. Elles doivent joindre bien exactement pour qu'elles saisissent fortement l'objet qu'on leur présente; il est nécessaire qu'elles soient intérieurement taillées comme une lime et convenablement trempées. Le degré d'inclinaison des pas carrés de la vis n'est pas indifférent. Si ces pas sont très-inclinés, leur marche sera plus rapide, les mâchoires se serre-

rout plus vite ; il faudra moins de tours de manivelle pour les
rapprocher ; mais elles supporteront un moins grand effort. Si
le pas est moins incliné, le contraire arrivera, l'opération sera
plus longue, mais la pression sera plus sûre : l'étau ne sera pas
exposé à lâcher prise et à s'ouvrir, ce qui aurait lieu dans le
cas précédent, si on ne prenait pas la précaution de serrer de
temps en temps. Il faut que la vis soit bien cylindrique, que
les parties creuses ou écuelles soient justes, aussi larges que les
parties saillantes ou filets. On préfère celles dont la tête a été
forée à froid. La vis doit remplir exactement la capacité de la
boîte ou écrou dans laquelle elle s'engage. On trouve de
ces boîtes dont le filet de vis a été brasé, d'autres qui ont
été faites en coupant le filet avec un crochet. Les premières
sont bien inférieures ; mais souvent on n'en trouve pas d'autres.

Étau d'horloger. — Ses deux parties principales sont les deux
mâchoires A, C (*fig.* 16, *pl.* 1). Elles doivent être fortes et tra-
pues. Ordinairement on les fait en fonte, la partie supérieure
est en acier fondu. On ajuste avec des vis cette partie recourbée à la partie inférieure. Les deux mâchoires, unies ensemble
en D avec un fort boulon, se meuvent à charnière et peuvent,
par conséquent, s'écarter et se rapprocher à volonté. La branche AB porte un trou taraudé ; celle CD est percée d'un autre
trou plus grand, à travers lequel glisse librement une forte
vis, qui va s'engager ensuite dans le trou taraudé de la première mâchoire comme dans un écrou. La tête de la vis est
percée d'un trou dans lequel passe une tige de fer destinée à
la faire mouvoir. On sent que le mouvement de cette vis peut
serrer les deux mâchoires avec une force extrême. Au point de
leur jonction est un ressort soudé à l'une, poussant l'autre
avec élasticité et tendant, par conséquent, à les faire ouvrir
dès que le mouvement de la vis le permet. La branche AB porte
une saillie armée par-dessous de trois pointes aiguës, chargée
par-dessus d'un tas en acier propre à servir d'enclume au besoin. Au bas est une autre saillie cylindrique taraudée, que
l'on désigne sous le nom de *talon.* Elle doit être très-forte ainsi
que la première. Dans son écrou est une vis, sur le bout de laquelle on a fixé à demeure un chapiteau circulaire armé de
trois pointes. Cette vis armée de pointes, et les pointes de la
saillie supérieure nommée la *pate* servent à saisir solidement
une épaisse planche d'orme ou d'olivier, que l'on assujettit à
son tour avec le valet, de telle sorte que l'étau semble faire
momentanément partie de l'établi.

Étau du comte de Murinais. — Un étau d'horloger est d'un usage fort restreint, à cause du peu d'écartement de ses mâchoires. On a souvent besoin de saisir de grosses pièces de bois dur, une loupe d'aulne ou d'érable, pour les débiter ; on aura besoin de saisir d'autres pièces dans le sens de la longueur ; avec cet outil, c'est une chose impossible. Les étaux à pied ordinaires présentent une assez grande ouverture de mâchoire ; mais alors ils ne serrent que par la partie inférieure de la mâchoire, et la pression est peu solide. Vainement on a essayé, pour corriger ce défaut, de donner à ces mâchoires une inclinaison telle que l'étau fermé, en serrant un objet de peu de volume, ne pince que par la partie supérieure. Cette inclinaison ne fait sentir ses heureux effets que jusqu'à un certain degré d'écartement. On a cherché d'autres moyens, on a réussi ; mais tous ces procédés étaient dispendieux et peu durables. Le comte de Murinais a été plus heureux : il a inventé un étau qui semble réunir toutes les conditions désirables. Je vais en donner la description d'après le *Bulletin universel des sciences,* de M. le baron Férussac. Je voudrais qu'elle pût servir à naturaliser cet utile instrument dans les ateliers de menuiserie. Seul, cet étau peut remplacer presque toutes les presses ; il est bien plus solide et la manœuvre en est plus facile, puisque l'on n'a jamais qu'une seule vis à faire mouvoir.

La *fig.* 17 (*pl.* 1re) fait connaître cet ingénieux outil. Les deux mâchoires qui le composent ne sont pas unies à charnière. La mâchoire D est unie solidement à deux barres horizontales, l'une taraudée, l'autre simplement arrondie. Toutes les deux glissent librement et sans trop forcer, dans les trous P et C pratiqués dans la mâchoire E. Ces deux mâchoires sont encore réunies par une forte vis à filet carré destinée à opérer la pression, qui, par conséquent, peut bien entrer librement dans le trou de la mâchoire D, mais qui doit, en revanche, trouver un écrou dans le trou taraudé de la mâchoire E. C'est par le prolongement de cette même mâchoire que l'étau est fixé soit sur l'établi, soit sur une forte planche de bois dur.

Voici maintenant la manière de s'en servir. Quand l'écartement qu'on veut donner aux mâchoires a lieu au moyen du desserrement de la vis à pas carrés, les deux tiges parallèles A et B ont glissé librement dans les trous C et P et ont maintenu le parallélisme entre les deux mâchoires, dont l'écartement n'a d'autre limite que la longueur de ces deux traverses. Lorsqu'on veut serrer un objet quelconque, après l'avoir

placé entre les deux mâchoires, on fait tourner rapidement
l'écrou G, dont la marche doit être très-libre, jusqu'à ce
qu'il vienne s'appliquer en H contre le montant E. On peut
alors serrer tant qu'on voudra. Vainement la puissance de la
vis tend à rapprocher par le haut et par le bas les mâchoires,
elles sont arrêtées en haut par l'objet soumis à leur action, en
bas par l'écrou G qui partage la moitié de l'effort de pression.
Avec cet étau on n'a pas de détérioration à redouter par suite
du forcement des traverses inférieures; car ces traverses représentent une force équivalente à celle d'une barre unique
dont l'épaisseur totale serait égale à l'espace compris entre la
partie supérieure de la barre A et la partie inférieure de la barre
C, force qu'on peut augmenter à volonté en donnant plus ou
moins d'écartement à ces barres.

Les manufacturiers qu'on a chargés d'exécuter le procédé
de M. de Murinais, dont il leur a généreusement abandonné
la découverte, ont pensé faire une amélioration à l'étau, en
faisant le barreau B carré, au lieu de le faire rond, comme le
voulait l'inventeur. Ils ont en cela fait une faute, car ils ont
créé une difficulté de fabrication, sans ajouter à la solidité.
Une barre ronde glissant dans un trou rond, est facile à faire;
il n'en est pas de même lorsqu'il s'agit d'ajuster exactement une
tige carrée dans une mortaise carrée.

Il vaudrait mieux en revenir à l'idée première de l'auteur.
Il serait aussi plus économique d'exécuter l'étau en fonte
douce. Les deux mâchoires proprement dites I sont seules en
acier. On les fixe après l'étau, à l'aide de deux vis dont la
tête s'enfonce dans leur épaisseur. Cette méthode a cet avantage que, lorsque la dent des mâchoires s'est usée, on peut détacher ces rondelles d'acier, soit pour en remettre de neuves,
soit pour détremper les anciennes, les retailler, les tremper
une seconde fois et les fixer de nouveau en place.

Je finirai les détails que j'ai cru devoir donner sur cet instrument peu connu, en conseillant, comme le laborateur de
M. Férussac, de placer un support sous le montant D, afin de
prévenir avec plus de sûreté le gauchissage de la vis et des
barres horizontales. Cet écrivain voudrait que le support fût
fixé à demeure, ou, pour mieux dire, que le montant D
fût prolongé jusqu'à terre. Il y aurait à cette disposition autant d'inconvénient que d'avantage. On ne pourrait se servir
de l'étau que dans un endroit déterminé de l'atelier. Comme la
précaution dont nous parlons ne peut être utile que dans les

as où l'on veut soumettre l'objet pris entre les mâchoires à une forte percussion verticale, je crois qu'il vaut mieux se borner à placer, dans ce cas, un support mobile sous le montant. Un poteau en bois remplirait très-bien ce but.

9° L'Ane. (Voyez *fig.* 18, *pl.* 1re.)

L'âne est une espèce d'étau d'un usage très-commode quand on veut chantourner des planches minces. Il est tout simplement formé d'un montant de bois très-liant et très-élastique, que l'on a entaillé verticalement en forme de fourche. Le montant de cette fourche forme les mâchoires de l'étau, et ces mâchoires sont élastiques.

Cet étau est solidement fixé sur un banc dont la traverse horizontale est percée et supporte un montant vertical un peu moins élevé que l'écrou. Un levier recourbé, fixé par un bout à ce montant, va s'appuyer sur l'autre au sommet d'une des mâchoires; une corde attachée à ce levier peut être tirée à volonté à l'aide d'une pédale : quand l'ouvrier, qui se place à cheval sur le banc, presse la pédale et tire la corde, le levier pousse la mâchoire qu'il touche et la rapproche de l'autre; l'étau alors est fermé. Quand la pression de la pédale cesse, il se rouvre par son élasticité.

CHAPITRE II.

DU TOUR ET DE SES ACCESSOIRES CONSIDÉRÉS DANS LEURS RAPPORTS AVEC L'ART DU MENUISIER.

Le tour est aussi un instrument destiné à fixer et maintenir le bois. Tout le monde sait que, par cette machine, la pièce du bois à travailler est prise entre deux pointes de métal comme entre deux pivots, et mise en rotation, à l'aide d'une pédale. Cet ingénieux instrument, d'abord très-simple, et que quelques personnes ont compliqué jusqu'à l'extravagance, a donné naissance à un art tout entier. Il est, par conséquent, bien clair que je ne dirai pas ici tout ce qu'a besoin de savoir le tourneur, et je dois, à cet égard, me borner à renvoyer au *Manuel du Tourneur, de l'Encyclopédie-Roret.* Mais, comme il y a des rapports fréquents entre ces deux métiers; comme le menuisier serait à chaque instant embarrassé s'il ne savait façonner un cylindre, tourner un pied de table, une colonne, la pomme d'un bois de lit; comme tout cela peut s'exécuter avec des instruments extrêmement simples, je crois utile d'en dire quelques mots.

1º *Etabli du Tourneur.*

Il est ordinairement entièrement semblable à l'établi du menuisier, dont il ne diffère que par une fente ou mortaise longitudinale percée à 162 millimètres (6 pouces) du devant de l'établi, large de 34 à 41 millimètres (15 à 18 lignes), et se prolongeant jusqu'à 189 ou 217 millimètres (7 ou 8 pouces) des extrémités. Mais je suis loin d'engager le menuisier à se faire ainsi tout exprès un pareil instrument dont le premier inconvénient serait de prendre dans l'atelier une place précieuse. J'aime mieux lui indiquer les moyens de convertir à volonté son établi ordinaire en établi de tourneur.

Il suffit, pour cela, d'ajouter à la table de l'établi une membrure ou traverse d'orme ou de hêtre, en laissant entre elles un écartement convenable. Cette traverse doit être aussi longue que l'établi, d'une pareille épaisseur et large d'environ 162 millimètres (6 pouces). On creuse une mortaise de 41 millimètres de large (18 lignes) et 23 ou 27 millimètres (10 ou 12 lignes) de haut à chaque bout de l'un des grands côtés de la table de l'établi et dans son épaisseur. On présente la traverse à la table : on marque les points qui correspondent aux mortaises, et précisément à la même place dans l'épaisseur de cette traverse. On creuse deux autres mortaises de pareille dimension; on prend alors une pièce de bois deux fois plus longue qu'il n'y a de distance du bout de la mortaise au bout de la table de l'établi; il convient même qu'elle ait de plus 41 millimètres (18 lignes) de longueur; sa largeur doit être de 34 à 41 millimètres (15 à 18 lignes). Dans le milieu de cette pièce de bois on creuse de part en part une fente ou mortaise dont les dimensions sont absolument semblables à celles des mortaises déjà pratiquées aux deux bouts de la traverse et de la table. Dans cette mortaise on enfonce une pièce de bois, de largeur et d'épaisseur convenables, faisant de chaque côté une saillie égale en longueur à la profondeur des mortaises de la traverse et de l'établi. Il en résulte une croix dont les deux bras, plus minces, sont de véritables tenons. On construit une seconde croix semblable à celle-ci, puis on enfonce un des tenons de la première dans une des mortaises de l'établi, l'autre tenon dans la mortaise correspondante de la traverse. On place de même l'autre croix à l'autre extrémité. Les bras les plus épais règlent l'écartement de la table de la traverse, et l'établi du menuisier est changé en établi de tourneur. Toutes les pièces paraissent n'en faire qu'une seule quand l'assemblage est bien fait; mais, pour plus de solidité, il convient de traverser à chaque bout la table de l'établi et les tenons par de fortes vis, dont la tête peut être noyée dans l'épaisseur de la table. On en fait autant à chaque extrémité de la traverse. Il va sans dire que la tête de la vis doit être fraisée, c'est-à-dire creusée longitudinalement d'une fente dans laquelle on place un mauvais ciseau, quand on veut la tourner. Rien n'est plus facile que de rendre l'établi à sa destination primitive; il suffit d'ôter les vis et de donner quelques coups de maillet dans une direction convenable pour séparer les mortaises des tenons, et, par conséquent, la traverse de la table.

2° Les Poupées.

Les poupées forment la partie essentielle du tour. On donne ce nom aux deux pièces de bois placées dans la fente de l'établi, qui, à l'aide des pointes d'acier dont elles sont armées, portent l'ouvrage comme sur un pivot, et permettent de lui imprimer un mouvement de rotation. L'établi ne sert, en quelque sorte, qu'à les supporter.

Il y a plusieurs espèces de poupées, ou du moins il y a plusieurs manières de fixer la poupée sur l'établi; mais toutes consistent dans un pilier en bois de forme carrée, de hauteur et grosseur variables, terminé dans la partie inférieure par un tenon qui doit glisser librement dans la fente de l'établi. Cette partie sert à guider la poupée dans la fente. Comme, en s'élargissant, la poupée présente, de chaque côté, une surface qui forme un angle droit avec les surfaces latérales du tenon, et s'applique exactement sur le dessus de l'établi, cet élargissement maintient la poupée dans une position bien perpendiculaire, et ne lui permet pas de trop s'enfoncer dans la fente. Un tenon ordinaire, placé dans une mortaise quinze ou vingt fois trop longue, donnera une idée nette de cet appareil.

Les faces des deux poupées, qui sont opposées l'une à l'autre, sont armées chacune, au milieu de leur extrémité supérieure, d'une pointe d'acier. Ces deux pointes forment un angle droit avec la poupée; elles sont, par conséquent, dans une situation horizontale, tournées l'une vers l'autre et dans une position telle que la ligne qui les unirait se trouve répondre précisément au milieu de la fente de l'établi. On est assuré que ce résultat est atteint quand les poupées ayant été rapprochées autant que possible, l'extrémité des pointes se rencontre exactement et sans se croiser.

Maintenant, tout l'usage de ces pièces doit être facile à concevoir. On comprend comment les poupées s'écartant à volonté l'une de l'autre des pièces de bois de diverses longueurs, peuvent être prises et suspendues par les pointes; mais, après avoir exécuté cette manœuvre, il est nécessaire de fixer solidement les poupées à la place convenable, sans quoi le mouvement de rotation qu'on imprimera plus tard à l'ouvrage les écarterait l'une de l'autre, et mettrait tout en désordre.

Pour les assujettir ainsi, il existe deux moyens principaux qui ont fait distinguer les poupées en *poupées à clé et poupées à vis.*

Les premières sont les plus anciennes, les plus usitées, et néanmoins les plus incommodes; leur queue ou tenon se prolonge de 135 ou 162 millim. (5 ou 6 pouces) au-dessous de la table de l'établi. Cette queue est percée d'outre en outre d'une mortaise qui croise à angles droits la fente longitudinale de l'établi, et qui, par conséquent, est creusée dans les parois de la queue, qui glissent le long des grandes parois de la fente. Cette mortaise, qui commence à 5 millim. (2 lignes) environ au-dessus de la face inférieure de l'établi, descend 54 millim. (2 pouces) plus bas et n'a pas plus de 18 millim. (8 lignes) de largeur. On place dans cette mortaise la clé, espèce de règle en bois dur, épaisse de 16 millim. (7 lignes) au plus, large, à une de ses extrémités, de 41 millim. (1 pouce 1/2), et de 68 ou 81 millim. (2 pouces 1/2 ou 3 pouces) à l'autre bout. Elle entre d'abord sans effort dans la queue de la poupée et se place transversalement à la fente de l'établi; mais bientôt elle occupe toute la partie de la mortaise qui descend au-dessous de l'établi. On donne sur la tête de la clé quelques coups de masse de fer; elle tend alors à occuper plus de place encore dans la mortaise; comme le dessous de l'établi ne lui permet pas de s'élever, elle tire à elle la poupée avec toute la force d'un coin; mais comme celle-ci ne peut descendre au-dessous de certaines limites, à cause de son élargissement supérieur, il en résulte une double pression. L'établi est serré entre l'élargissement supérieur de la poupée à la clé, qui équivaut à un élargissement inférieur; par conséquent, la poupée ne peut plus glisser ni à droite ni à gauche. Si on veut la changer de place, il est facile de lui donner toute sa mobilité; il suffit de faire sortir la clé en tout ou en partie, en donnant quelques coups sur on extrémité la plus étroite. Il est important de faire la clé assez mince pour qu'elle ne puisse jamais remplir toute la capacité de la mortaise. Elle ne doit, en aucun cas, presser par les côtés, car elle ferait éclater la queue du premier coup; et, pour produire tout son effet, c'est assez qu'elle presse par le haut et par le bas. La manœuvre de cette espèce de poupée est simple, mais elle présente un grand inconvénient : la queue ou tenon forme au-dessous de la table une saillie assez forte qui, pendant le travail, peut aisément blesser le genou de l'ouvrier. C'est pour cela surtout qu'il faut préférer les poupées à vis, dont la manœuvre est encore plus facile.

La queue ou tenon de celles-ci est beaucoup moins longue; quand la poupée est en place dans la fente de l'établi, loin de former au-dessous une saillie, le tenon doit, au contraire, être dépassé de 2 ou 5 millim. (1 ou 2 lignes) par la surface inférieure de la table. Il faut, par conséquent, qu'il ait pour cela une longueur moindre de 2 ou 5 millim. (1 ou 2 lignes) que l'épaisseur de l'établi. A l'extrémité de ce tenon, au milieu de sa surface inférieure, et bien perpendiculairement à cette surface, on plante une forte vis qui forme alors comme le prolongement du tenon. Au lieu d'avoir une tête, cette vis se termine à l'une de ses extrémités par une pointe aiguë que l'on enfonce dans le bois. Cette partie doit être taillée carrément et la poupée sert de tête à la vis, dont le pas doit être fort et peu rapide. Lorsque la poupée est en place, la vis descend de 27 millim. (1 pouce) environ au-dessous de la table de l'établi. On fait alors passer cette partie saillante de la vis par le trou d'une semelle ou pièce de fer en forme de carré long, plus allongée que la fente de l'établi n'est large, et percée d'un trou dans lequel la vis entre librement et sans frotter. On place cette semelle de telle sorte qu'elle croise à angles droits la fente de l'établi, comme le fait la clé des anciennes poupées, et de suite on fait passer autour de la vis un écrou en fer armé de deux fortes oreilles. Cet écrou suit, en tournant, le filet de la vis, rencontre la semelle, la pousse devant lui, finit par l'appliquer avec force contre le dessous de la table, et exerce ainsi une puissante pression inférieure analogue à celle de la clé. Veut-on lâcher, afin que la poupée puisse glisser, on tourne un peu l'écrou en sens inverse; la semelle descend, le mouvement redevient libre. On voit combien cette opération est facile, puisqu'il ne s'agit jamais que de faire faire un tour ou deux à l'écrou. Il n'est pas même nécessaire de le séparer entièrement de la vis, lorsqu'on veut sortir la poupée de la fente de l'établi. En effet, si on a fait la semelle suffisamment étroite, au lieu de faire croiser sa longueur avec l'établi, on la retourne de manière qu'elle soit parallèle à la fente, et alors elle passe aisément à travers.

Quelque simple que soit cette opération, répétée trop souvent, elle est fatigante, et l'on a fini par trouver un moyen facile de la rendre moins fréquente : il suffit pour cela de rendre une des pointes mobiles.

Les deux poupées, avons-nous dit, sont, à leur extrémité, armées chacune d'une pointe latérale. Celle de la poupée de gauche est fixée à demeure et d'une manière invariable. Il n'en est pas de même de celle de la poupée de droite. Cette poupée, à son extrémité supérieure, et à la hauteur de la pointe de gauche, est percée d'outre en outre d'un trou taraudé, dirigé parallèlement à la fente de l'établi, et comme doit l'être la pointe elle-même. Dans ce trou se meut une forte vis en fer terminée à droite de la poupée par une tête forée, à gauche par une pointe acérée qui forme la pointe de cette poupée. Cette vis doit avoir une longueur triple de l'épaisseur de la poupée. Alors on est libre de faire avancer ou reculer la vis à l'aide d'une tige de fer placée dans sa tête, et ce mouvement dispense souvent de changer la poupée de place, surtout lorsque le mouvement du tour a un peu approfondi la cavité creusée par la pointe dans l'ouvrage, et qu'il ne faut qu'un très-faible rapprochement des poupées. Ce système n'a qu'un seul inconvénient : le mouvement imprimé à l'ouvrage se communique à la pointe ; il agite et secoue la vis en divers sens et finit par user et détériorer le filet du trou taraudé. Mais le remède est simple et facile. On prend une peau d'anguille fraîchement écorchée ; on en coupe un morceau là où le corps était à peu près de la grosseur de la vis ; on passe la vis dans cette espèce de fourreau, puis on la fait pénétrer en tournant dans le trou taraudé. La peau d'anguille suit tous les contours du pas de vis, adhère, en se séchant, aux parois du trou dont elle devient inséparable, et compense son élargissement.

Comme il est bien avantageux que les pointes soient en acier de bonne qualité, on a imaginé de faire des pointes mobiles qui s'enclavent à tenon carré, ou se vissent dans les grosses vis du tour à pointe. Par ce moyen, on n'a pas à craindre que la soudure altère les qualités de l'acier. On peut changer aisément les pointes lorsque la nature de l'ouvrage exige qu'elles soient

us ou moins aiguës; enfin il est plus aisé de les aiguiser lorsqu'un long service les a émoussées; mais si l'acier est bon, cela
rive bien rarement.

3o Le Support.

On donne ce nom à un accessoire du tour, destiné à sou-
nir et à guider l'outil à la hauteur de la pièce de bois que
n veut entamer. Il y en a un grand nombre d'espèces plus
ι moins ingénieuses, plus ou moins commodes; la nature de
t ouvrage ne me permet de décrire que la plus simple. Pour
ς autres, je renvoie au *Manuel du Tourneur, de l'Encyclo-
die-Roret.*

Celui dont nous nous occupons est plus spécialement connu
ιus le nom de *barre d'appui*; c'est une barre de bon bois de
.êne ou de hêtre, d'une longueur au moins égale à celle de la
nte de l'établi, large de 54 millim. (2 pouces), épaisse de
ι millim. (un demi-pouce), et dont les vives arêtes de devant
ιt été abattues de telle façon qu'elle ait la forme d'un demi-
·lindre. Cette barre doit être placée en avant de la poupée,
·ι manière qu'on puisse l'approcher ou l'éloigner à volonté; il
ιut encore qu'elle soit fixée de manière à permettre de sé-
ιrer plus ou moins les deux poupées; c'est à quoi l'on par-
ιent par le moyen suivant : on perce de part en part chaque
ιupée d'une mortaise ayant 41 millim. (1 pouce 1/2) de hau-
ιur sur 14 millim. (un demi-pouce) de largeur; le haut de
tte mortaise horizontale doit être placé juste à 59 millim.
pouces 2 lignes) au-dessous de l'extrémité des pointes dont
lle croise la direction. Dans chacune de ces mortaises, glisse,
ιns pouvoir balotter, un liteau de fer d'environ 325 millim.
pied) de longueur, remplissant exactement leur capacité,
ιι peut l'enfoncer dans la mortaise, ou l'en retirer à volonté.
ιr l'extrémité antérieure de ce liteau, s'élèvent perpendicu-
ιirement deux autres petits liteaux hauts de 54 millim.
pouces), séparés de 14 millim. (6 lignes), formant une four-
ιette ou un double crochet soudé à angles droits avec le li-
ιau horizontal. Le liteau de l'autre poupée porte un appareil
ιmblable; la pièce antérieure de chaque fourchette est tarau-
ιée et munie d'une vis de pression; c'est dans chacune de ces
ιurchettes qu'est placée l'extrémité de chaque barre d'appui.
ιorsque la vis de pression n'est pas fermée, elle peut glisser li-
ιrement entre les deux pièces de fer verticales, et par consé-
ιaent n'empêche pas d'écarter ou de rapprocher les poupées;

mais à l'aide de deux vis de pression on peut momentanément
la fixer : on peut aussi l'éloigner plus ou moins des pointes en
tirant à soi ou en enfonçant les deux liteaux qui traversent les
poupées. Pour assujettir ces liteaux dans différentes positions,
on se sert encore d'une vis de pression; à cet effet, la face
droite de la poupée de droite, et la face gauche de la poupée
de gauche, sont percées chacune d'un trou taraudé qui péné-
tre jusqu'à la mortaise dans laquelle sont logés les liteaux :
c'est dans ces trous qu'on place les vis de pression. Comme
on tourne quelquefois des pièces d'un très-faible diamètre, et
qu'il peut être commode que la barre d'appui ne soit pas séparée de l'ouvrage par un intervalle aussi grand que la moitié
de l'épaisseur de la poupée, on peut faire à celle-ci, au-dessus
de la mortaise et en face du double crochet, une entaille de
54 millim. (2 pouces) de hauteur, qui permette au liteau d'enfoncer davantage, et à la barre de pénétrer dans l'épaisseur
de la poupée. Grâce à cette construction, la barre d'appui peut
être mue d'avant en arrière comme de droite à gauche, et réciproquement. Si, indépendamment de ces deux mouvements,
on voulait la hausser et la baisser à volonté, cela deviendrait
facile à l'aide d'une addition bien simple, mais qui n'a encore
été décrite nulle part. On creuse un peu plus bas la mortaise
destinée à recevoir le liteau mobile; le double crochet est à proportion plus allongé; les deux montants qui le forment
passent à travers une plaque de fer, épaisse de 7 millim.
(3 lignes), placée horizontalement, et percée à chaque extrémité d'un trou carré qui lui permet de glisser, verticalement
et sans vaciller, le long de ces montants; la partie du liteau mobile, comprise entre eux, est percée d'un trou taraudé destiné à recevoir une vis dont la pointe vient s'appuyer contre la plaque de fer mobile. Or, comme l'extrémité de la barre d'appui repose sur cette plaque de fer,
comme cette plaque de fer repose sur la vis, il est évident
qu'en tournant cette vis, on élèvera ou abaissera à volonté la
plaque de fer, et par conséquent aussi l'extrémité de la barre
d'appui qu'elle supporte : on pourra en faire autant à l'autre
bout par le même mécanisme; mais ce mouvement ne peut
être utile que dans un bien petit nombre de cas.

4° *La Perche, l'Arc et la Pédale.*

Après avoir indiqué rapidement les moyens qui servent à
suspendre l'ouvrage que l'on veut mettre en rotation, indi-

quons les appareils qui servent à lui communiquer ce mouve-ment.

On enroule autour de l'ouvrage une corde un peu serrée, qui est tirée tantôt de haut en bas, tantôt de bas en haut; tour-à-tour elle monte et descend; et comme le frottement ne lui permet pas de glisser sans une grande difficulté, comme l'ouvrage est librement suspendu sur deux pivots, au lieu de glisser, elle le fait tourner. Voyons quels sont les procédés employés pour tirer la corde de bas en haut, pour la faire monter.

Le plus simple de tous est la *perche*. C'est ordinairement une perche de bois d'érable ou quelquefois de frêne, de 1 mètre 54 cent. à deux mètres 27 cent. (6 à 7 pieds) de long, aplatie dans toute son étendue, de manière à avoir deux faces princi-pales plus épaisses à un bout qu'à l'autre; elle doit former un ressort médiocrement flexible : cette perche est suspendue au plancher. Son extrémité mince, celle à laquelle on attache la corde, se présente un peu en avant de la fente de l'établi; l'autre extrémité est percée d'un trou dans lequel on passe libre-ment un clou à grosse tête et à tige arrondie, que l'on enfonce dans une des poutres du plancher; c'est lui qui sert à fixer la perche; il fait en même temps l'office d'un pivot. La perche re-pose, à moitié de sa longueur, sur une traverse arrondie, longue de 975 millim. (3 pieds), et suspendue par des crochets en fer à 162 millim. (6 pouces) au-dessous du plancher. Ce mode de suspension de la perche permet de la faire mouvoir tantôt à droite, tantôt à gauche; la corde fixée à son extrémité est re-levée avec force par son élasticité, lorsqu'on l'a tirée de haut en bas; et comme la perche est mobile, on peut changer au besoin la direction de l'ouvrage.

L'arc est un ressort du même genre, mais qui a sur la perche le grand avantage d'occuper moins de place; sous ce rapport il est bien préférable, surtout dans les cas qui nous occupent spécialement.

Il se compose ordinairement de cinq ou six lames très-minces, d'un *acier trempé très-doux;* la lame supérieure a 1 mètre 299 millim. (4 pieds), les autres diminuent graduelle-ment de longueur. On peut aussi le faire de trois ou quatre lames de sapin ou de noyer mises sur le plat; mais toutes alors sont de la même longueur, seulement elles diminuent d'épais-seur vers les extrémités. Enfin, quelquefois il est simplement formé d'un seul morceau de frêne bien sain et sans gerçure,

aminci vers les deux bouts; lorsque l'arc est en bois, il doi
avoir 65 centim. (2 pieds) de longueur de plus que l'ar
d'acier.

Quelle que soit la matière employée, il est tendu avec un
corde de manière à ce qu'il forme ressort. Sur cette corde es
enfilée une petite poulie, dans la gorge de laquelle on attach
solidement la corde destinée à communiquer le mouvemen
à l'ouvrage; l'arc est suspendu à une traverse fixée au plancher, et le long de laquelle on peut le faire courir à volonté.

Si l'on veut un ressort encore plus simple et une suspension plus commode, on peut faire une colonne mobile qui s
place au haut de l'établi, de la même manière qu'une poupée;
à son extrémité supérieure on enfonce, par le gros bout, une
forte lame de fleuret dont la pointe a été courbée en crochet
pour retenir la corde. Afin de profiter de tout le développement du ressort, il faut enfoncer la soie ou partie forte
de la lame, de telle sorte qu'elle se trouve moins élevée que la
pointe, qui décrira alors un arc de près de 65 centim. (2 pieds):
c'est une perche en miniature qu'on peut placer ou ôter à volonté.

La *pédale* sert à tirer la corde en bas, à la faire descendre;
elle est composée de trois pièces de bois dur, assemblées en
forme d'A, dont l'un des jambages serait allongé au sommet
d'un tiers de sa longueur; le bas des deux jambages est arrondi; tous deux posent à terre; mais le prolongement de
l'un d'eux est soulevé par la corde, dont l'extrémité inférieure est enroulée tout autour. Dans cette situation, si l'on
pose le pied sur la pédale, dont le sommet est ainsi élevé de
325 millim. (1 pied) environ, il sera facile de l'abaisser en
pressant; mais on ne pourra le faire sans tirer la corde, sans
tendre par conséquent l'arc ou la perche dont l'élasticité relè-
vera la pédale dès qu'on cessera de presser. En appuyant et en
soulevant ainsi le pied tour-à-tour, on communique rapidement à la corde un mouvement de va-et-vient rectiligne; et
comme cette corde, passant dans la fente de l'établi, fait plusieurs tours autour de la pièce de bois suspendue entre les
pointes, elle lui communique un mouvement circulaire alternatif, qu'on peut rendre très-rapide.

CHAPITRE III.

DES INSTRUMENTS A DÉBITER LE BOIS.

Nous avons indiqué précédemment le débit des arbres, le débit du bois en planches, pour faire connaître au menuisier les résultats de ces travaux du scieur de long, du charpentier, dans ce qui est relatif à son art. Maintenant nous allons traiter du débit des bois, qui lui est spécial, ou *débit sur champ et sur plat*; car, malgré toutes les variétés en dimensions des divers échantillons de bois qu'on trouve dans le commerce, il faut les débiter en parties moins épaisses pour les divers ouvrages de menuiserie. A cet effet, on refend les planches longitudinalement, suivant l'épaisseur; c'est ce qu'on appelle *refendre sur champ*, ou en parties moins larges, et dans ce cas, on dit : *refendre sur plat* ou *sur bas*; enfin en parties moins longues, ce qui se fait en coupant les planches transversalement à leur longueur.

Le débit sur champ a lieu pour refendre des planches en feuillets, servant à faire des panneaux ou autre ouvrage mince. Pour cela on choisit des échantillons très-sains, sans gerçures, sans nœuds vicieux ni autres défauts. Ces feuillets, après être refendus, doivent, avant de les employer, être rangés et posés à plat les uns sur les autres, avec tasseaux mis en travers à peu de distance les uns des autres. Les tasseaux ainsi interposés entre ces feuillets servent à les empêcher de coffiner.

Le débit *sur plat* ou *sur bas* est infiniment plus varié dans ses applications. Dans les ouvrages, comme les lambris, qui sont composés de bâtis et panneaux, les parties de ces bâtis qu'on nomme *battant* ou *montant et traverse*, demandent une grande attention pour leur débit; mais avant d'opérer ce débit, on observera :

1º Que si ces battants ou traverses doivent être élégis de moulures, on doit prendre le bois dont les fibres ligneuses ou le *fil* est le plus droit possible.

2º De ne point prendre des bois noueux; si toutefois il y a quelques nœuds non vicieux, faire attention à ce qu'ils ne se trouvent point situés à l'endroit d'un assemblage.

3º Que si les planches ont de l'aubier, il faut les en dépouiller par le moyen de *levée* (1).

(1) On nomme *levée*, une tringle qu'on refend sur la rive d'une planche.

4° Qu'à la largeur donnée de ces battants ou traverses, il faut ajouter 7 millim. (3 lignes) pour le trait de scie, et le corroyage qui a lieu après la refente.

5° Qu'il faut éviter les déchets qui peuvent être occasionés par les longueurs des parties à débiter qui ne sont pas en rapport avec la longueur des planches, c'est-à-dire, que si l'on a besoin de battant de 2 mètres 14 cent. (6 pieds 7 pouces), et de traverse de 76 cent. (2 pieds 4 pouces) de largeur, il ne faut point prendre ces battants dans des bois de 2 mètres 27 centim. (7 pieds), mais dans ceux de 2 mètres 92 cent. (9 pieds) de long, parce qu'au bout de ces battants on aura des traverses.

Il suit de ces observations, qu'avant de débiter une planche en battants, traverses ou autres parties semblables, on doit en *sonder le bois* en découvrant légèrement sur les faces de cette planche les parties douteuses, au moyen d'un rabot destiné à cette opération; si elle présente à ses parties ainsi sondées quelques nœuds vicieux ou autres défauts, on la rebute pour cet emploi, en la destinant pour un autre; si, au contraire, cette planche ne présente aucun défaut apparent, on opère le tracé des lignes droites suivant lesquelles on doit la refendre; ces lignes sont tracées à la règle bien droite et à la craie ou au cordeau frotté avec du blanc de craie, après quoi on fait le sciage.

Ainsi que nous venons de l'expliquer, le débit des bois ordinaires ne présente que de très-légères difficultés; cependant il en est un autre qui demande beaucoup plus d'attention, c'est le *débit des bois cintrés*, à une ou à double courbure, comme pour les ouvrages dits cintrés en plan, en élévation, ou en plan et en élévation. Le tracé des lignes de courbure sera indiqué dans le *Livre du Trait*; mais pour ce qui concerne le sciage lorsque le bois est mince, c'est le menuisier qui l'exécute au moyen d'une scie dont la lame est très-étroite : on la nomme scie à *chantourner*. Quand les bois sont d'une forte épaisseur, les scieurs de long en sont chargés; ils l'exécutent au moyen d'une scie nommée *raquette*. Si parfois les courbes sont rampants, comme pour les limons d'escalier, il faut pointer la trace des lignes de 41 en 41 millim. (18 en 18 lignes) de distance sur chaque côté de la pièce de bois, afin qu'ils suivent exactement les lignes rampantes, dont leurs extrémités correspondent au pointé en même temps que leur scie suit les lignes courbes.

Les bois ainsi débités sont examinés de nouveau pour faire le dernier choix, parce qu'il arrive assez souvent que ces bois se courbent après avoir été sciés, ou que l'on découvre des défauts internes comme ceux *tranchés*, ce qui doit les faire rebuter pour certains ouvrages; et enfin, après cet examen, on les coupe à peu près de longueur. Tels sont les apprêts que les bois subissent avant d'être livrés aux ouvriers, qui les façonnent de diverses manières selon la nature de l'ouvrage.

Il ne faut, pour débiter le bois, qu'un petit nombre d'outils ; les principaux sont : la *scie à refendre*, la *scie à débiter*, la *scie à chantourner*, la *scie à l'allemande*, les diverses scies à la main, etc. Nous ne parlerons, dans ce chapitre, ni de la *scie à tenon*, ni de la *scie à arraser*, dont la description sera plus convenable ailleurs, puisqu'à proprement parler, elles ne servent pas à débiter le bois.

1º *La Scie à refendre.*

Comme je viens de le dire, cette scie ressemble beaucoup à celle du scieur de long. Imaginez un châssis en bois dur, formé de quatre pièces de bois assemblées carrément, de telle sorte que les extrémités des deux traverses entrent à tenon par chaque bout dans des mortaises creusées aux extrémités des deux montants; ce châssis a environ 650 millim. (2 pieds) de large sur 975 millim. ou 1 mètre 137 millim. (3 pieds ou 3 pieds 1⁄2) de haut (voyez *fig.* 19, *pl.* 1ʳᵉ). La traverse inférieure et la traverse supérieure portent chacune une boîte. On donne ce nom à une pièce de bois carrée, percée d'outre en outre d'une mortaise, dans laquelle passe la traverse; à son extrémité, tournée vers l'intérieur du châssis, chacune de ces boîtes a une fente ou rainure formée avec un simple trait de scie donné transversalement à la mortaise. Dans chacune de ces deux rainures est fixée, avec une goupille, la lame, placée par conséquent de telle sorte, que le plat soit tourné du côté des montants et que la denture, se présentant en avant, soit à une égale distance de l'un et de l'autre. Une des premières conditions de toute monture de scie, c'est qu'on puisse tendre et détendre la lame à volonté; voici comment cette condition est remplie dans celle qui nous occupe. La mortaise de la boîte supérieure n'a que la largeur nécessaire pour donner passage à la traverse; mais elle est plus longue que cette traverse n'est large, et, soit en haut, soit en bas, il reste un interstice entre la traverse et les parois inférieure et supérieure de la mortaise. Autrefois on plaçait un coin dans l'interstice supérieur; quand on enfonçait le coin, un des côtés étant appuyé sur la traverse, l'autre élevait forcément la boîte et tendait la lame; l'inverse avait lieu dans le cas contraire. Récemment on a imaginé de percer d'un trou taraudé l'extrémité supérieure de la boîte; ce trou vient aboutir dans la mortaise, dont il fait pour ainsi dire la continuation, puisqu'il est dirigé dans le même sens que la lame de la scie. Dans ce trou est une vis de pression à tête plate; le bout de la vis appuie sur la traverse; par conséquent, lorsqu'on la tourne de manière à l'enfoncer dans la mortaise, elle produit un effet semblable à celui du coin, en soulevant la boîte, mais elle n'a pas, comme lui, l'inconvénient de se déranger, et son service est plus sûr.

La lame de cette scie est, comme toutes les autres, un ruban d'acier trempé, mince et élastique, dont l'un des bords est taillé avec une lime de manière à présenter une rangée de dents. Ce sont autant de petits coins bien aigus qui, recevant une impulsion vive, pénètrent entre les fibres du bois, les coupent ou les déchirent. Les dents de la scie à refendre sont inclinées, de sorte que l'outil ne mord qu'en descendant. Cette scie sert à couper le bois dans le sens de sa longueur.

2° *Scie à débiter.*

La forme de cette scie (*fig.* 20) est tout-à-fait différente. Deux traverses, longues chacune d'environ 487 millimètres (18 pouces), sont réunies par un montant qui pénètre à tenon au milieu de chacune d'elles. On a soin de laisser les deux mortaises un peu longues; l'excédant d'épaisseur du montant sur les tenons qui le terminent, doit être aussi assez considérable pour fournir un point d'appui solide aux traverses; l'un des bouts de chaque traverse porte par une rainure dans laquelle les extrémités de la lame de la scie sont fixées par des goupilles. Cette fois la lame est dans une situation tout-à-fait opposée à celle de la scie à refendre. Le plat, au lieu de croiser les traverses, est dans la même direction, et la denture forme la ligne extrême d'un des côtés de la scie. Les deux traverses sont donc unies au centre par un montant à l'une des extrémités de la lame; leur autre extrémité est unie par une double corde retenue dans une entaille faite au bout de chaque traverse. Cette corde a un but spécial à atteindre : elle sert à tendre la lame. Pour cela, entre les deux doubles, on introduit un long morceau de bois ou garrot; on lui fait faire plusieurs tours; la torsion qui en résulte raccourcit la corde; il faut donc que les extrémités des traverses qui la supportent se rapprochent ; et dès-lors il est nécessaire que les deux autres extrémités s'éloignent, ce qui tend forcément la lame. Il y a plusieurs manières d'arrêter le garrot : tantôt on le fait assez long pour que le montant ne le laisse pas passer, et, dans ce cas, quand on veut le faire tourner, on lui donne une position oblique ; tantôt on creuse dans la tranche du montant une mortaise qui reçoit à volonté la pointe de ce morceau de bois. Lorsqu'on emploie une scie de ce genre à débiter le bois vert, les dents doivent être très-longues, très-aiguës, et suffisamment espacées. Au contraire, les scies à débiter les bois secs et durs doivent avoir les dents plus fines ; la qualité de l'acier doit être meilleure ; et même, quand on veut agir sur les bois les plus compactes, on a besoin de scies dont la monture soit entièrement en fer, la denture encore plus fine, et dont la lame aille en s'amincissant du côté opposé à la dentelure.

Comme la lame des scies à refendre est tendue par la torsion d'une corde, et comme toutes les cordes sont plus ou moins hygrométriques, c'est-à-dire sujettes à s'allonger ou à se raccourcir suivant que l'air est plus ou moins humide, il faut avoir bien soin, toutes les fois que l'on met de côté la scie pour ne plus s'en servir de quelque temps, de lâcher le garrot et détendre la corde. Sans cela, si l'humidité venait à gonfler la corde et à la rendre par conséquent plus courte, la monture se briserait à l'improviste, ou tout au moins deviendrait gauche et courbée.

Scie à débiter les bois suivant une courbe quelconque.

Un mécanicien de Rotherham, dans le Yorkshire, nommé Isaac Dodd, a inventé une machine à scier les bois suivant toutes les courbes possibles, travail qui n'avait pas, à ce que nous croyons, été encore exécuté par machine. Un modèle de la courbe suivant laquelle il s'agit de découper le bois étant posé sur un charriot à mouvement universel, les scies en suivent tous les contours aussi exactement et rapidement qu'en ligne droite. Cette machine est basée sur le même principe que le pantographe, et on espère qu'elle procurera une grande économie de bois dans différents arts, surtout ceux qui mettent en œuvre des bois précieux.

3º *Scie allemande* (fig. 21).

Elle ressemble beaucoup à la scie à débiter ; sa lame est montée de même sur deux traverses séparées par un montant

qui s'assemble avec elles à tenon et mortaise. De même encore
on tend la lame avec une double corde et un garrot dont la
pointe est reçue dans une mortaise latérale du montant. Ces
points de ressemblance constatés, examinons les différences.
D'abord la denture est plus fine que la denture ordinaire des
scies à refendre; ensuite (et c'est là la modification la plus importante), la rainure de l'extrémité des traverses dans laquelle
la lame de la scie à débiter est fixée avec une goupille, est
remplacée dans la scie allemande par un trou cylindrique parallèle à la longueur du montant, perpendiculaire à la longueur de la traverse, et percé très-près de son extrémité.
Dans ce trou passe un boulon en fer terminé du côté de l'intérieur de la monture par une mâchoire ou double lame de
fer, dans laquelle la lame de la scie est prise et fixée par une
ou plusieurs goupilles, et du côté extérieur par une poignée
en bois à l'aide de laquelle on peut tourner et retourner la
lame à volonté.

L'autre traverse est armée de même. Il résulte de cette disposition que le plat de la lame peut tantôt être mis dans une
situation telle qu'il soit opposé à la tranche du montant, tantôt dans une position semblable à celle du plat du montant, tantôt dans une position intermédiaire. Pour faire cette opération, il faut tourner les poignées l'une après l'autre et préalablement détordre la corde d'un ou deux tours. De cette mobilité de la lame résultent de grands avantages. On peut, avec
la scie allemande, détacher du bord ou de la tranche d'une
planche une pièce très-mince, ce qu'on n'exécuterait pas avec
la scie à refendre si la planche était très-large. La scie allemande donne seule le moyen de découper des parties courbes
ayant un grand rayon. Enfin, quand on met sa lame dans la
même position que celle de la scie à débiter, elle sert aux
mêmes usages. Il est évident que les boulons qui guident la
lame doivent tourner à frottement un peu dur dans les trous
des traverses. Il faut avoir bien soin que les deux poignées
soient tournées précisément au même degré, sans cela la lame,
au lieu d'être droite, serait tordue, et il deviendrait presque
impossible de la diriger.

Un auteur moderne conseille avec raison de ne pas amincir
l'extrémité du montant pour le faire entrer dans les traverses;
il aime mieux qu'on tienne le montant plus fort que de cou-
tume, et qu'à ses deux extrémités on le taille en fourchettes
destinées à recevoir les traverses.

Le même auteur engage beaucoup à n'employer qu'une seule goupille pour unir aux poignées en bois les chaperons ou lames de fer formant les mâchoires entre lesquelles la lame de scie est arrêtée; cela est bien plus facile et aussi solide quand on a soin de faire la goupille assez forte. La lame doit toujours être unie à la mâchoire par une bonne vis.

4° Scie à tourner ou chantourner.

Plus petite que la précédente, à lame plus étroite, elle lui ressemble d'ailleurs parfaitement et est spécialement destinée à suivre tous les contours, toutes les courbures des bois qu'on ne débite pas en droite ligne.

5° Scie à double lame (fig 22, pl. 1ʳᵉ).

Il est commode d'avoir sur la même monture deux lames de scie dont la denture soit différente. C'est le moyen d'avoir en même temps dans la main deux instruments divers. Il semblait difficile d'atteindre ce résultat et de se réserver la faculté de tendre à volonté les deux lames; voici comment on y est parvenu : une des lames est fixée dans des rainures à l'une des extrémités des traverses, comme dans la scie à débiter ordinaire; l'autre extrémité, au lieu de porter une entaille propre à recevoir une corde, est percée d'un trou comme dans la scie à chantourner. Dans le trou de chacune des traverses on place une longue vis terminée à l'intérieur de la monture par une mâchoire dans laquelle est fixée une lame plus courte que le montant; l'autre extrémité de la vis est garnie d'un écrou à oreilles, de telle sorte que la traverse soit placée entre l'écrou et la mâchoire. En serrant l'écrou on force la traverse à se rapprocher de la mâchoire, et, par conséquent, de la traverse opposée; donc les autres extrémités des traverses doivent s'écarter et tendre une des lames, tandis que l'action des écrous tend l'autre. Pour que ce mouvement puisse s'opérer, il faut qu'il y ait assez de distance entre la mâchoire et l'écrou, sans cela il ne resterait pas suffisamment d'espace pour le jeu des traverses. Par ce procédé on a un moyen de tension plus sûr que la corde, indépendant des vicissitudes atmosphériques, et l'on réunit sur la même monture la scie à débiter et la scie à tourner.

6° Scies à main.

Quelque variées que soient les scies précédentes, elles ne

peuvent pas suffire encore à tous les besoins du menuisier. Il
lui arrive souvent d'avoir à faire dans une planche une ouverture carrée ou circulaire; il lui serait très-commode alors de
se servir de la scie; mais comment avec la scie ordinaire entamer le milieu d'une planche? cela serait impossible. Il faut
se servir de la scie à main, appelée *passe-partout*. C'est une
lame d'acier ayant la forme d'une lame d'épée plate, dentelée
sur un de ses côtés, finissant en pointe et augmentant de largeur depuis l'extrémité jusqu'à la partie la plus voisine du cylindre du bois dans lequel elle est emmanchée. Lorsque, avec
cette scie, on veut scier une planche sans toucher au bord,
on fait, à l'endroit où l'on veut commencer, un trou suffisant
pour donner place à la pointe de la scie; on la met en mouvement. Son action allonge l'ouverture, la lame pénètre plus
profondément; le mouvement devient plus facile; et, comme
on n'est pas gêné par un châssis, il est aisé de faire suivre à
l'outil toutes les directions tracées sur la planche. Il y a des
scies de ce genre de diverses dimensions; quelques-unes sont
plus larges que les lames des scies ordinaires, et toutes sont
plus fortes et plus épaisses, ce qui devient indispensable puisque rien ne les soutient.

Il y a d'autres espèces de scies à main (*fig.* 23), remarquables par la finesse de leur denture et la facilité avec laquelle on peut, soit tendre leur lame, soit les manier. Un
manche en bois, de forme à peu près cylindrique, renferme
une tige de fer terminée en mâchoire, dans laquelle est fixée
une très-mince lame de scie. Cette tige de fer, sa scie qu'elle
supporte, forment en quelque façon le prolongement de l'axe
du cylindre. Le bout du manche, où s'engage la scie, est serré par une forte virole en acier, en fer ou en cuivre, de laquelle part un arc métallique dont l'autre extrémité va joindre
le bout libre de la scie. Ce bout de la scie opposé au manche
est pris dans une mâchoire terminée par une vis ayant une
porte carrée qui passe sans frottement dans un trou pratiqué au
bout de l'arc métallique. Un écrou à oreilles permet de rapprocher à volonté l'extrémité de l'arc métallique de la mâchoire.
Quand on fait cette manœuvre, cet arc est recourbé davantage,
son élasticité augmente puisqu'il est plus fortement tendu, et
par la même raison il accroît la tension de la lame qui lui tient
lieu de corde. Cette scie, dont la lame est mince et très-droite,
dont les dents sont très-fines, est employée avec avantage à
scier les bois durs.

70 *Scie d'horloger* (fig. 24, *pl.* 1re).

Le menuisier qui travaille souvent sur des bois de ce genre fait bien de se munir de cette scie, qui n'est qu'une variété commode et économique de la précédente. Les mâchoires, au lieu de contenir la lame d'une manière invariable, peuvent la lâcher à volonté. On ne les réunit pas avec des goupilles, mais avec des vis qui permettent de les serrer et desserrer quand on veut. De là ce premier avantage que l'on peut renouveler la lame de scie chaque fois que cela devient nécessaire ; que pour faire cet échange on n'a pas besoin de recourir à un ouvrier ; enfin, qu'on peut employer avec la même monture des lames à dentures différentes, et que l'on varie suivant l'ouvrage à exécuter. Mais on a voulu en outre que la même monture servît à utiliser même les fragments de lame brisée, et on y est parvenu en rendant variable la longueur de l'arc élastique. Pour cela on a composé cet arc de deux parties : l'une, qui fait corps avec la virole, s'élève perpendiculairement au manche et à la lame ; elle se termine par un anneau dans lequel doit glisser l'autre portion de l'arc ; cet anneau est percé au sommet d'un trou taraudé, dans lequel est une vis de pression. La seconde partie de l'arc, qu'on appelle *coulant*, est destinée à former ressort. C'est un cylindre d'acier dont l'extrémité élastique se recourbe et s'unit à la mâchoire mobile avec laquelle il fait corps. La partie cylindrique glisse dans l'anneau dont nous venons de parler ; on l'arrête où l'on veut avec la vis de pression, et cela suffit pour donner le moyen d'allonger ou de rapetissser l'arc. Donner la tension à la lame est une chose facile avec ce système. Lorsqu'elle a été placée entre les deux mâchoires, à l'aide des vis qui la serrent, on pousse la queue du coulant de manière à allonger l'arc le plus possible. Comme la lame s'oppose à cet allongement, la partie flexible du coulant plie davantage, et si alors on fixe le tout à l'aide de la vis de pression, la portion courbée du coulant étant toujours déterminée à s'étendre, tendra la lame par son élasticité. De cette manière on emploiera jusqu'au dernier fragment de lame de scie. Cette monture économique n'est pas chère, on la trouve pour 1 franc 50 centimes à 2 francs chez les marchands quincailliers de Paris ; pour le quart de ce prix on a une douzaine de petites lames d'acier, toutes taillées, dont les morceaux peuvent encore servir. Voilà bien des raisons pour désirer que cet utile instrument se propage dans les provinces où il est encore presque inconnu.

8° Scies à chevilles et à placage.

C'est tout bonnement une lame de fer et d'acier emman-chée, plate, recourbée, et dont les deux côtés sont garnis de dents qui n'ont pas d'inclinaison. Il en résulte que la lame peut s'appliquer exactement sur toute espèce de pièces de bois chevillées, et couper *près à près* la partie de la cheville qui dé-passe. Lorsqu'au lieu de se servir de ce moyen, ou d'employer un ciseau, on se contente de renverser d'un coup de marteau la partie des chevilles qui reste en dehors après qu'on les a préalablement enfoncées, il arrive souvent que la cheville rompt au-dessous du nu de l'ouvrage, ce qui produit les cavi-tés difformes désignées par les ouvriers sous le nom de *têtes de mort*.

On appelle spécialement *scie à placage* celle dont la poignée est droite et relevée, et *scie à chevilles*, celle dont la poignée est recourbée en avant. Ordinairement les dents de ces scies sont droites; mais quelquefois la dent du milieu seule est droite, et les autres sont toutes inclinées vers cette dent, c'est-à-dire moitié de droite à gauche, moitié de gauche à droite.

9° Scie circulaire.

Je ne me propose point de parler de ces grandes scies mises en action par de puissants moteurs, et qui débitent avec tant de promptitude les plus grosses pièces de bois, elles ne font point partie du domaine de la menuiserie, et c'est au méca-nicien à en expliquer la construction. Ce n'est pas ici non plus le lieu de faire connaître les scies mécaniques qui divisent les bois précieux en feuilles si minces et si égales; il est plus convenable de renvoyer le peu que nous avons à en dire à la partie de cet ouvrage consacrée spécialement aux travaux de l'ébéniste. Mais j'ai remarqué que dans nombre de cas le me-nuisier a besoin d'une grande quantité de petites planchettes taillées avec régularité; que leur construction lui faisait perdre beaucoup de temps, et j'ai pensé qu'on me saurait gré de lui faire connaître et de contribuer à introduire dans les ateliers une espèce de scie mécanique infiniment simple, connue seu-lement de quelques tabletiers et quelques tourneurs, sous le nom de *mandrin porte-scie*. Elle se compose d'une lame de 135 à 162 millim. (5 à 6 pouces) de rayon, montée sur un axe. Cet axe est établi sur un bidet au moyen de deux mon-tants qui reçoivent ses extrémités taillées en tourillon. A l'une de ces extrémités on adapte une manivelle, et tandis que

r le moyen de cette manivelle, la scie est mise en mouvement par un ouvrier, un autre ouvrier présente à la scie la
pièce que l'on veut refendre. J'entrerai dans de plus grands
détails sur la construction du *mandrin porte-scie*, afin que
chaque ouvrier puisse l'exécuter lui-même, ou le faire exécuter sous ses yeux, même dans les parties de la France où l'on
aurait de la peine à se procurer la scie circulaire, et qui en est
la pièce essentielle. C'est elle que j'enseignerai d'abord à faire.
On se procure la partie large d'une faulx, ou tout autre
morceau d'acier aplati pouvant donner la circonférence de
135 à 162 millim. (5 ou 6 pouces); on le bat et on le dresse à
froid, sur une enclume bien unie, de manière à ne lui laisser
qu'un demi-millim. (1/4 de lig.) d'épaisseur environ. Cela fait,
on trace sur la plaque un cercle le plus grand possible, et l'on
en marque le centre en faisant un peu pénétrer, d'un coup de
marteau, un poinçon d'acier là où était la pointe du compas;
, on perce un trou bien circulaire de 18 ou 23 millimètres
(8 ou 10 lignes) de diamètre, puis on perce un autre trou de
  millim. (2 lignes) de diamètre, à 9 millim. (4 lignes) de
distance du premier; ou bien on fait avec la lime, à partir du
trou central, une fente large de 5 millim. (2 lignes), et longue
de 11 ou 14 millim. (5 ou 6 lignes); cette espèce de roue terminée, il faut lui construire un essieu propre à la maintenir dans une position bien perpendiculaire, et à lui communiquer un mouvement circulaire très-rapide.

Cet essieu est formé de deux pièces; la première se compose
de trois parties, savoir : 1° un tenon cylindrique entrant juste
dans le trou central de la roue d'acier; ce tenon porte un filet
de vis assez fin et à pas peu incliné; 2° une embase ou renflement pareillement cylindrique, ayant environ 27 millimètres
  pouce) de longueur sur 54 millim. (2 pouces) de diamètre;
cette embase, coupée à angles droits du côté du tenon, doit
être de ce côté légèrement concave, afin que la roue d'acier
puisse coller bien exactement sur ses bords, lorsqu'on les
presse contre cette surface; 3° d'un autre tenon cylindrique
servant d'axe, à proprement parler, mais n'ayant pas de pas
de vis. Cette pièce présente par conséquent un gros cylindre
de 27 millim. (1 pouce) de long, placé entre deux autres cylindres de moindre diamètre, dont l'un, armé d'une vis, a
14 millim. (6 lignes) de longueur, tandis que la longueur du
cylindre uni est invariable.

La seconde pièce de l'essieu ne diffère de la première que

par l'absence de la vis cylindrique : elle se compose de même de deux cylindres de différente grosseur, mais dont chacun a les mêmes dimensions que le cylindre correspondant de l'autre partie ; dans cette seconde pièce, le cylindre qui sert d'embase est percé à son centre d'un trou taraudé dans lequel s'ajuste exactement le tenon cylindrique et à vis de la première pièce. Il en résulte que, si on fait passer le tenon dans le trou central de la roue d'acier, si ensuite on visse ce tenon dans le trou taraudé, la roue sera prise entre les deux embases, et maintenue dans une position perpendiculaire à l'axe; mais, pour qu'elle ne puisse glisser en tournant entre ces deux pièces, on percera sur l'une des embases un trou parallèle au tenon, aussi éloigné de ce tenon que le petit trou latéral de la roue est éloigné du trou central; ce petit trou de l'embase recevra de force une cheville en fer qui pénétrera pareillement dans le petit trou de la roue, mais sans trop dépasser sa surface, sans quoi les deux embases ne s'appliqueraient pas exactement contre le plateau d'acier.

Cela fait, on place l'instrument sur un tour, et avec un bon burin on met la plaque au rond, en enlevant tout ce qui dépasse le cercle qu'on a déjà tracé; avec la pointe du même burin, on tracera un cercle à une petite distance de la circonférence; ce cercle servira de guide pour limer les dents; par conséquent, il doit être plus ou moins éloigné du bord, suivant qu'on voudra qu'elles soient plus ou moins longues; 2 millim. (1 ligne) présentent un moyen terme convenable; ensuite, tailler les dents avec une lime tiers-points, elles doivent être un peu inclinées et avoir d'ailleurs la forme ordinaire; chacune d'elles formera un petit biseau pointu et tranchant, et toutes doivent être faites de même et avoir la même direction. Cette opération exige beaucoup de précaution et d'adresse pour ne pas altérer la forme circulaire de la scie; cette forme est une condition indispensable pour l'effet de l'instrument : on s'assure qu'on a atteint ce but en présentant un morceau de bois à la scie, pendant qu'elle tourne, de manière à ce qu'il la touche à peine; on voit alors si toutes les dents le frappent de la même manière, et portent sur lui de la même quantité ; si quelques-unes sont plus longues, il faut savoir les distinguer des autres; on substitue, au morceau de bois d'épreuve, une tige de fer qu'on approche insensiblement et à peine; les dents les plus longues sont les premières qui le rencontrent; la dureté du fer y laisse une légère empreinte à l'aide de la

nelle on les reconnaît; alors on les lime et on les met à la mesure convenable. En multipliant ces épreuves, on parvient à
obtenir une régularité parfaite; mais on sent qu'après avoir
accourci quelques dents par la pointe, il est nécessaire de les
allonger par la base, en creusant un peu plus profondément
l'intervalle qui les sépare des autres. On se dispense de toute
la peine que cause cette opération, quand on peut se procurer
une scie circulaire toute taillée; il ne s'agit plus alors que de
la monter sur son axe.

On place ordinairement cet instrument entre les deux pointes d'un tour, et on lui imprime un rapide mouvement de rotation continue, à l'aide d'une roue à laquelle il communique
par une corde sans fin; lorsqu'il tourne, on approche la planche à scier, et l'on peut présumer combien doit être rapide
et régulière l'action de cette machine : elle est telle, qu'en dix
secondes on peut faire un trait de 48- millim. (18 pouces) sur
une planche de 7 millim. (3 lignes) d'épaisseur.

Mais ce n'est pas ainsi que je proposerai d'employer la scie
mécanique dans les ateliers de menuiserie. On n'a pas toujours un tour à sa disposition, et quand on en possède un,
on lui communique ordinairement le mouvement à l'aide
d'une pédale; de telle sorte, que le mouvement de rotation,
au lieu d'être *circulaire continu*, comme il le faudrait pour
le service de la scie, est *circulaire alternatif*. Pour y suppléer,
nous avons un moyen bien simple. Dans tout atelier de menuiserie passablement monté, on trouve une meule qui sert à
affûter les outils. Nous en donnerons plus loin la description;
pour le moment, il me suffit de dire que cette meule est ani-
mée d'un mouvement *circulaire continu* qu'on lui communique à l'aide d'une pédale. Or, quelques-unes de ces pédales,
au lieu de faire mouvoir directement la meule, font tourner
d'abord une très-grande roue, qui, à l'aide d'une corde sans
fin, communique son mouvement à une petite poulie placée
au bout de l'axe de la meule, il en résulte que la poulie, et
ensuite la meule, font plusieurs tours lorsque la roue motrice
n'en fait qu'un seul, ce qui rend la rotation infiniment rapide. C'est une meule ainsi montée qu'il faut avoir; sa pédale
servira à deux fins. En effet, nous pourrons à volonté substituer le *mandrin porte-scie* à la meule : il suffira de faire l'essieu
de l'un aussi long que l'essieu de l'autre, de leur donner le même
diamètre, de les terminer tous deux du même côté par une
poulie semblable; dans cette hypothèse, si nous calculons que

chaque mouvement du pied fait faire un tour à la grande roue : si, par suite de la disproportion entre le diamètre de cette roue et le diamètre de la poulie, une révolution de la première fait faire cinq tours à l'autre; si enfin la circonférence de la scie présente cent cinquante dents, chaque mouvement du pied fera éprouver à la pièce de bois soumise à l'action de l'instrument, huit cents coups d'un biseau acéré.

Cela suffit pour faire connaître la puissance de cet outil, dont les effets surprennent toujours ceux qui le voient pour la première fois, et qui n'avait encore été décrit dans aucun ouvrage sur l'art du menuisier. On peut débiter de cette façon des planches de 54 millim. (2 pouces) d'épaisseur; mais nous ne conseillons pas de l'employer à cet usage, il nécessiterait une trop grande force. Lorsqu'on a à travailler sur une planche trop longue, on peut, après l'avoir fendue par un bout, la retourner, présenter l'autre extrémité à l'instrument et augmenter ainsi sa portée du double; on peut la rendre plus grande même en présentant la planche obliquement à l'axe et de manière à ce qu'elle forme une tangente avec la circonférence. Mais dans ce cas, comme la scie agit obliquement à la surface de la planche, elle entame en même temps une plus grande épaisseur, ce qui rend une plus grande force nécessaire.

En finissant, je dois dire que l'arc et les embases du *mandrin porte-scie* sont ordinairement en buis; mais cette méthode n'est utile qu'autant que l'ouvrier ne sait tourner que le bois et veut le faire lui-même. Dans le cas contraire, et surtout quand il veut substituer ce *mandrin* à la meule à aiguiser, il vaut infiniment mieux faire l'axe en fer. Je conseillerais alors un mode de construction plus simple que celui que j'ai indiqué d'après les *mandrins porte-scie* actuellement en usage. Il serait plus commode de faire l'axe d'une seule pièce et d'un diamètre égal partout. Au milieu, et sur une longueur d'environ 27 millim. (1 pouce) il serait fileté; et après avoir placé la scie circulaire au milieu de ce filet, on l'assujettirait de droite et de gauche avec des écrous. Pour se ménager plus de facilité dans le cas où l'on voudrait serrer ou lâcher les écrous, ils devraient avoir des oreilles, à moins qu'on n'aimât mieux, et avec raison, se servir d'une clé. L'un des écrous pourrait être fixé sur l'axe par une goupille ou une forte soudure; ce serait alors une véritable embase, semblable à celle que porte l'axe du plateau d'une machine électrique. L'un des écrous doit avoir toujours sur sa face qui s'applique contre la scie, une petite goupille saillante, destinée à entrer dans le trou latéral de la scie circulaire et à l'empêcher de tourner dans les écrous.

10° *Scie mécanique et circulaire perfectionnée.*

Brevet d'invention et de perfectionnement pour des moyens mécaniques employés par la scie circulaire ou sans fin, qui sont propres à découper le bois ou toute autre matière dans les formes et figures rectilignes et à l'aide desquelles on confectionnera notamment les parquets à compartiments et les mosaïques, du Sr *Klispis*, à Paris.

Ces moyens consistent à découper une planche en plusieurs parties qui aient toutes exactement la même figure rectiligne quelconque, et à former sur ces morceaux de bois des rainures et des languettes en même temps qu'on les découpe dans la forme convenable, soit pour former les divers compartiments d'un parquet, soit pour tout autre ouvrage, comme dessus de tablettes, guéridons, panneaux, plinthes, pilastres, portes, etc.

Les opérations qui ont pour objet de disposer ces morceaux de bois pour être ajustés, s'exécutent sur différents établis portant divers arrangements de scies circulaires, qui, toutes, sont mises à la fois en mouvement par un seul et même moteur quelconque.

Explications des figures qui représentent les différents établis dont on vient de parler.

Planche 8, *fig*, 280 et 281. Élévation et plan d'un établi sur lequel sont montées deux scies circulaires AB.

La scie circulaire A est destinée à débiter le bois en planche de l'épaisseur et de la largeur qu'on désire.

C, plateau en bois posé à plat sur le bâtis B; il porte une longue pièce de bois E qui sert de conducteur ou de guide et que l'on peut approcher ou éloigner à volonté. Des trous F sont pratiqués à cet effet sur le plateau : ces trous reçoivent deux boulons G qui entrent chacun dans une petite coulisse I pratiquée en travers de la pièce de bois E. Les boulons G sont munis chacun d'un écrou à oreilles servant à fixer le guide E sur le plateau C'; par cette disposition, la distance entre la scie A et le conducteur E se détermine à volonté, suivant l'épaisseur du bois que l'on veut couper.

Le morceau de bois que l'on soumet à l'action de la scie A est appliqué par l'ouvrier contre le conducteur E et pressé par lui sur les dents de la scie.

La scie B sert à couper, suivant les angles déterminés, au

moyen d'un outil, les bois qui ont été préparés par la scie A.

L'outil qui sert à couper ces morceaux de bois sous différents angles, s'appelle *couloir* : il est représenté en plan fig. 301,
en élévation latérale fig. 302, et verticalement par le bout
fig. 283 ; il est formé d'une planche de laiton *a* portant plusieurs traverses *b c d e f*, qui forment différents angles avec
les bords de cette planche. Cette planche de cuivre a au-dessous une languette *g*, qui s'ajuste dans la rainure *h* pratiquée
sur le plateau C, fig. 280 et 281.

k, fig. 301 et 283, fente dans laquelle entre la scie B des
fig. 13 et 14.

i, fig. 301 et 302, quatre petites pièces de bois se fixant à
la distance que l'on veut du passage de la scie, et qui, servant
d'appui en même temps que les traverses *b c d e f* aux planches
que l'on découpe, règlent la longueur qu'on veut donner à
tous les morceaux : cette longueur est déterminée par les vis
de rappel *l l*.

m, longue traverse fixée par des vis *n* sur les traverses *b c d*
e f ; elle porte en outre quatre vis de pression *o* dont les bouts inférieurs appuient sur les pièces de bois *i*.

Les angles formés par les traverses *b c d e*, avec la fente *k*,
permettent de découper des morceaux propres à former des
carrés, des triangles, des losanges, etc., à l'aide desquels on
peut composer des figures carrées, pentagonales, hexagonales,
octogonales et autres.

11° *Description d'un autre outil, ou couloir du genre précédent,
destiné à couper de grandes pointes d'étoiles.*

Ce second outil, qui est représenté en plan fig. 282, en élévation latérale fig. 284, et par le bout fig. 285, est, comme le
premier, formé d'une planche de laiton *a* sur laquelle sont ajus-
tées trois traverses *b c d*, dont les deux premières sont posées
sur la largeur, et la troisième sur la longueur. Une fente *e* est
également pratiquée dans la planche pour le passage de la
scie, et cette planche a aussi une languette *g* en dessous pour
entrer dans la rainure *h* des fig. 280 et 281.

f i, fig. 282, deux planches destinées à servir d'appui aux
morceaux de bois *k* que l'on veut découper.

On se sert de cet outil en appliquant une planche bien corroyée sur la scie contre le côté de la planchette *f* et contre celui de la planchette *i* dans la position ponctuée : on abat de
cette manière, au moyen de la scie, un angle *l m n*, fig. 282,

égal à la moitié de l'angle que l'on veut obtenir. Dans cette position, les deux planchettes qui servent d'appui présentent un angle droit *l m o*. On retourne la planche à laquelle on vient d'enlever une pointe ; on applique le côté *n p* contre la planchette *f*, et le côté inférieur contre le côté de la planchette *i* que l'on dérange à cet effet. Alors le point *n* se trouve porté en *m* et le point *m* en *q* : on obtient de cette manière autant de morceaux *q m n*, fig. 282, 286, que peut en donner la planche que l'on débite, en la retournant chaque fois sans avoir besoin de déranger les planchettes *f* et *i*.

On voit comment, à l'aide des deux outils que l'on vient de décrire, on peut obtenir tous les compartiments d'un parquet ou de tout autre ouvrage de goût : en employant les bois de toutes les couleurs on arrivera à former des dessins variés.

Mais les bois découpés par les seuls procédés que l'on vient d'exposer, donnent des parties qui ne peuvent être réunies qu'à la colle ou bien avec des languettes rapportées.

12° *Moyens de pratiquer des languettes et des rainures dans le bois en même temps qu'on le coupe.*

» Ces moyens consistent à découper, suivant diverses dimensions et selon toutes les formes polygonales les plus en usage, des planches de laiton qu'on appelle *calibres*.

» Sur l'une des faces de l'un de ces calibres représenté sur deux faces opposées et de profil, *fig.* 287, et à la même distance à chacun de ses côtés, sont pratiquées deux rainures parallèles entre elles et au côté duquel elles correspondent.

Ce calibre est utilisé sur l'établi représenté en élévation et en plan, *fig.* 289 et 290, sur lequel sont montées, sur deux plateaux *c d*, deux scies circulaires *a b*, destinées à faire chacune une opération différente. Le plateau *c* de la scie *a* est fixe ; l'autre plateau *d*, qui est mobile, se place au moyen des vis *e* à la hauteur nécessaire pour que la scie qui le traverse le dépasse plus ou moins, selon l'objet qu'on se propose de couper.

f g, deux languettes fixées sur l'un et l'autre plateau ; elles conservent entre elles et la scie une distance égale à celle qui existe entre les deux rainures du calibre et le côté auquel elles sont parallèles, de sorte que le calibre étant posé à cheval sur les deux languettes, affleure, lorsqu'on le pousse, la scie sans en recevoir l'action.

Cela posé, si l'on conçoit un morceau de bois *h*, vu en des-

sous et de profil , fig. 291 , appliqué du côté qu'on appelle parement sur la face du calibre triangulaire *i* de la *fig.* 287, laquelle est garnie de trois petites pointes pour retenir la pièce *h*
pendant qu'on fera glisser ce calibre près de la scie *a*, *fig.* 289
et 290, ce qui en dépassera sera abattu. On pourra découper
entièrement ce morceau de bois, en apportant, chacune à leur
tour, les rainures de chaque côté du calibre sur les languettes
f g de la scie *a*; on obtiendra, de cette manière, une figure
parfaitement égale au calibre.

Mais comme il s'agit de former des rainures et des languettes
tout en donnant au morceau de bois la forme du calibre sur
lequel il est appliqué, on ne coupera pas tous les côtés afin
d'en conserver un ou plusieurs (suivant la manière dont les
différents compartiments devront être ajustés), pour y former
des languettes, tandis que les côtés coupés suivant le calibre
seront destinés à avoir des rainures; cette double disposition
se remarque en plan et de profil, *fig.* 292.

Les choses ainsi disposées, on porte le calibre sur les languettes conductrices *f g* du plateau *d*, ayant préalablement
élevé ce plateau à une hauteur telle que la scie ne dépasse
que de la quantité nécessaire pour déterminer l'épaisseur de
l'arrasement de la languette.

Lorsqu'on passe le calibre à la scie *b*, *fig.* 290, en soumet-
tant à son action le côté *k*, *fig.* 292, du morceau de bois placé
sur ce calibre, lequel côté n'a pas été coupé par la scie *a*, il
reçoit de la scie *b* sur l'une de ses faces un trait de scie *l*, *fig.*
293, qui forme la profondeur de l'arrasement.

Pour faire l'arrasement sur l'autre face, on détache le morceau de bois du calibre, et on le porte sur une machine qui,
au moyen de quatre opérations, achève les languettes et creuse
les rainures.

Cette machine est représentée de face *fig.* 294, et en plan
fig. 295, en coupe horizontale *fig.* 296, en élévation de chaque bout, *fig.* 297 et 298.

La première des quatre opérations qui s'effectuent sur cette
machine, consistant à obtenir l'arrasement pour languette sur
l'autre face du morceau de bois que l'on vient de détacher du
calibre, se fait au moyen de la scie circulaire *a* , *fig.* 294, 295,
296 et 297.

La deuxième opération ayant pour objet de déterminer la
longueur de la languette, se fait avec la scie *b*, *fig.* 294, 295,
et 296.

La troisième opération par laquelle on abat les joues des languettes se pratique à l'aide des deux scies *c d*, *fig*. 294.

Enfin, la quatrième et dernière opération, consistant à pratiquer les rainures, se fait sur ces deux scies *e f*, *fig*. 294.

Toutes ces différentes scies sont montées sur un même axe horizontal *g*.

h, *fig*. 295, 296, 297, châssis ayant intérieurement deux rainures dans lesquelles glissent deux languettes pratiquées sur les côtés d'une tablette *i*, placée sur la scie *a*. Sur cette tablette et au-dessous de la scie *a* est ajustée une languette de fer *k*, qui est de même épaisseur que la scie. La tablette *i* peut être élevée et abaissée au moyen des vis de rappel *m*, *fig*. 294, 295 ; et elle est poussée à droite et à gauche par deux autres vis de rappel pareilles à celles que l'on voit en *l*, *fig*. 294, et par une troisième vis *n*, *fig*. 294, 295, 297, qui la presse en même temps sur le bâtis de la machine, pour la fixer dans la position qu'on lui a donnée.

Les choses étant ainsi disposées, et la languette *k* étant supposée exactement placée dans le plan vertical de la scie *a*, comme l'indique la *fig*. 294, alors on pose sur la tablette à coulisse *i* le morceau de bois qu'on a détaché du calibre, de manière que le trait de scie qu'on a déjà fait sur l'établi, *fig*. 289, 290, reçoive la languette de fer *k*, *fig*. 294, 295 : on appuie sur ce morceau de bois, avec le levier *o* qui est, à cet effet, muni d'une vis à tête, ou d'une broche *p*, *fig*. 297 ; on pousse la tablette *i* sur la scie, et l'on obtient de cette manière sur le morceau de bois, un second arrasement qui correspond parfaitement au premier qui a été fait sur l'établi, *fig*. 289. Ce morceau de bois, alors disposé comme on le voit en plan et de profil, *fig*. 299, est soumis à l'action de la scie *b*, *fig*. 294, 295, 296, 298, qui détermine la largeur de la languette. A cet effet, sur une tablette *q*, *fig*. 294, 295 et 298, est ajusté un guide *r* de métal, qu'on approche ou qu'on éloigne de la scie, à l'aide de deux vis *s*, *fig*. 294, 295, qui tiennent au bâtis. Le morceau de bois sur lequel on se propose de former la languette, étant posé à plat sur la tablette *q*, de manière que le guide *r* soit engagé dans l'un des deux arrasements, on pousse ce morceau de bois sur la scie, qui abat tout tout ce que la languette a de trop en largeur, et qui rend le morceau de bois, comme le représente de face et de profil la *fig*. 300.

La languette ainsi disposée, il ne reste plus pour l'achever entièrement, qu'à en abattre les deux joues; c'est l'ouvrage des deux scies $c\,d$, *fig.* 294, 295. Voici l'explication des dispositions qui facilitent cette opération.

Quatre montants $t\,t'$ fixés sur le bâtis portent deux plateaux angulaires $u\,u'$, ayant chacun sur le côté deux entailles verticales pour recevoir les montants $t\,t'$; ces plateaux peuvent glisser de haut en bas le long de leurs montants; leur élévation se règle par des vis de rappel $v\,v'$, *fig.* 294, de manière à ne laisser passer au-dessus de ces plateaux que la quantité nécessaire des scies $c\,d$.

Les plateaux $u\,u'$ sont retenus sur les montants $t\,t'$ par des boulons munis d'écrous à oreilles $x\,x'$.

$y\,y'$, deux pièces de bois posées sur les plateaux $u\,u'$, pour servir de guides; ces guides sont retenus sur leurs plateaux respectifs par des vis logées dans des coulisses, et portant au-dessous des écrous à oreilles $z\,z'$ pour les manœuvrer à volonté.

$a'\,a^2$, vis avec têtes à oreilles, servant à rapprocher ou à éloigner les guides $y\,y'$ des scies $c\,d$. La distance entre le guide y et la scie c se détermine suivant l'épaisseur de la joue de la languette, et celle entre le guide y' et la scie d est égale à l'épaisseur de ladite joue, plus à celle de la languette; de sorte que, en appliquant le parement du morceau de bois que l'on veut languetter contre le guide y, et poussant ce morceau de bois sur la scie, on enlève une joue de la languette, c'est-à-dire qu'on obtient le profil, *fig.* 303 a; plaçant ensuite le même parement de ce morceau de bois contre le guide y', et poussant sur la scie, on abat la seconde joue de la languette, ce qui donne le profil, *fig.* 303 b, où l'on voit la languette entièrement terminée.

Il ne reste plus, pour compléter le travail, qu'à faire la rainure. Cette opération s'exécute, comme nous l'avons déjà dit, au moyen des scies e qui sont un peu plus épaisses que les scies $c\,d$. Ces scies, qui dépassent leurs plateaux d'une quantité égale à la profondeur que l'on veut donner aux rainures, sont embrassées et environnées par des plateaux triangulaires $b'\,b^2$ et des guides $c\,c^2$, disposés absolument de la même manière que les plateaux $u\,u'$ et les guides $y\,y'$; la rainure se fait en deux fois : on applique d'abord le parement du morceau de bois contre le guide c^2, et la scie f fait une rainure étroite d', *fig.* 304 c, de la profondeur déterminée par la quantité que chacune des scies $e\,f$ dépasse au-dessus des plateaux $b'\,b^2$, quanité qui doit être la même pour chacune de ces scies. On soumet ensuite le même morceau de bois à l'action de la scie *e*, en appliquant le même parement contre le guide *c*. Cette seconde scie forme une seconde petite rainure qui, confondue avec la première, faite par la scie *f*, donne la rainure *e*, *fig.* 304 *d*, que l'on a voulu pratiquer et qui doit recevoir les languettes, obtenues par la méthode décrite plus haut.

Moyen de découper de petits morceaux de bois de diverses figures.

Ce moyen consiste en un établi représenté en plan et en élévation, *fig.* 305 et 306, *pl. id.*, sur lequel on découpe un morceau de bois, tel que celui que l'on voit sur son épaisseur et à plat, *fig.* 307, 308, en triangles, en carrés, en losanges, d'une dimension aussi petite que possible pour faire de la mosaïque.

Sur cet établi est montée une scie circulaire *a* qui traverse un plateau *b* dont on règle la hauteur, au moyen des vis *c*; ce plateau porte une règle de champ ou languette *d* que l'on peut approcher plus ou moins de la scie, en faisant usage des moyens déjà décrits plus haut pour obtenir un effet semblable.

Lorsqu'on a préparé le morceau de bois, *fig.* 306, 307, 308, de manière que deux de ces côtés *e f*, *f g* forment entre eux un angle droit ou l'angle d'un polygone régulier, on le passe sur la scie en se guidant sur la languette *d*, *fig.* 305, 306, et on obtient un trait de scie *h*, *fig.* 307 et 308, parallèle au côté *f g*, suivant lequel on s'est guidé en l'appuyant contre la languette en même temps qu'on a poussé sur la scie.

Il faut avoir soin de commencer à fendre ainsi son bois en travers du fil. Le premier trait de scie étant donné, on place le morceau de bois de manière que la languette *d* entre dans la fente *h*; on pousse alors ce bois sur la scie, et on obtient une seconde fente, qui, à son tour, va se placer sur la languette *d* pour former une troisième fente, ainsi de suite pour toute autre fente qu'on veut former.

En appliquant à son tour le côté *e f* du morceau de bois, *fig.* 307, 308, contre la languette *d*, *fig.* 305, 306, et opérant comme on vient de le faire pour le côté *f g*, on obtiendra sur toute la surface du morceau de bois des carrés semblables à ceux de la *fig.* 309. Si les deux côtés *e f*, *f g* forment entre eux un angle droit et d'autres figures; si ces mêmes lignes com-

prennent entre elles un tout autre angle , ces diverses figures
découpées seront propres à former différents dessins.

Pour détacher tous les petits morceaux de bois tracés par
les différents traits de scie, on porte le morceau de bois où ils
se trouvent, sur l'établi, *fig.* 280 et 281 ; on l'appuie contre le
guide E, et la scie A abat tous ces petits morceaux.

Description d'une petite machine (fig. collectives 147, 148,
pl. 5) *propre à couper les bois et les métaux, employée
en Angleterre.*

« On se sert, dans les ateliers de construction de Londres,
d'une espèce de tour, sur l'arbre duquel est montée une fraise
ou scie sans fin, destinée à couper, sur toute la longueur et
épaisseur, les pièces de bois et de métal qui entrent dans la
composition des machines ou mécanismes.

Cette machine simple et ingénieuse, construite par M. Gal-
loway, habile mécanicien, opère avec une célérité et une précision remarquables. L'emploi de la fraise n'offre sans doute
aucune idée nouvelle ; mais le principal mérite de ce tour
consiste à pouvoir régler à volonté la vitesse des mouvements,
ainsi que l'épaisseur, la largeur et l'angle, d'après lesquels la
pièce doit être coupée.

Comme la machine dont il s'agit n'est encore employée en
France que par M. Calla et dans la fabrique de M. Dolfus, à
Mulhausen, nous avons cru devoir la faire dessiner et graver,
dans l'espoir qu'elle pourra être promptement introduite dans
nos ateliers, ses avantages sur les moyens employés jusqu'à
présent pour le même objet étant incontestables. Le mécanisme en sera aisément compris à la simple inspection des
figures.

Explication des figures collectives, fig. 147, 1re *série, et fig.*
148, 2e *série, de* 11 *à* 14. *Les mêmes lettres indiquant partout les mêmes objets,* pl. 5.

Figures 9 et 10, vue de l'ensemble de la machine, montée
et prête à fonctionner.

Fig. 9, élévation latérale du côté de la fraise.

Fig. 10, la machine vue par-devant et du côté où se place
l'ouvrier. On peut la faire mouvoir soit au moyen d'une pédale,
comme les tours ordinaires, soit par tout autre moteur.

Fig. 1, 2, 3, 4, 6, 7, 8, 11, 12, 13, 14, détail des pièces qui
composent la machine.

Fig. 5, vue en dessus de la table sur laquelle on place les èces destinées à être coupées.

Fig. 11, coupe de cette même table.

Fig. 14, l'axe portant les pignons qui font agir les crémail-res, vu séparément.

Fig. 12, l'une des crémaillères, vue en élévation et de face.

Fig. 13, la même, vue de profil.

2ᵉ série. *Fig.* 3 et 3 *bis*, l'une des coulisses, vue en dessous en coupe.

Fig. 6 et 7, vis de pression qui règle l'écartement des cou-ses.

Fig. 4 et 8, plan et élévation du guide oblique et de l'écrou tige qui le fait mouvoir.

Fig. 1, la fraise montée sur son arbre, vue en coupe.

Fig. 2, la même, vue en élévation et séparée.

A, scie circulaire ou fraise en tôle d'acier, qui doit être par-itement dressée.

B, arbre en fer sur lequel la fraise est solidement montée.

C, poupées à pointes entre lesquelles tourne l'arbre B.

D, montant du bâtis.

E, sommier du bâtis sur lequel sont établies les poupées.

F, arbre coudé tournant entre les pointes des deux vis GG, ées dans le montant DD du bâtis.

H, grande poulie en bois à trois gorges de rechange. Elle est ée au moyen de vis à bois sur une roue en fonte de fer I, ontée sur l'arbre F, et faisant fonction du volant.

J, petite poulie en bois montée sur l'arbre B, et qui reçoit mouvement de la poulie H, au moyen d'une corde sans n K.

L, pédale sur laquelle l'ouvrier agit avec le pied pour faire ouvoir la machine.

M, axe de cette pédale oscillant entre les vis à pointes NN, raudées dans le bâtis.

O O, bras qui supportent la pédale.

P, traverse qui transmet, au moyen de la bielle Q, le mou-ment de la pédale à l'arbre coudé F.

R, table en fer fondu, dressée, sur laquelle on fait couler bois ou le métal à scier.

S S, cadres en fontes de fer qui supportent la table R. Ces eux cadres glissent verticalement entre les coulisses de cuivre T, fixées sur le sommier E du bâtis, et dont l'écartement est glé par des vis de pression U U.

V V, crémaillères en cuivre, fixées sur les cadres S S.

X, axe tournant dans des coussinets adaptés sur le sommier E, et muni de deux pignons *n n*, qui engrènent dans les crémaillères V V.

Y, guide parallèle en fer fondu. Ce guide étant susceptible de s'éloigner et de se rapprocher de la scie A, son parallélisme avec cette scie est conservé par les deux petits bras Z Z qui se meuvent autour des centres *a a*. La distance du guide à la scie est réglée par le boulon *b* qui coule dans une rainure courbe *c*.

d, guide oblique en cuivre posé sur le petit coulisseau *e*. Il est construit de manière à former avec le coulisseau différents angles, dont la valeur peut se déterminer au moyen d'une division graduée, tracée sur le même coulisseau. L'écrou à tige *h* fixe le guide dans la position qu'on lui a donnée. Le coulisseau coule horizontalement entre la table R, dont le champ est rendu angulaire à cet effet, et la coulisse *f* fixée sur les cadres S S, au niveau de la table. Le parallélisme de la coulisse avec la table est réglé par les vis de pression *g g*.

Pour faire usage de cette machine, on fixe d'abord le guide parallèle Y à une distance voulue de la scie, en se guidant sur une échelle graduée K, gravée sur la table. On pose le pied sur la pédale, et on lui imprime le mouvement comme à un tour à pédale ordinaire, puis on place sur la table R la pièce de bois ou de métal destinée à être coupée ; on la pousse contre les dents de la scie, en l'appuyant dans l'angle que forment le guide et la table. En opérant de cette manière, on ne peut faire dans le bois qu'un trait de scie parallèle au bord, qu'on appuie contre le guide ; mais si on veut scier dans une autre direction, on appuie la pièce contre le guide oblique *d*, et on fait tourner celui-ci sur son centre, au moyen de la vis à tige *h*, jusqu'à ce que la ligne suivant laquelle on veut scier, se trouve dans le plan de la scie ; alors on donne le mouvement à la pédale, et l'on pousse tout à la fois le guide et le bois.

La hauteur de la table R, par rapport à la scie, peut encore varier sur l'épaisseur de la pièce à scier. Un carré *l*, pratiqué au haut bout de l'axe X, reçoit une manivelle : en tournant cette manivelle à droite ou à gauche, on élève ou on abaisse les crémaillères V V, et par conséquent la table R à laquelle elles sont liées. Les vis *m* servent à serrer les cadres S S et à les fixer à la hauteur qu'on leur a donnée.

Une scie semblable au fond, mais différente par les formes, a été importée d'Angleterre par M. de Pontejos. Cette scie est employée dans plusieurs grands ateliers, notamment dans ceux de M. Pape, célèbre facteur de pianos à Paris : les ouvriers en sont fort satisfaits.

Description d'une machine à scier les bois en feuilles, par M. Cochot, mécanicien, à Paris.

Fig. 313, pl. 9ᵉ. — Elévation.
Fig. 314. — Plan.

A, bâtis en bois.

B, presse à deux jumelles, l'une fixe et l'autre mobile, pour serrer le châssis de division C, et faire avancer la pièce de bois D destinée à être sciée.

E, vis en bois traversant les deux jumelles pour serrer le châssis C : ce châssis porte deux traverses F, garnies, chacune intérieurement, d'une plaque G en cuivre, pour recevoir les quatre galets H, aussi en cuivre, retenus au châssis I par des chapes en fer, et roulant sur pivots en acier.

J, traverse en bois, placée au milieu du châssis I, et portant deux morceaux de bois K inclinés, pour pousser, au moyen de deux galets L, les brosses M sur la scie à couteau N, pour dégager ses dents de la sciure qui s'y attache fortement. Cette scie a 6 centim. (2 pouc. 3 lig.) de largeur, 1 millim. (1/2 lig.) d'épaisseur, depuis le dos jusqu'aux deux tiers de sa largeur, et tiers de millim. (1/4 de lig.) depuis cet endroit jusqu'à la denture. Les dents, d'environ 2 millim. (1 lig.) de longueur, sont éloignées l'une de l'autre de 1 centim. (5 lig.). Cette scie, au fur et à mesure qu'elle s'use, doit être amincie ; sa longueur doit aussi varier selon la grandeur de la mécanique, ou selon qu'elle est plus ou moins ancienne.

O, deux traverses en bois portant les brosses et les galets L.

P, deux ressorts en acier ayant pour fonction de retirer les traverses O au moment où les morceaux de bois K s'en retournent après avoir rencontré les galets L.

Q, deux morceaux de bois garnis de crin, pour adoucir l'effet des ressorts P.

R, monture de la scie fixée sur le châssis I par deux vis S.

T, écrous pour retenir et tendre la scie.

U, châssis en acier (*voyez les détails*) composé d'une traverse et à deux montants ; il porte deux couteaux en acier, qui,

à l'aide des montants, maintiennent la scie pendant son mouvement, et empêchent que la feuille qui se sépare du bloc ne
soit endommagée. Les couteaux fixés à la traverse se trouvent,
pendant le travail, entre la feuille et la scie. Les deux montants, entre lesquels circule la scie, portent aussi deux guides
en acier qui les serrent contre cette scie à laquelle ils servent
de points d'appui.

V, planche appuyant sur le bloc de bois D, et fixée par six
vis X au châssis à coulisse Y, qui monte ou descend, suivant
l'impulsion qu'il reçoit de la crémaillère a.

b, deux supports en bois, mobiles, destinés à resserrer le
châssis Y dans ses rainures, au moyen des vis c.

d, deux montants en bois fixés au bâtis, et portant deux
rainures qui reçoivent le châssis Y.

e, pièce de bois en forme de T, adaptée au montant d, et
portant, à chacune de ses extrémités, un support f en bois,
garni d'une vis qui sert d'axe à l'arbre g.

h, pièce de bois retenue à l'arbre g par une charnière en
fer, et armée, à son extrémité, d'un cliquet fourchu qui communique le mouvement à la grande roue i, afin d'élever au-
dessus du trou, creusé sous le patin, la pièce de bois soumise
à l'action de la scie.

j, arbre en fer, servant d'axe à la roue i et au pignon k :
ce pignon engrène la crémaillère a qui fait monter le châssis
Y, auquel est retenue la pièce de bois à débiter.

l, verge de fer coudée, fixée à l'arbre g, et traversant un
levier en bois m retenu au châssis I; cette verge donne le mouvement à l'arbre g, celui-ci le transmet au cliquet fourchu de
la pièce de bois h qui fait marcher la grande roue à rochets i.

u, ressort en acier appuyant sur le grand cliquet h.

o, second cliquet servant à retenir la roue i.

p, grand levier dont un bout est attaché à la manivelle coudée q, et l'autre bout est traversé par le boulon r, retenu dans
les montants s, fixés sur le châssis I.

t, pignon en fonte de fer, engrenant la roue u.

v, arbre en fer, portant deux manivelles à l'aide desquelles
on donne le mouvement à toute la machine.

x, volant en plomb pour régulariser le mouvement.

y, morceau de bois glissant dans une rainure et servant à
soutenir le cerceau z qui soutient et préserve de tout accident
la feuille à mesure qu'elle se détache du bloc.

a, cadran de division pour l'épaisseur des feuilles.

b, châssis à coulisse portant le cadran.

c, aiguille servant de régulateur à la vis *d*.

13° *Le Hacheron.*

Dans quelques provinces, dit M. Désormeaux, on emploie, pour dégrossir le bois, des hachettes ou hacherons dont je regrette que l'usage ne soit pas plus répandu. Cet instrument, comme on voudra le nommer, doit être en petit ce que la doloire du tonnelier est en grand. Les hacherons doivent avoir la table (on nomme ainsi la planche dont ils sont garnis) à gauche, et le biseau par conséquent à droite. Le manche doit se recourber en s'éloignant de la table, de manière qu'en planant une planche d'une certaine largeur, les doigts de l'ouvrier ne se froissent point contre le bois.

CHAPITRE IV.

DES INSTRUMENTS A CORROYER LE BOIS.

On entend par corroyer, l'action d'aplanir et de dresser les pièces de bois, tant sur la surface que sur la tranche ; de leur donner la largeur et l'épaisseur nécessaires ; enfin, dans les parties cintrées, de donner la courbure ou l'inclinaison qui convient à l'ouvrage. Cette opération est indispensable, puisque la scie du scieur de long donne les planches raboteuses, d'épaisseur ou de largeur inégales dans différents points. D'elle dépend en grande partie le fini de l'ouvrage, et le poli le plus soigné ne pourrait y suppléer, car le polissage n'enlève que les petites inégalités et non les grandes ; il est tout-à-fait insuffisant dès qu'il s'agit de donner aux diverses surfaces le parallélisme nécessaire. Indépendamment des outils à tracer et à mesurer, dont nous parlerons plus tard, on se sert, pour corroyer les bois, de divers instruments spéciaux ; ce sont : *la varlope, la demi-varlope* ou *riflard, la varlope à onglets, les rabots, le guillaume, le feuilleret.*

La théorie de tous ces instruments se réduit à ceci : adapter un outil tranchant ou ciseau à une surface parfaitement plane qui le guide dans sa marche, et le force à couper tout ce qui n'est pas dans la ligne horizontale. Cette théorie bien simple rendra facile l'intelligence de tout ce qui va suivre. Je dois néanmoins faire observer dès à présent que la surface régulatrice de l'instrument devant, pour qu'il produise son effet, s'appliquer exactement sur la pièce de bois que l'on travaille; et si, au lieu d'une surface plane, on veut obtenir une surface courbe, il faut que la surface régulatrice soit courbée elle-même. Il y a plus, elle doit être convexe si l'on veut obtenir une surface concave, afin de permettre au fer de pénétrer dans le bois; elle doit être concave si on veut obtenir une surface convexe, puisqu'alors elle empêche le fer de mordre autant au centre qu'aux extrémités, ce dont on a précisément besoin. Ces outils et quelques autres sont désignés sous le nom générique d'*outils à fût*.

1° Les Varlopes.

La varlope ordinaire (*fig.* 25, *pl.* 1re) est composée d'un fût, d'un fer et d'un coin.

Le fût a, comme l'indique la figure, à peu près la forme que les géomètres désignent par le nom de *parallélipipède rectangle* ; c'est une pièce de bois très-dur et bien dressée, dont les quatre faces les plus longues, ayant la forme d'un carré long, sont bien perpendiculaires l'une à l'autre. Ce fût a communément 731 millim. (27 pouces) de long, 68 ou 81 millim. (2 pouces 1/2 ou 3 pouces) d'épaisseur, et 101 ou 108 millim. (4 pouces moins un quart ou 4 pouces) dans sa plus grande hauteur. Cette hauteur en effet diminue d'environ 20 millim. (9 lignes) à chaque extrémité. Cela ne provient pas de la surface inférieure, qui doit toujours être parfaitement plane, mais de la surface supérieure qui est légèrement courbée et s'abaisse aux deux bouts. A quelques pouces de son extrémité postérieure on adapte à tenon et à mortaise, une espèce de poignée ou d'anneau qui sert à pousser l'instrument : on fixe un bouton près de l'extrémité antérieure. Au milieu de l'épaisseur du fût, et à peu près à égale distance des deux bouts, on creuse un trou nommé *lumière* A, qui forme une des parties principales de l'outil, celle peut-être d'où dépend le plus sa bonté. C'est là que doit être placé le fer dont elle règle l'inclinaison ; le coin sert à l'y fixer. Ce trou est évasé, assez grand par le haut, et finit au-dessous de la varlope par ne plus être qu'une fente transversale à la longueur de l'outil, longue d'environ 54 millim. (2 pouces) et large seulement de 1 millim. (une demi-ligne), afin que le copeau que le fer détache et qui tend à se tourner en spirale ne puisse plus sortir de la lumière dès qu'il y est engagé. Le fer est appuyé contre la paroi du derrière de la lumière, celle qui est la plus rapprochée de la poignée. On lui donne une inclinaison d'environ 45 degrés, c'est-à-dire une inclinaison égale à celle d'une ligne oblique qui, partant de la jonction d'une ligne horizontale et d'une ligne verticale, s'écarterait autant de l'une que de l'autre. La paroi opposée de la lumière est bien moins inclinée; l'intérieur de la lumière est muni de deux épaulements ou saillies contre lesquels le coin vient s'appuyer.

Le fer a environ 54 millim. (2 pouces) de large et 189 ou 217 millim. (7 ou 8 pouces) de long au moins. Il est plat et composé d'une lame d'acier et d'une lame de fer qu'on soude ensemble par leur surface et qu'on trempe ensuite. On l'aiguise en usant la lame de fer de telle sorte que son épaisseur forme un biseau ou plan incliné, lorsque le fer est dans une position perpendiculaire; mais lorsque ce fer est placé dans la varlope, et par conséquent penché en arrière de 45 degrés, ce plan incliné devient horizontal et forme, pour ainsi dire, la continuation de la surface inférieure de la varlope. On doit en conclure que ce biseau doit former, avec la surface de la lame d'acier, un angle qui a pareillement 45 degrés; mais, presque toujours, il est plus aigu, et souvent il n'a que 25 degrés. Il est nécessaire d'aiguiser le fer bien carrément et de telle sorte que la ligne tranchante soit aussi horizontale que le dessous de la varlope. Néanmoins les angles sont légèrement et insensiblement arrondis. S'ils conservaient leur vivacité, les bois soumis à l'action de la varlope seraient souvent sillonnés en long par les angles.

Le coin qui sert à tenir le fer est évidé par le milieu,: il faut qu'il serre un peu plus par le bas que par le haut, et qu'il joigne bien des deux côtés. A Paris, depuis assez longtemps, on n'évide plus le coin, qui est plat sur ses deux faces, et moins épais. On enfonce le coin avec un marteau, on le desserre en frappant quelques coups sur l'extrémité de la varlope ; cela suffit pour l'ébranler; mais quelques personnes aiment mieux pratiquer une entaille sur la face antérieure du coin, et s'en servir pour le retirer avec le manche d'un marteau. Il est essentiel de serrer convenablement le coin, de telle sorte qu'il assujettisse bien solidement le fer sur le derrière de la lumière ; sans cela, lorsque l'on fait agir l'instrument, le fer ballotte entre le coin et la paroi postérieure de la lumière. Au lieu de couper le bois vif et facilement, il ressaute, fait faire des soubresauts à l'instrument, et la surface ne s'unit pas. Les ouvriers expriment cet effet en disant que l'outil *broute*.

De l'immobilité du fer, de la manière dont la surface de dessous est dressée, de l'inclinaison de la lumière et de la facilité avec laquelle elle vomit les copeaux, dépend toute la bonté de la varlope.

Tous les ouvriers savent tracer la lumière de leurs varlopes; mais il n'en est pas de même des amateurs, qui pourtant sont quelquefois bien aises de savoir faire eux-mêmes leurs outils. Comme M. Désormeaux a décrit cette opération avec une clarté suffisante, je m'aiderai de son travail. Pour y parvenir sûrement, dit-il, il faut d'abord mettre son bois bien d'équerre; puis, après avoir parfaitement dressé la face la plus saine, celle qui se trouve être la plus foncée en couleur, qu'on peut supposer, par conséquent, approcher davantage du cœur du bois, et qu'on destine à être le dessous du cœur de l'outil, on trace légèrement sur cette face, à 162 millim. (6 pouces) environ du bout antérieur, une ligne transversale bien d'équerre; puis, derrière cette ligne et à la distance de 5 à 6 ou même 7 millim. (2 lignes, 2 lignes 1/2 ou même 3 lignes), on trace une seconde ligne parallèle à la première. L'entre-deux de ces lignes détermine la largeur que doit avoir la lumière; on pose ensuite le fer à plat sur le milieu du dessous, sur les deux lignes qu'on vient de tracer; on marque avec un poinçon la largeur de ce fer, et, avec un trusquin, on trace de chaque côté une ligne parallèle à ce côté, qui sert à déterminer l'épaisseur des joues. Avec la même ouverture de trusquin, on trace deux lignes pareilles sur la face supérieure de la varlope. Nous avons vu que l'opération avait commencé par le tracé de deux lignes transversales, espacées de 5 à 7 millim. (2 à 3 lignes), et bien parallèles entre elles; on prolonge ces deux lignes sur un des côtés et sur le dessus de la varlope : cela fait, on applique une équerre d'*onglet* (propre à tracer un angle de 45 degrés) contre le côté de la varlope, de façon que le sommet de l'angle de l'équerre joigne le bas de la seconde des deux lignes dont nous venons de parler (celle qui est la plus éloignée du bout antérieur). Le long du côté incliné de l'équerre, on trace une ligne qui va en diagonale du bord inférieur au bord supérieur de la varlope, et indique la pente que devra avoir le fer. On répète cette opération sur l'autre côté de la varlope, et on réunit les deux diagonales qu'on a ainsi obtenues, par une ligne qu'on trace sur le dessus de la varlope, et qui est parallèle aux deux lignes qu'on y avait déjà tracées. Il ne reste plus alors qu'à tirer, entre cette dernière ligne et les autres, une ligne séparée de la dernière, à proportion de l'épaisseur qu'on donne au coin : cette ligne règle la place où doivent être taillés les épaulements destinés à retenir le coin. Pour vider la lumière, les uns emploient tout simplement le ciseau et le bédane, les autres percent des trous perpendiculaires en suivant les lignes des côtés de la varlope qui ont cette direction, et font ensuite partir avec le ciseau le bois intermédiaire; mais les amateurs qui voudraient faire leurs outils agiront beaucoup plus prudemment en perçant un trou perpendiculaire à chaque angle de la lumière et à 2 millim. (1 ligne) en dedans, pour enlever ensuite le bois avec une de ces petites scies appelées *passe-partout*, sauf à terminer la pente avec le ciseau en suivant bien exactement le tracé. Lorsque la lumière est vide, on enlève le bois qui est sous les épaulements, en passant une scie par la lumière, et en se réglant toujours sur le tracé. On polit ensuite la lumière aussi exactement que possible ; une lime douce est l'instrument qui réussit le mieux : si on n'en a pas, on peut se servir d'un morceau de tilleul huilé et saupoudré de pierre ponce broyée.

La *demi-varlope*, nommée aussi *riflard*, ne diffère des varlopes ordinaires que parce qu'elle est moins longue d'un quart ou d'un cinquième. La construction est d'ailleurs entièrement analogue ; mais la lumière est plus inclinée, afin que le fer ait plus de pente et morde davantage le bois. Dans le même but, au lieu de l'affûter carrément, on lui donne une forme un peu arrondie; et comme, par suite de cette construction, il enlève les copeaux plus épais, on donne un peu plus de largeur à la fente inférieure de la lumière par laquelle ils doivent passer. Cet instrument sert à *blanchir* les bois, c'est-à-dire à en découvrir la surface, à en faire disparaître les inégalités les plus considérables : quand on a fait ainsi le plus gros de l'ouvrage avec un outil expéditif, on termine avec la varlope; mais pour les travaux communs, il arrive souvent qu'on se contente de blanchir.

La *varlope à onglet*, plus petite encore que la *demi-varlope*; elle ne porte pas de poignée, et sert spécialement à unir et dresser les petits ouvrages. Il faut en avoir plusieurs qui diffèrent entre elles par le degré d'inclinaison du fer: Celles dont le fer est presque perpendiculaire et à biseau court, servent à travailler les bois durs, noueux et rebours. Elles ont plus de force et prennent moins de bois à la fois. On en a dont l'inclinaison est de 45 degrés, comme dans les autres varlopes, et celles-là servent pour les bois ordinaires.

Au nombre des variétés des *varlopes à onglet*, il y en a deux qu'il faut distinguer: c'est la *varlope à double fer* et la *varlope à semelle en fer*. La première porte en effet deux fers; elle a l'avantage de ne jamais faire d'éclats, car, à peine soulevé par le fer coupant, le copeau rencontre le fer de dessus, qui le rompt à sa base. Pour obtenir cet effet, on place les deux fers l'un sur l'autre, en tournant les biseaux aussi l'un sur l'autre, de façon que le fer, dans cette situation, présente l'aspect d'un fermoir à double biseau. Le fer de dessus, destiné à rompre le bois, a le biseau arrondi; il est dépassé de 2 millim. (1 ligne) environ par le fer de dessous.

Souvent à Paris, et presque toujours en province, on sépare les deux fers par le coin. On obtient ainsi de meilleurs effets; mais il est extrêmement long et difficile de mettre en fût. Pour cela, dans beaucoup d'ateliers, on met immédiatement ces fers l'un sur l'autre; mais cette pratique a encore des inconvénients; les fers ne conservent pas longtemps leur situation respective, et il vaut bien mieux se servir de doubles fers unis entre eux par des vis, jouant dans des coulisses qui permettent de varier la distance des biseaux. Comme ces doubles fers se vendent tout préparés, et qu'il suffit de les voir pour connaître comment on peut s'en servir, et que le menuisier ne pourrait pas les faire lui-même, je ne perdrai pas à les décrire une place qui peut être mieux employée.

La seconde variété tire son nom de la semelle ou lame de fer dont elle est doublée par-dessous, et qu'on y ajuste au moyen de six vis, dont la tête pénètre dans la semelle, et qui la réunissent solidement au bois. Cette varlope est aussi spécialement consacrée au travail des bois durs et rebours, ou au travail des bois debout, c'est-à-dire des bois dont il faut trancher perpendiculairement les faisceaux de fibres. Sa lumière est extrêmement inclinée, et le fer est placé en sens inverse, de telle sorte que le tranchant s'appuie contre le dessous de la semelle de fer avec lequel il affleure.

Cette longue lumière diminue nécessairement la force de l'outil, elle ne laisse d'ailleurs passer les copeaux qu'avec peine; pour parer à ces deux inconvénients, on a imaginé de faire à cette varlope une double lumière : l'une, inclinée en arrière et très-étroite, reçoit le fer et le coin qui la remplissent; l'autre, inclinée d'arrière en avant, sert au passage des copeaux. À présent on fait souvent la semelle en cuivre.

2º *Les rabots.*

Les rabots ne sont vraiment pas autre chose que de petites varlopes, plus petites que toutes celles dont nous avons parlé, et dont la manœuvre est plus facile. On en fait depuis 81 millim. (3 pouces 1/2) de longueur jusqu'à près de 325 millim. (1 pied). Le degré d'inclinaison du fer varie comme dans la varlope à onglet.

Mais il est une espèce de rabot qui n'a rien d'analogue parmi les varlopes. Je veux parler des *rabots cintrés.* On a déjà vu que l'on n'a pas seulement à corroyer des surfaces planes, mais encore des surfaces courbes. Les rabots cintrés sont ceux dont le fût courbé de diverses manières est propre à ce travail. Si l'on veut obtenir une surface convexe dans la longueur, et semblable au dessus d'une varlope, par exemple, qui est plus élevé de 20 millim. (9 lignes) au milieu qu'aux extrémités, il faudra un rabot dont la surface inférieure présente une concavité équivalente; sans doute, si on posait ce rabot à plat dans toute sa longueur sur la pièce de bois à travailler, il ne produirait aucun effet, et sa concavité ne permettrait pas au fer et au bois de se rencontrer; mais si le bout du rabot est appliqué à l'extrémité de la pièce de bois, et qu'on le pousse dans cette position, le fer commencera par enlever la partie la plus saillante, l'angle. Insensiblement cette partie anguleuse prendra une forme plus ou moins arrondie, et se moulera en quelque sorte sur la concavité du rabot. Quand on aura fini à cette extrémité, le rabot, que l'on continue de pousser à diverses reprises, ira frapper l'autre angle en descendant, et là produira encore un effet semblable.

Si on veut, au contraire, une surface concave, il faudra prendre un rabot dont la surface inférieure soit convexe. En le promenant d'abord au milieu de la pièce de bois on ne tardera pas à y produire un enfoncement, et cet enfoncement augmentera de plus en plus en prenant la forme désirée. Le fer, en effet, enfonce tant que le fût ne s'oppose pas à son introduction; et comme le fût s'y oppose plus tard aux extrémités qu'au centre, c'est relativement à ces extrémités qu'il enfoncera le plus.

Quelquefois on a à travailler des pièces de bois cintrées à la fois sur le plan et sur l'élévation; il est nécessaire alors de se servir de rabots cintrés aussi dans les deux sens, ou à double courbure. Si, en effet, le fût était plan latéralement, il ne pourrait pas s'appliquer sur la courbure latérale.

Comme chaque rabot cintré ne peut donner qu'une de ces espèces de courbures, qu'un seul degré de convexité ou de concavité, il en résulte qu'on est forcé d'en avoir un assortiment ; cela ne suffit pas encore.

En effet, on a souvent à donner au bois une courbure transversale, à l'arrondir en portion de cylindre : alors il faut une nouvelle espèce d'instrument. Tel est l'usage du rabot que l'on désigne spécialement sous le nom de *mouchette* (*fig.* 26). Son fût est creusé par-dessous en rigole. C'est dans cette espèce de cannelure que se modèle la portion de cylindre que l'on veut obtenir, et le tranchant du fer est taillé en croissant (*fig.* 26 *bis*).

Le *rabot rond* est l'inverse du *rabot mouchette* ; au lieu d'être creusé par-dessous, il est convexe ; il creuse une rigole au lieu d'en porter une ; le tranchant de son fer est arrondi au lieu d'être taillé en croissant ; de telle sorte qu'avec un de ces deux rabots on pourrait faire le fût de l'autre. Il faut répéter pour eux la même observation que nous avons déjà faite pour les rabots cintrés. Il est indispensable d'en avoir plusieurs de diverses largeurs et de différentes courbures.

Comme ces rabots sont exposés à un frottement répété, il faut choisir, pour les faire, un bois extrêmement dur ; c'est pourquoi on donne d'ordinaire la préférence au cormier. Il est préférable de leur adapter une semelle semblable à celle de la *varlope à semelle en fer*. Cela vaudrait quelquefois autant que d'employer, comme on le fait dans plusieurs ateliers, des *rabots* entièrement *en fer*.

Ces rabots sont formés d'une boîte en fer allongée, ouverte en haut, percée par-dessous d'une fente analogue à celle de la lumière. Ils renferment d'abord un premier coin en bois, à surface plus ou moins oblique, sur laquelle le fer tranchant est appuyé. Il est maintenu dans cette position par un autre coin en bois qui, d'un côté le presse, et de l'autre s'appuie contre un boulon en fer fixé invariablement dans les côtés de la boîte. Ce système a cet avantage qu'avec le même rabot on peut varier à volonté l'inclinaison du fer. Il suffit d'avoir plusieurs couples de coins, et de donner à celles de leurs faces qui doivent maintenir le fer, des degrés d'inclinaison différents.

Machine propre à raboter les bois de toute nature et de toutes dimensions, et à y pratiquer des rainures, languettes et moulures, par M. Roguin, de Paris.

L'objet de cette invention est de réduire de beaucoup la main-d'œuvre dans la préparation des bois pris à l'état des madriers et de planches.

Le travail du bois, quel que soit l'usage auquel on le destine, peut se réduire à quatre opérations principales, qui sont :

1° Raboter ;

2° Faire les rainures et les languettes pour joindre les bois ;

3° Faire les moulures qui servent d'ornements ;

4° Faire les tenons et les mortaises pour assembler l'ouvrage.

Cette dernière opération n'est pas susceptible d'être faite par une machine, puisque la place des tenons et des mortaises dépend de la longueur des bois d'assemblage, et que cette longueur est soumise elle-même aux dimensions de tout l'ouvrage ; mais les trois premières opérations peuvent être faites et sont réellement exécutées par la machine dont voici la description :

Pl. 10ᵉ, *fig.* 315, élévation de côté.

Fig. 316, plan.

Cette machine est formée d'un établi composé de deux parties, l'une, *a*, qui est fixe, et l'autre, *b*, qui est mobile et qu'on appelle le *charriot*. Ce charriot porté sur six roulettes, et que la *fig.* 317 représente en particulier de côté, roule sur une partie saillante *c*, appelée *corniche* ; il est muni d'un fond mobile qui, au moyen de vis de rappel placées de haut en bas dans l'épaisseur des bois qui forment l'assemblage du charriot, est élevé ou abaissé, selon que l'exige la plus ou moins grande épaisseur du bois soumis à l'action de la machine.

Ce charriot est tiré par un treuil *d*, dont l'axe porte, à son extrémité, une roue dentée *e*, dans laquelle s'engrène un pignon *f* dont l'axe reçoit une manivelle *g*.

Sur la partie fixe *a* de l'établi, est placé horizontalement un arbre en fer *h*, représenté en particulier par la *fig.* 4ᵉ, dont les tourillons tournent entre des coussinets de cuivre logés dans des supports en fer *i* ; ce même arbre tourne un pignon *k* avec lequel engrène une grande roue *l*, qui reçoit l'action d'une manivelle *m*; il porte aussi les rabots, qui sont cylindriques, et dont le diamètre et l'épaisseur dépendent de l'effet qu'ils doivent produire. Les lames dont les cylindres sont garnis, sont prises dans l'épaisseur du fer; elles sont taillées obliquement. Au milieu du cylindre est un trou dans lequel entre l'arbre; les outils sont fixés sur cet arbre par des goupilles.

n, rabot uniquement destiné à raboter le bois.

o, rabot bouvet faisant une rainure.

p, assemblage de deux rabots bouvets, laissant entre eux l'intervalle d'une languette.

q, assemblage de trois rabots formant une moulure présentant une doucine entre deux carrés.

r, fig. 316, planche posée à plat sur le charriot, et sur le bord de laquelle le rabot *q* fait une moulure.

s, planche posée de champ sur le charriot, et sur laquelle le rabot *o* pratique une rainure.

t, planche posée également de champ sur le charriot, et sur laquelle le rabot *p* pratique une languette.

u, cordes à l'aide desquelles le treuil *d* fait marcher le charriot.

v, châssis en bois adapté à l'établi, et servant à porter l'axe de la roue *l* et l'une des extrémités de l'arbre *h*.

x, traverse en bois nommée le *guide*.

y, petit bras courbe qui supporte le pignon *f*.

Jeu de cette machine.

Si le charriot tiré par le treuil parcourt, je suppose, 5 millim. (2 lignes) en une seconde, le rabot porté sur l'arbre *h*, que met en mouvement la roue *l*, fait, pendant le même temps, dix révolutions sur lui-même (les dents du pignon *k* sont à celles de la roue *l* comme un est à dix); or, ce rabot étant armé de 18 lames, il résulte des mouvements combinés de l'outil et du bois soumis à son action, que 180 lames agissent successivement sur une longueur de 5 millim. (2 lignes) de bois, qui, à raison du mouvement lent, régulier et progressif du charriot sur lequel il est placé, présente successivement à chaque lame une nouvelle parcelle de bois à enlever.

Dans la machine d'essai dont on vient de voir l'explication, l'action est imprimée à bras d'hommes, et on perd en temps ce que l'on gagne en force; mais, dans une machine établie en grand, il en serait autrement. La force motrice sera un masiège ou une machine à vapeur; alors, les outils, pouvant comporter un plus grand diamètre, pourront avoir plus de lames, et, maître de la force à donner au moteur, on pourra, en accélérant le mouvement de rotation des outils, accélérer en proportion le mouvement progressif du charriot.

Le retour du charriot, par l'un des moyens que fournit la mécanique pour changer le mouvement circulaire continu en mouvement rectiligne alternatif, ferait perdre un temps considérable, puisque le temps employé au retour du charriot devrait être égal à celui qu'il aurait mis à aller; je me propose d'utiliser ce retour dans l'emploi de la machine en grand, et de ne perdre, au moyen d'une suspension de mouvement, que le temps nécessaire pour retourner ou changer le bois.

A cet effet, un second arbre sera placé après le premier. Il portera, à son extrémité, une roue de la même dimension que le pignon du premier, laquelle roue, engrenant dans ce pignon, tournera et fera tourner le second arbre en sens contraire du premier; pour que les outils portés par le second arbre n'arrêtent pas le bois dans son premier mouvement d'*aller*, ce second arbre sera porté par des supports à charnière, de manière à pouvoir être levé et baissé à volonté.

Par ce moyen fort simple, les deux mouvements de va-et-vient du charriot sont utilisés, et il n'y a, comme je l'ai déjà dit, de perdu que le temps nécessaire pour retourner et changer le bois.

CHAPITRE V.

DES INSTRUMENTS A CREUSER ET PERCER LE BOIS. — OUTILS, MACHINES POUR LE MÊME OBJET.

Les instruments dont nous allons parler dans ce chapitre, sont si simples, et, en général, tellement connus, qu'il devient presque superflu de les décrire. Nous dirons pourtant quelques mots de chacun, afin qu'on ne puisse pas nous reprocher de aucune, et nous dédommagerons le lecteur par l'indication de machines propres à remplacer ces outils, ou du moins à diriger son attention sur les moyens d'y suppléer.

1° *Le Ciseau* (pl. 1re, fig. 27).

Cet outil consiste dans une lame de fer et d'acier fixée dans un manche de bois. Ce manche est cylindrique ou à plusieurs pans, et long d'environ 135 millim. (5 pouces). La lame est composée d'une lame d'acier, et d'une lame de fer soudée à plat sur la première pour la renfoncer. Aplatie et large par le bas, comme le représente la fig. 27, elle se termine tout-à-coup par une tige carrée et assez forte, qui pénètre dans le manche. Dans certaines professions, on se sert de ciseaux aiguisés sur les côtés, et le tourneur, entre autres, en fait un fréquent usage. Mais le ciseau du menuisier n'est jamais tranchant qu'à son extrémité. On fait le taillant en usant la lame sur la pierre, à son extrémité, de telle sorte qu'en rongeant d'abord le fer et ensuite l'acier, à l'aide du frottement, on y fasse un biseau, qui présente par le profil de son épaisseur un angle de trente degrés, c'est-à-dire un angle plus petit des deux tiers que celui que forment, en se rencontrant, une ligne horizontale et une ligne verticale. Il faut en avoir un assortiment de toutes les largeurs, depuis 27 millimètres (1 pouce) jusqu'à 7 millimètres (3 lignes).

2° Le Fermoir.

C'est une espèce de ciseau qui, au lieu d'avoir la forme d'une pelle allongée, comme l'outil que je viens de décrire, va en diminuant graduellement de largeur, depuis son extrémité jusqu'au manche. La lame, formée de même, d'acier, est composée de trois lames soudées à plat les unes sur les autres, de telle sorte que celle d'acier soit prise entre deux lames de fer; son tranchant est formé par la rencontre de deux biseaux allongés. On obtient cette forme en usant insensiblement chaque lame de fer, de façon que son épaisseur aille en diminuant, depuis le manche jusqu'à l'extrémité. Cet instrument, comme on le voit, est mince, faible et peu propre à vaincre de grandes résistances. La largeur varie depuis 14 jusqu'à 41 millim. (6 jusqu'à 18 lignes). La longueur est proportionnée à ces largeurs. Il est bon d'en avoir un assortiment. Le fermoir doit s'affûter toujours à biseau droit.

3° La Gouge.

On peut la définir un ciseau à fer cannelé ou dont la largeur est courbée en demi-cercle; sa perfection consiste en ce que sa cannelure soit bien creusée, également évidée, pour que le biseau qui est en dessous ou du côté concave, et qui aboutit contre le bord de la cannelure, puisse donner au tranchant la forme d'un demi-cercle bien régulier. Le biseau de gouges doit être plus allongé ou plus court, selon que le bois dont on se sert est plus tendre ou plus dur.

4° Le Bédane ou Bec-d'âne (fig. 27 bis).

L'objet principal de cette quatrième sorte de ciseau est d'entailler profondément le bois. Comme il doit vaincre alors une grande résistance, on le taille sur le champ du fer. Par ce moyen la ligne oblique formée par le biseau, au lieu d'aller d'une des faces de la lame à l'autre face, va de l'un des côtés à l'autre. Pour que l'instrument ne reste pas engagé dans l'ouvrage, lorsqu'on a à creuser beaucoup, on a soin de diminuer graduellement l'épaisseur de la lame à mesure qu'on approche vers le manche. Sa force lui est conservée malgré son rétrécissement, si on a soin de laisser son champ d'une longueur suffisante. Dans ce cas, la forme de ligne brisée ou anguleuse que présente un des côtés de l'instrument, lui permet de faire toutes les fonctions d'un levier. Il va sans dire que le tranchant devant toujours être formé par la lame d'acier, la situation du tranchant doit régler la situation de cette lame, et que, par conséquent, dans le bédane elle est soudée non plus sur le plat de la lame de fer, comme dans le ciseau et la gouge, mais bien sur sa tranche; et que, par cette raison, l'épaisseur de la lame de fer doit être égale à la largeur de la lame d'acier et à la longueur du tranchant.

Il faut avoir un assortiment de bédanes, comme on a un assortiment de gouges, de ciseaux et de fermoirs. C'est surtout pour le bédane que cet assortiment est indispensable, parce qu'il sert à tailler les mortaises : il faut en avoir depuis 5 millim. (2 lignes) de largeur jusqu'à 23 millim. (10 lignes), et ne pas les choisir d'un acier trop dur, parce que cet outil est sujet à s'ébrécher.

La manière de se servir de ces quatre espèces d'instruments est la même : tandis que de la main gauche on tient l'instrument dans une situation presque verticale, on frappe sur le manche à coups de maillet, et le fer entre dans le bois (1).

5° Le Bec-de-cane.

Espèce de bédane, plus allongé, plus faible et plus étroit, dont le menuisier se sert pour les petits objets et les bois mous.

6° Le Maillet.

Cet instrument est un des plus connus; il se compose d'une

(1) Dans les nouveaux bédanes on ne fait plus de talon; le plus épais de l'outil est du côté du manche.

masse de bois ordinairement cylindrique, tronquée carrémen
à son extrémité. Cette pièce, faite d'un bois très-dur et peu
sujet à travailler, est percée d'un trou rond, perpendiculair
à son axe ou à sa longueur, et la traversant au milieu de par
en part. Dans ce trou on enfonce un manche d'un bois liant e
peu susceptible de rompre. Il doit entrer de force et dépasse
la tête du maillet de 218 millim. (8 pouces) de longueur d'un
côté, de 14 millim. (un demi-pouce) environ de l'autre. Ave
un fermoir on fend jusqu'à la tête cet excédant de 14 millim.
(un demi-pouce), on place dans la fente un petit coin en bois
qu'on fait entrer de force le plus profondément possible
Comme on doit avoir eu soin de faire le trou cylindrique d'
la tête un peu plus évasé de ce côté que de l'autre, ses paroi
ne pressent pas d'abord la surface du manche. Le coin de boi
peut dès-lors pénétrer, même dans la partie du manche qui es
logée dans la tête, jusqu'à la profondeur de 14 millim. (un
demi-pouce); il rend la fente plus profonde, grossit pour ains
dire le manche, en séparant les deux parties qui le composen
et entre lesquelles il s'insinue. Il les applique exactement e
avec force contre les parois du trou. On coupe alors avec un
scie toute la portion du manche qui excède, de ce côté, la têt
du maillet. Par suite de cette opération et du renflement qu
en résulte à l'extrémité du manche, il ne peut plus se sépare
de la tête, surtout si l'on a eu la précaution de donner un dia
mètre un peu plus grand à la portion par laquelle on doit le sai
sir et qui sort, de l'autre côté de la tête, de 217 mill. (8 pouce
environ. Toutes ces petites précautions, connues d'ailleurs d
moindre ouvrier, sont indispensables si l'on veut avoir un bo
maillet. On en sentira l'importance si l'on réfléchit que c'est u
des outils dont l'usage est le plus fréquent, et qu'on serai
exposé à bien des pertes de temps s'il fallait revenir souven
à consolider le manche. Il vaut mieux, en le confectionnant
prendre un peu plus de peine pour n'avoir plus besoin d'y re
toucher. Il faut avoir soin de ne pas fendre le manche dans l
sens du fil du bois de la tête, mais en travers; sans cela on au
rait à craindre que le coin la fît éclater. On doit aussi ne don
ner la dernière façon à la tête qu'après avoir emmanché.

La force de la tête, qui est ordinairement en bois de charm
ou de frêne, varie suivant l'usage auquel on destine l'instru
ment. Il est bon d'en avoir plusieurs. En effet, tout son servic
est fondé sur la puissance du choc; mais on sait que la forc
communiquée au corps qui reçoit le choc est toujours d'autan

plus petite que la masse de ce corps est plus grande relativement au corps qui frappe : par exemple, que le ciseau qui pe-
serait 500 grammes (1 livre), frappé avec un maillet pesant
aussi 500 grammes (1 livre), enfoncera moitié moins que s'il
était frappé avec un maillet de 1 kilogramme (2 livres), mu
avec la même force ; qu'il enfoncera aussi moitié moins que ne
le ferait dans les mêmes circonstances un ciseau pesant seulement 250 grammes (une demi-livre); et comme, d'un autre
côté, il serait fatigant d'agir toujours avec un gros maillet,
quand il n'en faudrait qu'un petit, il convient de proportionner sa force à la nature de l'ouvrage. Ceux que l'on fait le plus
ordinairement ont 189 millim. (7 pouces) de longueur sur 108
millim. (4 pouces) de diamètre.

Manière d'emmancher les outils.

Les ciseaux, les gouges, les fermoirs, les bédanes, sont
terminés par un manche en bois, de forme cylindrique, ou
prismatique, et d'un diamètre toujours plus grand que celui
du fer. Ordinairement ils vont en s'élargissant vers la partie
supérieure sur laquelle on frappe avec le maillet. La partie
amincie du fer est enfoncée de force dans le manche. Pour cela
on commence à y percer avec une vrille un petit trou dans
lequel on fait entrer la pointe du fer que l'on tient dans la
main gauche. On frappe alors quelques coups sur le manche,
ce qui suffit si l'outil n'est pas très-fort; il finit de s'assujettir
par l'usage. Si on veut le fixer d'une façon invariable, il vaut
mieux s'y prendre de la manière suivante : on prend une petite
vrille avec laquelle on perce un petit trou à la base du cylindre et précisément au point central ; ensuite, prenant d'autres
vrilles de plus en plus grosses, on les fait tourner l'une après
l'autre dans le trou, de manière à l'amener peu à peu à un
diamètre égal à celui de la partie du fer qui doit être enfoncée,
pris à l'endroit le plus fort. Mais, comme cette portion du fer
qu'on appelle la *soie* va en diminuant jusqu'à l'extrémité, et
que si le trou était égal dans toute sa profondeur, l'outil,
quoique gêné près de l'orifice, serait trop à l'aise au fond et
ballotterait dans le manche, il faut avoir soin d'enfoncer de
moins en moins chaque vrille, à mesure qu'elles augmentent de
grosseur, afin que le trou soit conique; par ce moyen, la soie
sera également serrée dans toute sa longueur, et l'outil solidement emmanché. Cette opération préliminaire terminée, on
serrera fortement l'outil dans les mâchoires d'un étau, en di-

rigeant la soie en haut. On fera entrer cette soie dans le trou
du manche, et on l'enfoncera le plus possible ; on finira par
donner deux ou trois coups de maillet.

Il y a des outils qui seraient gâtés dans cette opération par
les mâchoires de l'étau ; il y a un moyen bien singulier et bien
simple de s'en dispenser. Après avoir enfoncé à la main la
soie dans le manche, le plus possible, on prend le manche
dans la main gauche, de telle sorte que le fer soit tourné en
bas et suspendu en l'air. Dans cette position, avec la main
droite, on donne de forts coups de maillet sur le manche. Il
semble que ces chocs répétés devraient faire sortir l'outil du
lieu et le lancer au loin ; point du tout : par une espèce de
contre-coup, la soie remonte dans le trou et s'enfonce de plus
en plus.

Lorsqu'ensuite on se sert de l'outil, les coups multipliés qu'il
reçoit devraient faire pénétrer de plus en plus la soie dans le manche, et finir par le faire éclater. Il y a deux préservatifs contre
cet accident : ou la soie, à 27 ou 54 millim. (1 ou 2 pouces) de
son extrémité, est munie d'une espèce d'élargissement ou d'un
anneau circulaire fixe et qui ne permet pas au fer d'enfoncer
davantage dans le bois, ou bien le côté du manche où entre
la soie est entouré d'un anneau ou virole en cuivre ou en fer,
qui le consolide et ne lui permet pas d'éclater quand même le
fer enfoncerait outre mesure.

Il sera utile d'indiquer ici une manière ingénieuse de faire
ces viroles en les coulant en étain sur le manche même. A cet
effet on creuse à l'extrémité du manche, là où doit être la virole, une entaille cylindrique, une véritable rainure qui n'est
bordée au bout du manche que par un bourrelet d'environ 2
millim. (1 ligne) de large : cette entaille a 2 millim. (1 ligne)
de profondeur ; le fond en est raboteux ; il est même prudent
d'y creuser quelques trous peu profonds. On prend une bande
de carte à jouer d'une largeur double de celle de l'entaille, et
d'une longueur telle, qu'un des bouts puisse se croiser un peu sur
l'autre après avoir entouré le manche ; on roule cette bande
sur l'entaille, de manière que sa largeur déborde de chaque
côté l'entaille de quelques millim. sur le plein du bois ; on fixe
la bande à droite et à gauche avec un fil mouillé ; puis, avec
un canif dont la pointe coupe bien, on fait à la carte une incision en forme de croix ; ensuite on relève les angles de cette
incision de manière à former une espèce d'entonnoir, par lequel on verse de l'étain fondu, qu'on fait bien de combiner

avec un peu de zinc, afin qu'il soit plus dur. Pour cette opération, il ne faut pas que le métal soit trop chaud; on profite
du premier moment où il devient liquide; s'il y a quelques
inégalités à la virole, on les fait disparaître à l'aide de la râpe,
et on diminue de la même manière la largeur du bourrelet en
bois qui borde cette virole et termine le manche d'un côté.

7° *Manches universels.*

L'opération d'emmancher les outils est un peu longue et
minutieuse : les personnes qui font de la menuiserie un amusement, se dispensent de ce travail à l'aide de *manches univer-
sels*, qui ne conviennent guère qu'à elles.

Ils consistent de même dans un cylindre de bois percé au
centre, d'un trou dont la forme varie suivant qu'on destine
le manche à servir pour des outils à soie carrée, à soie plate
ou à soie arrondie; le trou est assez grand pour recevoir une
soie un peu forte. Le manche universel est muni comme les
autres, d'une virole; mais il porte de plus un trou latéral
taraudé, dans lequel est une vis de pression avec laquelle on
assujettit la soie contre la paroi du trou. Ces manches, que
l'on désigne aussi sous le nom de *manches de paresseux*, ne
peuvent guère servir à des ouvriers de profession : ils per-
draient trop de temps à placer dans le manche et à en sortir
tour-à-tour des outils dont ils font un fréquent usage; d'ailleurs, le même manche, soumis continuellement aux coups
répétés du maillet, serait bientôt comme écrasé, et hors de
service : mais j'ai dû, malgré cela, dire quelques mots en passant de ces manches précieux pour l'amateur qui, fatigué par
ses outils, n'aime pas à perdre son temps en préparatifs, et
d'ailleurs est quelquefois bien aise de ne pas consacrer beaucoup
de place à ces instruments, et de renfermer tout son atelier
dans une boîte.

8° *La Râpe à bois.*

C'est une espèce de lime qui, au lieu d'être sillonnée de raies
croisées en différents sens, est hérissée de dents saillantes sou-
levées avec une pointe de fer. Il y en a de bien des formes différentes; les unes sont cylindriques, d'autres plates, d'autres
cylindriques d'un côté et aplaties de l'autre; presque toutes
sont plus étroites à l'extrémité qu'à la base; d'autres sont plus
ou moins rudes. Enfin il en est quelques-unes dont la soie est
coudée de manière à faire un angle droit avec la lime proprement dite; celles-là sont très-commodes lorsqu'on veut agir

dans une partie déjà creusée, où ne pourraient pénétrer com̄modément les autres limes.

9° La Vrille.

En parlant de la manière d'emmancher les outils, nous avons indiqué l'usage de cet instrument, le plus connu de ceux qui servent à percer le bois circulairement; il nous reste à le décrire. Il consiste dans une tige de fer cylindrique de 81 à 135 millim. (3 à 5 pouces) de longueur; cette tige est creusée en cuiller ou cannelée à l'une de ses extrémités, et les côtés de la cannelure sont aiguisés en biseau. A la suite de la cannelure sont trois ou quatre pas de vis diminuant graduellement de diamètre, et finisssant par une pointe qui, de ce côté, termine la vrille, l'autre extrémité a la forme d'une pointe aplatie : c'est à ce bout qu'on adapte la poignée. On donne ce nom à une traverse en bois dur, arrondie, diminuant de diamètre vers ses extrémités, et longue de 54 ou 81 millim. (2 ou 3 pouces); elle est percée d'outre en outre par un trou allongé, dans lequel on enfonce la pointe aplatie de la tige de fer. La largeur de de cette pointe est transversale à la longueur de la poignée, et son aplatissement ne lui permet pas de tourner dans le trou. On a soin, lorsqu'on enfonce la pointe, qu'elle soit un peu saillante au-dessus de la poignée, ensuite on rabat cet excédant de sorte que la tige de fer ne puisse plus changer de place. Lorsque, tenant la poignée dans la main, on appuie la pointe de la vrille sur une planche, la pression la fait enfoncer un peu; si on tourne, le filet de la vis pénètre en coupant le bois et ce premier tour fait, on ne peut en faire un second sans que l'inclinaison de la vis la contraigne à entrer encore davantage. Enfin, la cuiller entre à son tour, et son taillant ronge latéralement le bois et le coupe en petits fragments, qui se logent dans la cannelure. Il faut avoir soin de retirer de temps en temps la vrille pour la dégager des copeaux, la tige de fer est plus large à l'endroit où la cannelure se réunit au pas de vis, qu'à tout autre endroit; sans cela l'outil risquerait de rester engagé dans le bois. Quelquefois le fer de la vrille n'est pas creusé en cuiller à son extrémité, et ne présente qu'une vis conique à cinq ou six pas de plus en plus rapides; alors la vrille pénètre comme un poinçon, en écartant et refoulant ensuite latéralement les fibres du bois : dans ce cas elle fait souvent éclater l'ouvrage. La vrille à cuiller a aussi cet inconvénient, qu'on évite en partie en se servant d'abord de vrilles très-fines, sauf à élargir ensuite le trou avec des vrilles d'un plus fort calibre.

10° *Les Tarières.*

Les tarières ne sont souvent pas autre chose que des vrilles construites sur de beaucoup plus grandes dimensions. La poignée est beaucoup plus longue, et pour la faire tourner on se sert des deux mains ; quelquefois, cependant, le fer présente une différence remarquable. Lorsque l'on enfonce la vrille, les biseaux de la cuiller étant tournés dans le même sens, un seul coupe le bois, et le second, qui marche alors à rebours, ne sert qu'au moment où l'on imprime à la vrille un mouvement contraire pour la sortir du trou. Dans ce cas, ce second biseau relève et détache les parcelles de bois que le premier s'était borné à coucher ; mais on a trouvé le moyen de donner une utilité directe aux deux biseaux des tarières. Au dessus de la vis conique, le fer est aplati, puis il se recourbe sur les bords de manière à présenter deux biseaux dirigés l'un en avant, l'autre en arrière. Si on coupait le fer à cet endroit et perpendiculairement à son axe, la coupe aurait à peu près la figure d'une S. C'est en quelque sorte deux cannelures accouplées ensemble et tournées en sens contraire. Pour peu que l'on réfléchisse, on verra que par suite de cette construction les deux biseaux doivent couper simultanément.

11° *Nouvelle Tarière en hélice.*

Nous trouvons, dans de récents travaux, la description de cette tarière propre à percer avec facilité et promptitude les bois les plus durs, et celle d'un appareil propre à la fabriquer, par M. Church, de Birmingham, en Angleterre. Nous en indiquons encore une autre, et nous nous abstenons d'en donner la figure, parce qu'elle a été déjà décrite dans plusieurs ouvrages, et notamment dans le *Journal des Ateliers*, n° d'octobre 1829, *fig.* 12 et 13. Nous aurions aussi bien désiré mettre sous les yeux du lecteur une série d'articles relatifs au *forage des métaux* et au percement des bois, qui se lisent dans ce même journal, et dans lesquels sont passés en revue, et appréciés, les différents moyens mis en pratique, et où d'autres, inconnus, sont mis en évidence ; mais le nombre des figures et la longueur du texte sont tels, qu'il nous faut nécessairement renvoyer à cet ouvrage.

Il est peu d'opérations des arts mécaniques qui se pratiquent plus fréquemment que celle de percer les bois ; et les instruments employés à cet effet sont en grand nombre.

Les tarières dont se servent les charrons et les charpentiers sont, comme on sait, composées d'une mèche ronde en acier trempé, dans laquelle est creusée une gouge ou gouttière à bords tranchants, terminés par un tranchant horizontal ; mais la manœuvre de cet outil exige, outre une certaine dextérité de la part de l'ouvrier, beaucoup de force ; il n'opère d'ailleurs que lentement.

La tarière anglaise que nous indiquons n'a pas les mêmes inconvénients ; l'autre, la tarière à lame torse, en usage aux États-Unis d'Amérique, présente aussi plusieurs avantages, mais elle est difficile à aiguiser lorsqu'elle est émoussée.

« Celle dont nous offrons la description, quoique construite sur le même principe, en diffère cependant sous plusieurs rapports. Sa forme est celle d'un tire-bouchon ou d'un ruban tourné en hélice, comme on le voit, *fig.* 268, *pl.* 8. Le centre est occupé par une broche, *fig.* 269, terminée à son extrémité inférieure en pointe de vrille, et à son extrémité supérieure par un pas de vis qui entre dans un écrou pratiqué dans la mèche z. Cette broche sert à guider la direction de la tarière et à la centrer. On la retire lorsqu'on a besoin d'aiguiser l'outil, ce qui se fait avec la plus grande facilité sur telle meule qu'on le désire, sans déranger sa forme ou son diamètre. La tarière opère avec une étonnante rapidité et perce les bois les plus durs et les plus épais, sans que l'ouvrier qui la manœuvre ait besoin de déployer beaucoup de force. Le trou qu'elle fait est uniforme et d'une surface polie ; les copeaux se dégagent au fur et à mesure qu'elle pénètre dans le bois, sans que l'ouvrier soit obligé de la retirer pour la vider. L'auteur assure que dans ses effets elle peut remplacer six tarières ordinaires. »

« La construction de cet outil exige beaucoup d'attention pour que les filets soient également espacés et de la même épaisseur partout (1). Cette difficulté paraît avoir frappé l'auteur ; aussi a-t-il imaginé une machine au moyen de laquelle on peut fabriquer la nouvelle tarière avec toute la régularité possible. Voici la manière de procéder :

» On commence par forger une lame d'acier d'une longueur suffisante, et à laquelle on donne la forme représentée en coupe, fig. 270. On voit qu'elle est évidée des deux côtés, aplatie en dessus et en dessous, et plus large par le haut que par le bas. La largeur de cette lame est d'environ les deux tiers

_____

(1) Ces filets, ou plutôt ces tours de l'hélice, n'ont pas besoin de régularité, puisqu'ils n'engrènent point : ils n'ont besoin que d'être sur la même ligne droite.

lu diamètre de la tarière, et son épaisseur de moitié. Après avoir été forgée, elle est enroulée autour d'un mandrin, au moyen de la machine que nous allons décrire.

» La fig. 271 est une élévation latérale de la machine, et la figure 272, une coupe sur la ligne A B. A est le bâtis qui supporte les diverses parties du mécanisme ; B le mandrin autour duquel la lame d'acier est enroulée ; il porte une gorge ou rainure en hélice dans laquelle se loge cette lame. L'extrémité postérieure de ce mandrin est taraudée sur une certaine longueur, et passe dans un écrou c, fixé au bout du canon ou cylindre creux d; ce mandrin et son écrou sont vus séparément, fig. 273.

Sur l'axe du canon d est montée une roue dentée e, menée par un pignon f et par une manivelle u. ggg, fig. 272, sont trois cylindres de laminoirs reposant sur des coussinets logés dans des rainures des plaques pp. Ces coussinets, et par suite les cylindres gg sont serrés latéralement sur le mandrin b, au moyen des vis de pression hh, et en dessus par un double engrenage nn, qu'on fait tourner à l'aide de la clé q. Pour faire tourner les cylindres gg, trois tiges ii réunies à leur extrémité postérieure par un genou de cardan rr, reçoivent, par l'autre bout, les roues dentées ll, dans lesquelles engrènent un pignon unique s, monté sur l'arbre du canon d. Les tiges ii reposent sur des coussinets dans les plaques kk.

» Telle est la machine imaginée par l'auteur pour former les filets de la tarière; voici la manière de s'en servir.

» La lame d'acier t, fig. 272, de la forme indiquée ci-dessus, est d'abord épointée et amincie par son bout ; on y pratique une petite entaille et on la présente ainsi dans la rainure du mandrin, au-dessous du crochet m qui la saisit. On la serre ensuite dans le laminoir, en abaissant le cylindre supérieur g au moyen de l'engrenage nn. Cette opération terminée, on applique un homme à la manivelle u, et on fait tourner le canon d par l'engrenage ef. Le mandrin fixé au canon d tourne d'abord avec lui ; mais bientôt, attiré par l'écrou c qui reste stationnaire, son extrémité taraudée rentre dans la cavité du canon, ce qui force la lame t, dressée par le laminoir, de passer successivement dans la gorge en hélice du mandrin : c'est ainsi que les filets de la tarière sont enroulés. Le mandrin continuant de tourner, le bout antérieur du filet va buter contre l'arrêt o qui empêche son mouvement ultérieur.

Le filet de la tarière ainsi formé, laisse au centre un passage

dans lequel on introduit la broche fig. 269 ; mais avant de
placer cette broche, la tarière est trempée et son bout est passé
sur une meule pour y former deux tranchants : l'un qui coupe
presque horizontalement comme une gouge, l'autre qui coupe
verticalement comme un couteau. On a vu dans la coupe,
fig. 270, que la lame *t* est évidée des deux côtés, plate et large
en dessus, étroite en dessous, et que cette forme présente déjà
des angles très-aigus. Après avoir été tirée en hélice, et tenue
verticalement, les parties évidées tournées en dedans seront
immédiatement l'une au-dessus de l'autre. La partie concave
supérieure étant considérée comme la gouttière d'une gouge,
on y forme un bord tranchant en usant sur la meule le côté
opposé du filet, à l'extrémité de la tarière, de manière à lui
donner une forme convexe correspondant à la forme concave
de sa partie supérieure. Ce tranchant *v*, fig. 268, sera presque
dans la direction horizontale, ayant son bord extérieur un peu
relevé ; en passant l'outil sur la meule, on aura soin de rendre
ce bord assez tranchant pour qu'il pénètre facilement par son
angle dans le bois. Le couteau en hélice du filet est formé sur
le bord inférieur *x* de la lame, en usant ce bord sur la meule
de manière à laisser un tranchant très-vif.

» L'instrument étant ensuite aiguisé, on introduit la broche
fig. 2, qu'on visse au centre de la mèche ; on monte cette mèche
sur une poignée ou levier, comme les tarières ordinaires.

Explication des figures 268, 269, 270, 271, 272 et 273 *de la
planche* 8.

Figure 268, la tarière vue séparément, munie de la broche
Fig. 269, broche terminée en forme de vrille.
Fig. 270, coupe de la lame d'acier destinée à former la tarière
Fig. 271, élévation latérale de la machine pour former les
filets de la tarière.
Fig. 272, coupe de la même machine prise sur la ligne A I
de l'élévation.
Fig. 273, le mandrin et le canon vus séparément.

aa, bâtis de la machine ; *b*, mandrin portant une gorge en
hélice ; *c*, écrou dans lequel passe l'extrémité taraudée du
mandrin ; *d*, canon qui fait tourner le mandrin ; *e*, roue dentée fixée sur l'axe de ce canon ; *f*, pignon engrenant dans la
roue précédente ; *gg*, cylindres de laminoir ; *hh*, vis pour serrer
ces cylindres ; *ii*, tiges qui font tourner ces cylindres *gg* ; *kk*
plateau dans lequel passent les tiges *ii* ; *ll*, roues dentées, mont

tées sur l'extrémité de ces tiges ; *m*, crochet qui arrête la lame *t* dans la gorge du mandrin ; *nn*, engrenage qui serre le cylindre supérieur du laminoir ; *o*, butoir contre lequel s'arrête le filet de la tarière lorsqu'elle est achevée ; *pp*, plateaux antérieurs qui reçoivent les cylindres *gg* du laminoir ; *q*, levier qui fait tourner l'engrenage *n* ; *r*, *r*, genou de cardan des tiges *i* ; *s*, pignon monté sur l'axe du canon *d*, et engrenant dans les roues *ll* ; *t*, lame d'acier ; *u*, manivelle ; *v*, extrémité inférieure de la tarière ; *xx*, bord tranchant inférieur du filet ; *z*, mèche de la tarière.

12° Le Perçoir.

C'est une espèce de poinçon en acier, ou de tige pointue emmanchée comme un ciseau : les perçoirs sont aplatis et présentent de chaque côté un tranchant qui coupe les fibres du bois dans lequel on les enfonce.

13° Le Vilebrequin (fig. 28, pl. 1ʳᵉ).

De tous les instruments à percer, le vilebrequin est sans contredit celui dont l'usage est tout à la fois le plus étendu, le plus sûr et le plus commode. On le fait en bois ou en fer ; le vilebrequin en fer est certainement préférable, même sous le rapport de l'économie, puisque le vilebrequin en bois a besoin de fréquentes réparations. Il se compose premièrement d'une tête ayant à peu près la forme d'un champignon, ou d'un gros manche de cachet, et percée au centre dans la direction de l'axe. La partie inférieure est munie d'une virole en métal quand le vilebrequin n'est pas en fer. La seconde pièce ressemble un peu à un C, ou à un croissant ; à l'extrémité de sa branche supérieure est adapté à angle droit un boulon en fer qui la surmonte et s'enfonce dans le trou de la tête du vilebrequin. L'extrémité de la branche inférieure de cette pièce est renflée et percée d'un trou vertical cylindrique ou formant un conduit ou tube de 14 ou 18 millim. (6 ou 8 lignes) de long, percé latéralement d'un trou taraudé garni d'une vis de pression. Dans ce tube on fixe, à l'aide de la vis de pression, une mèche ou espèce de fer de vrille à soie cylindrique ou carrée. La pointe est dirigée en dehors du croissant, et par conséquent cette mèche est dans une situation analogue à celle du boulon qui est adapté à l'autre branche. La figure achèvera de faire comprendre la forme de cette partie de l'instrument.

Si, après avoir placé le boulon dans la tête, et la mèche dans le conduit ou la lumière du croissant, on place le tout dans une situation perpendiculaire, la pointe de la mèche étant appuyée sur l'endroit que l'on veut forer, si on appuie sur la tête avec la main gauche, il sera facile de faire tourner l'outil avec la main droite, en prenant avec cette main le milieu du croissant qui sert de poignée, et en lui imprimant un mouvement circulaire. Pour lui donner ce genre de mouvement, si nous supposons la convexité du croissant à gauche, il faudra l'amener d'abord devant soi, puis à droite; continuer de manière à ce que la concavité du croissant soit en face du corps ramener enfin la convexité dans sa première position, et continuer ainsi en faisant décrire plusieurs cercles à cette poignée Le centre de ces cercles est marqué par le trou de la tête et la pointe de la mèche : le boulon et cette mèche servent de pivot, et ce mouvement de rotation joint à la pression exercée par la main gauche, suffit pour que la mèche pénètre dans le bois.

S'il faut percer un trou horizontal, on fait prendre cette position au vilebrequin; mais, afin d'agir avec plus de force et d'aisance, on appuie dans ce cas la tête contre l'estomac, avec lequel on pousse l'instrument contre le bois, au lieu de le pousser avec la main gauche. De cette façon on a les deux mains libres, ce qui permet de vaincre une plus grande résistance. On est obligé de prendre ce parti, par le même motif, quand il faut percer un trou vertical dans un morceau de bois très-dur. Alors on est forcé de se pencher sur l'instrument, de manière à ce que le poids du corps puisse le maintenir, sans néanmoins s'écarter de la perpendiculaire.

Une circonstance particulière rend cette manière de travailler encore plus pénible. La tête de l'instrument est toujours assez large, puisque d'ordinaire elle a pour le moins 8 millim. (3 pouces) de diamètre. Néanmoins la pression qu'elle exerce souvent sur le creux de l'estomac finit par fatiguer cette partie. Pour y remédier, on a cherché à faire porter la pression sur une plus grande surface, sans rendre l'instrument plus embarrassant. Voilà la manière dont on s'y est pris.

A l'aide de deux courroies et d'une boucle garnie d'un ardillon, de manière à pouvoir serrer et desserrer à volonté, on fixe sur l'estomac un plastron en bois qui le recouvre presque en entier. Ce plastron est formé d'un morceau de planche un peu concave du côté du corps, convexe du côté opposé. Sa surface extérieure est criblée de creux circulaires, profonds de 2 millim. (2 lignes) et d'un diamètre égal à celui du boulon du vilebrequin. Alors on ôte la tête de l'instrument, et pour le faire tourner, on place la pointe du boulon dans l'un des creux du plastron qui remplace momentanément le trou de la tête. Dans l'usage habituel, l'ouvrier, pour ne pas perdre de temps, néglige souvent de se servir des courroies. La pression du corps contre l'instrument suffit pour maintenir le plastron dans une position fixe.

Je ne saurais trop engager les ouvriers à se servir de cette précaution sanitaire. La manœuvre de l'instrument n'est pas plus embarrassante, et l'on fatigue beaucoup moins. Il y a même cet avantage que, si l'on donne une direction oblique aux creux supérieurs du plastron, en les approfondissant un peu de bas en haut, on n'a pas besoin de pencher autant le corps lorsqu'on veut percer un trou vertical.

Il est bon d'avoir deux vilebrequins : l'un est approprié spécialement à cet usage, il n'a pas de tête, et porte un boulon qui n'a pas plus de 27 millim. (1 pouce) de long. Il se niche alors plus commodément dans les creux du plastron, et est moins sujet à ballotter. L'autre vilebrequin est construit de telle sorte que la tête ne puisse jamais s'en séparer. A cet effet, elle est percée d'outre en outre, et le boulon qui est plus long qu'elle, la dépasse un peu ; on fait entrer cette partie du boulon dans un anneau de métal un peu aplati, et on la rive par-dessus, de telle sorte qu'elle ne puisse plus passer à travers l'anneau, ni par conséquent sortir de la tête. Il en résulte que les deux pièces de l'outil ne peuvent plus se séparer, qu'on n'a plus à perdre de temps pour les remettre ensemble, ni à chercher longtemps l'une ou l'autre, comme il arrive quelquefois sans cela. Dans le cas même où l'on voudrait n'avoir qu'un seul vilebrequin, il faudrait prendre cette dernière précaution. Mais alors il serait bon de donner au boulon une saillie de 14 millim. (un demi-pouce) au-dessus de la tête. Cette saillie servirait à employer l'outil avec le plastron ; mais cette méthode n'est pas encore très-commune.

Je le répète, il vaudrait mieux avoir deux vilebrequins.

Parlons maintenant des mèches que le vilebrequin est destiné à faire tourner.

Leur soie ou partie supérieure de la tige de fer qui le constitue, est ronde ou carrée, suivant la forme de la lumière ou conduit qui doit les recevoir ; mais toutes les soies destinées à un même vilebrequin, ont forcément la même forme et le même volume. La soie de toutes les mèches est carrée. Il est

assez difficile de leur donner cette forme avec précision. Elles
s'ajustent avec peine, et l'on en a aussi beaucoup pour creuser
convenablement une lumière carrée. Dans ces derniers temps
on a senti combien la forme ronde est préférable, ne fût-ce
que parce qu'elle permet de tourner les meches, et de leur
donner une régularité et une élégance jusqu'alors inconnues.
Si la pièce doit donner beaucoup de peine à percer, si la
mèche doit fatiguer beaucoup, il est nécessaire, quand on emploie une mèche ronde, de la fixer avec une clé d'arrêt. C'est
une espèce de goupille ou morceau de fer carré, qui traverse
la lumière du vilebrequin et la soie, au moyen d'une encastrure pratiquée dans l'un et dans l'autre. Ordinairement, cependant, on se contente de fixer la mèche avec une vis qui
dispenserait même, dans tous les cas, de recourir à la clavette,
si on la faisait faire assez forte et un peu longue, et si l'on
creusait dans la soie un trou dans lequel la vis pénétrerait à
volonté. Si la lumière ne traverse pas les branches du croissant
d'outre en outre, ou si la mèche porte un renflement qui ne
permette pas à sa tige d'enfoncer dans la lumière plus qu'il ne
faut, la clavette et la vis de pression sont à peu près inutiles.
Le fer étant pressé entre le vilebrequin et l'ouvrage, il est
impossible que la soie sorte du conduit; et s'ils sont bien ajustés il n'y a pas de ballottement à craindre.

Les Anglais remplacent la vis de pression par un ressort
placé dans la lumière et qui presse la soie. Ce prétendu perfectionnement n'a que bien peu d'importance.

La partie de la mèche qui est spécialement destinée à percer, mérite une attention particulière. On lui donne différentes
formes. La plus ancienne est celle d'un fer de gouge, dont le
biseau serait relevé par le bas de manière à donner à la partie
inférieure de la cannelure la forme d'une cuiller, dont la
partie la plus large terminerait la mèche. Cette forme est la
plus simple; elle est particulièrement utile pour percer le bois
de bout, c'est-à-dire de manière que le trou soit parallèle à
la longueur des fibres. Quelquefois, à côté de la cuiller, la
mèche porte une pointe un peu allongée, mais dont la direction est la même, et qui forme une espèce de prolongement
latéral. Cette pointe pénètre dans le bois de la première, et
fait une espèce de pivot autour duquel la cuiller tourne en
coupant le bois, tant avec son biseau inférieur qu'avec son
tranchant latéral. Dans ce cas, le trou a un diamètre double
du diamètre de la mèche.

La mèche à trois pointes a l'avantage de faire les trous parfaitement ronds et bien plats au fond, au lieu d'avoir la forme de calotte que leur donne la *mèche à cuiller*.

La partie inférieure de cette mèche est très-élargie et recourbée comme le fer d'une gouge; mais son extrémité porte deux échancrures demi-circulaires, séparées par une pointe destinée à servir de pivot; à droite et à gauche de cette pointe centrale, sont les deux échancrures qui, s'étendant jusqu'au bord de la mèche, forment là, de chaque côté, une autre pointe; l'une de ces pointes est aiguisée latéralement en biseau, et destinée spécialement à couper les parois du trou; l'autre, aiguisée des deux côtés, est recourbée dans toute sa longueur, de manière à former un angle droit avec le reste de la mèche, à couper horizontalement le fond du trou, et à lui donner une forme plane. (Voyez *fig.* 29)

Dans divers travaux récents, on trouve la description d'une mèche anglaise perfectionnée par M. Lenormand, et qui peut s'agrandir à volonté. Elle est composée du corps de la mèche et de deux platines que l'on fixe avec des vis à tête perdue; ces platines sont percées d'outre en outre d'une coulisse qui permet de les faire avancer ou reculer, de façon que tantôt elles sont cachées par le corps de la mèche, tantôt elles le débordent. A la pointe centrale on a substitué une vis faite en forme de queue de cochon. Avec une mèche de ce genre, ayant 14 millim. (6 lignes) de largeur, on peut, en développant les platines, faire un trou de 20 millim. (9 lignes) de diamètre.

14° Le Drille (fig. 30).

Cet instrument est spécialement employé à percer des trous bien perpendiculaires dans les métaux et les bois durs; il ne sert ordinairement à faire que des trous d'un petit diamètre, mais qui peuvent ensuite servir de guide à la vrille ou au vilebrequin, et assurer leur marche.

Le drille consiste dans une longue tige de fer percée, par le bas, d'une lumière analogue à celle du vilebrequin, et dans laquelle on ajuste une mèche à l'aide d'une vis de pression et d'un trou latéral taraudé : cette tige est droite, plus mince par le haut que par le bas, et cylindrique vers son extrémité supérieure, qui est percée transversalement d'un trou assez grand pour qu'on puisse y passer une courroie.

A 27 ou 54 millim. (1 ou 2 pouces) de la lumière au plus, et par conséquent aussi loin que possible de l'extrémité supérieure, on enfile sur la tige, et l'on fixe solidement avec un écrou un disque ou plateau pesant, en plomb ou en fonte, et d'un diamètre presque égal au quart de la longueur totale de la tige.

Enfin, une traverse en bois, plus courte de moitié que la tige, et percée à son centre d'un trou dans lequel cette tige de fer doit passer avec la plus grande facilité, complète cet instrument.

Voici maintenant quelle est la manière de le monter et de s'en servir.

On place un foret dans la lumière : ce foret, de grandeur variable, diffère d'ailleurs des mèches de vilebrequin par sa figure; elle finit en forme de losange, dont l'une des pointes sert de pointe au foret; chacun des côtés inférieurs du losange est taillé en biseau, mais de telle sorte qu'il y ait un biseau sur chaque face, et qu'ils soient l'un devant, l'autre derrière.

Le foret placé, on fait passer la tige de fer par le trou de la traverse; on fait de même passer la courroie par le trou supérieur de la tige de fer, et l'on attache d'une manière quelconque les deux bouts de la courroie aux deux bouts de la traverse, au moyen des deux trous par lesquels on enfile les bouts de la courroie, auxquels on fait ensuite un nœud un peu gros et bien solide, pour les empêcher de sortir. Ainsi placée, la courroie doit être tenue un peu courte, et soulever légèrement la traverse qui la tend par sa pesanteur.

L'instrument étant ainsi monté, on place la pointe de la mèche à l'endroit où doit être percé le trou; on tient le drille dans une position bien perpendiculaire, puis on fait faire sept ou huit tours à la traverse autour de la tige; par suite de ce mouvement, la courroie est enroulée autour de la tige, décrit plusieurs spirales, et remonte la traverse qui s'éloigne alors du disque en métal d'une distance plus ou moins considérable, suivant qu'on lui a fait faire plus ou moins de tours; alors, sans écarter le drille de sa position perpendiculaire, dans laquelle son poids le maintient facilement, on prend la traverse à deux mains et on la ramène brusquement sur le disque, puis on la livre à elle-même, sans toutefois la lâcher, mais en permettant aux deux mains de suivre son mouvement; ce mouvement de haut en bas, imprimé rapidement à la traverse, tire la corde enroulée autour de la tige et force par conséquent cette tige à retourner rapidement; le pesant disque de métal, placé au-dessus de la lumière pour servir de volant, main-

ient la perpendiculaire et s'anime d'une grande force. Comme
cette corde a été laissée libre, elle s'enroule de nouveau autour
de la tige en sens contraire; dès qu'on voit ce mouvement de rotation prêt à s'arrêter, on redescend brusquement la traverse,
et l'instrument tourne en sens inverse; on la laisse libre; le
mouvement de rotation du drille continuant, la corde s'enroule
une troisième fois, la traverse remonte; on la redescend, et l'on
continue de maintenir ainsi le mouvement de rotation à l'aide
de cette impulsion intermittente de haut en bas, pourvu qu'on
évite soigneusement que la traverse descende assez pour toucher le disque de métal.

Telle est la manière de manœuvrer ce singulier et utile instrument qui a, comme je l'ai déjà dit, l'important avantage
de creuser des trous toujours bien perpendiculaires, surtout si
le disque est partout d'une pesanteur et d'une épaisseur égales,
de manière à maintenir la tige bien en équilibre.

15° Le Touret.

Le touret ou porte-foret sert à soutenir, dans une position
horizontale, des forets souvent semblables à ceux du drille,
auxquels on imprime un mouvement de rotation allant alternativement d'arrière en avant et d'avant en arrière.

Le plus ancien de ces instruments est encore le plus simple
et le plus utile; c'est celui que l'on trouve le plus souvent
chez les marchands d'outils : ordinairement il est en cuivre.
Les deux principales pièces qui le composent sont l'arbre et
le support (voyez fig. 31). Le support est une pièce de cuivre
carrée, évidée par en haut de manière à ne plus présenter
qu'une barre sur laquelle s'élèvent deux piliers carrés opposés
l'un à l'autre et assez semblables, en petit, aux poupées du
tour à pointe; elles sont percées de deux trous creusés bien
horizontalement et bien en face l'un de l'autre : l'un est un
peu conique et va, en s'évasant du dehors en dedans; l'autre
est taraudé et rempli par une longue vis qui peut avancer ou
reculer à volonté, et qui finit en pointe semblable à celle
d'une poupée. On voit déjà que le mouvement de la vis est
destiné à compenser l'immobilité du pilier; au-dessous du support est une vis conique que l'on fait pénétrer dans un trou
pratiqué dans l'établi ou dans une planche épaisse; par ce
moyen, le support est parfaitement fixé.

L'arbre est en fer, son extrémité porte un canon, espèce de
lumière dans laquelle on fixe la mèche à l'aide d'une vis de

pression ; à partir du canon, l'arbre se renfle coniquement,
forme ensuite une espèce de poulie au-delà de laquelle il se
termine d'une manière quelconque : cette extrémité est toujours creusée d'un petit trou. On fait passer le canon par le
trou conique du pilier du support, de telle sorte qu'il forme
une saillie extérieure ; le renflement de l'arbre l'empêche de
trop sortir : on le soutient à l'autre extrémité en faisant avancer la vis de l'autre pilier, jusqu'à ce qu'elle entre dans le trou
creusé au bout de l'arbre, qui se trouve alors soutenu à peu
près comme s'il était sur un tour.

Dans ces derniers temps, on a exécuté des supports en bois
dur, et les trous sont remplacés par des coussinets en métal,
creusés triangulairement pour recevoir l'arbre, et enclavés
dans le bois. Au lieu d'être armés en dessous d'une vis conique, ces supports se terminent inférieurement par une espèce
de tenon que l'on pince entre les mâchoires d'un étau, de manière à ne jamais être embarrassé par le touret, qu'on range
sans peine quand on ne veut plus s'en servir.

Pour le faire fonctionner, il suffit de présenter l'ouvrage à
la mèche, et de mettre l'arbre en mouvement avec un des ar-
chets dont les horlogers se servent pour faire mouvoir les
pièces placées sur leur tour à pointe.

Cet archet est le plus communément fait avec un fleuret.
On perce sur le plat de la lame, à un peu moins de 27 millim.
(1 pouce) au-dessus de la naissance de la queue, un trou dans
lequel on rive solidement un petit boulon de fer arrondi, de
27 millim. (1 pouce) de long, et terminé par un bouton
un peu plus gros que le boulon ; on recourbe la pointe de la
lame en crochet, dans lequel on passe la boucle d'une corde
à laquelle on fait faire deux tours sur la poulie de l'arbre, et
qu'on arrête ensuite en lui faisant faire un ou deux tours sur
le boulon, après l'avoir tendue assez pour qu'elle courbe la
lame ; cet archet est garni d'un manche en bois dur, armé
d'une virole : on se sert ordinairement, pour le tendre, d'une
corde à boyau. Les tabletiers, qui font servir quelquefois le
touret à la confection d'ouvrages très-délicats, le font plus
fréquemment mouvoir avec un archet en baleine.

16° Nouveau porte-foret.

La *figure* 32 représente un autre porte-foret, et l'on voit
que sa forme a beaucoup d'analogie avec celle d'un cachet.
L'arbre, à l'une de ses extrémités, porte à l'ordinaire un canon

muni de sa vis de pression. Il présente ensuite une petite portion cylindrique; mais après il devient carré, et sur cette partie on monte une poulie en buis dont on connaît déjà la destination. A partir de ce point, l'arbre reprend la forme d'un cylindre long de 81 à 108 millim. (3 ou 4 pouces), suivant les dimensions qu'on veut lui donner. On fait passer ce cylindre dans une espèce de tube en bois très-dur qui forme la tige de cette espèce de cachet. La sommité de l'arbre est rivée sur une rondelle en fer qui s'appuie dans un trou creusé au bout du tube : il ne permet plus à l'arbre de sortir; celui-ci est d'ailleurs logé à l'étroit, pour qu'on n'ait pas à craindre qu'il ballotte, quoiqu'il puisse tourner librement. L'extrémité du tube est garnie d'un pas de vis à l'aide duquel on y ajoute la tête du porte-foret, semblable à la tête d'un manche de cachet, et creusée de manière à ne gêner en rien le mouvement.

Ce porte-foret est mis en rotation à l'aide de l'archet. On le tient comme un vilebrequin; il perce soit horizontalement, soit verticalement, et quand il est bien exécuté, on a peine à concevoir comment l'arbre est placé et se meut.

17° Rabot à crémaillères.

Cet outil est d'autant plus utile, qu'il facilite le travail et donne des résultats supérieurs; il sert à faire des crémaillères en bois d'une parfaite régularité. Cet outil, monté sur un fût à peu près semblable à celui du feuilleret, est composé d'un couteau placé à 27 millim. (1 pouce) à peu près de l'extrémité antérieure du fût, et disposé de manière à ne pas faire éclater le bois de travers; il porte en outre un fer incliné en diagonale par rapport au couteau. Avec cet outil on fait sur toute la longueur et dans toute la largeur d'un madrier d'épaisseur suffisante, des entailles rectangulaires de la plus parfaite égalité. Pour avoir les crémaillères, on refend ensuite le madrier sur sa longueur, à la largeur convenable.

18° Machine à percer les mortaises.

L'invention de cette machine-outil est due à M. Brunel, et sa description suivante est extraite de ses travaux.

Il existe déjà plusieurs machines servant à percer des mortaises : une anglaise, une américaine; mais leur emploi ne s'est pas répandu parce qu'elles exigent de grands développements de force motrice, et qu'elles sont sujettes à se déranger, ce qui les rend d'un entretien coûteux. Il paraît que la machine de M. Brunel n'a pas ces inconvénients. Nous disons *il paraît*, car nous n'avons rien d'assuré à cet égard, et nous le donnons, moins dans l'espoir qu'elle sera imitée par nos menuisiers, que dans celui qu'elle appellera leur attention sur une des opérations les plus communes de l'art; sur les mortaises, qu'ils creusent péniblement à la main, tandis qu'il serait possible de trouver une machine-outil plus usuelle que celle de M. Brunel, qui fît cette opération de tous les instants plus régulièrement et surtout d'une manière plus générale.

C'est ainsi que s'exprime le traducteur de la description de cette machine assez compliquée, mais intéressante sous plusieurs rapports.

Fig. 171, *pl.* 6 et ses détails de 9 à 17.

Fig. 9, élévation de face.

Fig. 10, élévation vue de côté.

Fig. 11, coupe horizontale selon *x x* de la *fig.* 10.

Fig. 12, coupe horizontale selon *y y*, même *fig.*

Fig. 13, 14, 15, 16, 17, pièces de détail vues séparément.

La machine est supportée par un bâtis en fonte. Le charriot en fonte de fer A (auquel on peut d'ailleurs donner toute autre forme) porte les pièces dans lesquelles on veut percer des mortaises. Sur le bâtis, existent des guides sur lesquels glisse le charriot qui avance à chaque coup de ciseau d'un espace égal à l'épaisseur du bois enlevé : ce mouvement est réglé et la progression cesse dès que le ciseau est arrivé à l'endroit où la mortaise doit se terminer. Deux règles de métal B B sont fixées par des vis aux colonnes ou montants du bâtis ; elles sont rainées en angle saillant sur lequel glissent deux réglettes *a*, dont les champs sont rainés en angle rentrant s'ajustant sur les angles saillants des règles B. Ces deux réglettes *a* convergent ensuite et se réunissent en *a'*.

Le porte-outil reçoit son impulsion au moyen d'une manivelle *b*, placée à l'extrémité de l'arbre horizontal C, qui tourne entre des coussinets dont l'un se trouve sur la traverse D, et l'autre sur le support E, à l'autre extrémité de la machine.

Cet arbre reçoit son mouvement d'une courroie, mue par le moteur principal, et qui passe sur l'arbre C en embrassant la poulie F.

G, volant. H, bielle, attachée par le bas à la manivelle *b*, et par le haut au point de jonction *a'* des réglettes *a*.

c, tourillon attenant à la jonction des réglettes *a* et de la

bielle H ; il glisse dans un collier formé par la réunion des
montants courbes qui dominent les colonnes du bâtis, et sert à
donner au porte-outil et aux ciseaux qui y sont attachés, un
mouvement vertical.

d d, traverses fixées aux réglettes *a* : elles soutiennent les
outils I I au moyen des porte-outils qui avancent par devant.
Les porte-outils, vus en plan *fig*. 11, reçoivent les ciseaux
dans leurs cavités, où ils sont fixés par les vis de pression *e e*.
La *fig*. 15 représente un porte-outil vu à part, dans cette figure I est le ciseau. On peut monter ou descendre à volonté
les ciseaux pris dans les porte-outils, selon la profondeur à
donner aux mortaises qu'on veut percer.

Nous avons vu plus haut que A est le charriot sur lequel sont
placées les pièces dans lesquelles on veut pratiquer des mor-
aises. L'impulsion lui est communiquée par la vis J passant
dans un écrou placé au centre du rochet K, dont l'arbre tourne
dans un collier qui se trouve dans la traverse L du bâtis. En
tournant, le rochet attire dans son écrou la vis J qui attire en
même temps le charriot A auquel elle est adjointe, et, par suite
de ce mouvement, le bois supporté par ce charriot.

C' est le cliquet *f* dont la dent pousse le rochet qui lui donne
son mouvement (voyez *fig*. 13). Ce cliquet *f* tient par une
brisure au bout inférieur d'une petite bielle M (même *fig*.
13); l'autre bout de cette bielle qui forme chape, dans laquelle
tourne un galet *g'*, s'appuie au moyen de ce galet sur une poulie excentrique *h*, montée sur l'arbre C, à chaque tour, et lorsque les outils sont libres et au bout de leur course, la poulie
excentrique *h* pousse la bielle *m*, qui, elle-même, virant sur le
nœud qui se trouve au milieu de sa longueur, et sur lequel
elle fait bascule, pousse le cliquet *f* qui fait virer le rochet K
et avancer la vis J, qui entraîne le charriot A et le bois qu'il supporte. La grandeur des dents du rochet déterminant l'avance-
ment du bois, détermine aussi l'épaisseur des copeaux enlevés
par les ciseaux.

N, roue dentée, montée sur l'arbre de la roue à rochet et
tournant avec elle. Elle engrène avec le pignon O de l'arbre
de la manivelle Q. C'est en tournant cette manivelle que l'ouvrier fait avancer ou reculer le charriot.

On règle à volonté le mouvement du charriot selon la longueur des mortaises qu'on veut percer. Le cliquet *f* pose sur
l'extrémité d'un levier *i* fixé par une rivure mobile qui l'attache après l'une des colonnes du bâtis. Il se trouve soulevé

par l'autre extrémité par un second levier j, recourbé, ayan
une attache au milieu, et faisant bascule. A l'endroit où ⸱
levier j touche le levier i, se trouve un galet, ou roulette,
mouvant dans une chape formée par l'extrémité de ce levie⸱
ce galet est destiné à diminuer les frottements. Son extrémi⸱
opposée k est chargée d'un poids, qui en faisant baisser k fa⸱
lever j, qui soulève le levier i, qui, lui-même, soulève le cl⸱
quet f et laisse libre le rochet K qui est alors désengrené. Alo⸱
le charriot est libre et sans mouvement. Lorsqu'il est en mouv⸱
ment, le poids k du levier j k est supporté par une règle en fl
l, fig. 9 et 12, qui est fixée par des vis sur le côté du bâtis .
Cette situation permet au cliquet f de descendre et d'engren⸱
avec le rochet K. Alors, à chaque tour, la dent du cliqu⸱
pousse le rochet, et le fait tourner jusqu'à ce que le charriot⸱
la pièce à percer qu'il supporte, aient parcouru l'espace qu'⸱
doivent parcourir selon la longueur qu'on veut donner à
mortaise. Lorsque le poids est parvenu à l'extrémité de
règle l, il tombe, et par ce mouvement de bascule des levie⸱
i , j , k , que nous venons d'expliquer, le cliquet cesse d'engr⸱
ner et le charriot s'arrête.

L'arbre C porte un volant G et une poulie plate F, qui ⸱
sont point fixés sur cet arbre, mais qui tournent avec lui ⸱
moyen d'un encliquetage. Pour embrayer, on approche de ⸱
poulie F la roue R, fig. 11, qui se meut dans le sens de l'a⸱
de l'arbre et qui est entraînée par des étoquiaux dans son mo⸱
vement de rotation; le levier S, même fig. 11, qui vire sur ⸱
nœud s', sert à opérer le rapprochement de la roue R et l'er⸱
brayure; les pointes des vis m se logent dans une rainure c⸱
culaire pratiquée à cet effet dans le manchon de la roue R q⸱
n'embraie point au moyen d'étoquiaux avec la poulie F, m⸱
qui étant conique, et étant reçu dans une cavité également o
nique, adhère fortement par la seule résistance du frottemen⸱

Pour que l'arbre entraîné par l'impulsion du volant ⸱
puisse tourner après qu'on a désembrayé, ce qui serait trè⸱
nuisible à l'opération, le côté de la roue R opposé à celui q⸱
s'insère dans la poulie F est aussi de forme conique et vie⸱
pénétrer, lorsqu'on débraie, dans la cavité de même for⸱
de la roue T, fixée solidement au bâtis : par ce moyen, l'arl⸱
est instantanément arrêté.

La forme des ciseaux H (voy. fig. 14) mérite une attenti⸱
particulière : ils portent sur chaque côté de la lame une pet⸱
rainure en queue d'aronde qui reçoit une dent n dont le t⸱

int se trouve former la partie postérieure des ciseaux ; elles servent à couper net les angles de la mortaise à chaque coup de ciseau et à préparer le copeau que le coup suivant de ciseau doit emporter, et cela, sans écorcher les angles de la mortaise ; une seule opération de la machine suffit par ce moyen, pour rendre la mortaise parfaitement vide et dressée à l'intérieur.

Une petite languette d'acier o, faisant ressort, est fixée devant la lame du ciseau, par une vis s'enfonçant dans le corps même du ciseau, dans lequel la languette o est encastrée par le haut. Son usage est d'écarter les copeaux au fur et à mesure que les ciseaux les coupent.

La pièce de bois dans laquelle il s'agit de percer les mortaises est fixée sur le charriot A au moyen de la vis p fig. 10 et 2 ; la machine est munie de trois vis semblables, afin qu'on puisse y fixer à la fois trois morceaux de bois, qui sont supportés par leur autre bout par des tasseaux r r, fig. 12, attachés à la traverse q adhérente aux deux côtés du charriot. Au moyen d'entailles pratiquées le long de ces deux côtés, on recule ou on avance cette traverse q selon la longueur des pièces à maintenir entre elle et les vis p. La fig 16 représente la traverse q vue de côté : les cercles qu'on y distingue sont en fer et saillants, ils remplissent vis-à-vis des morceaux pressés par les vis p les fonctions des grilles dans les établis ordinaires ; ils s'impriment dans le bois et le retiennent.

Une petite règle de fer, t, fixée sur deux chevilles u, qui peut glisser selon leur longueur, forme le guide de la partie supérieure de la pièce de bois. Les deux bras r de la pièce s se trouvent à la même distance l'un de l'autre que les vis p, et les morceaux de bois s'ajustent en faisant glisser la pièce s au moyen de la vis qui la fixe à la traverse q ; cette vis passe dans une rainure pratiquée dans la pièce, et l'on peut ainsi la serrer à la distance voulue par l'épaisseur du morceau de bois à percer.

Effet de la machine.

Les morceaux à percer sont fixés entre les vis p du charriot et les anneaux saillants de la traverse q ; l'ouvrier fait tourner la manivelle Q jusqu'à ce que l'ébauche de la mortaise (1) soit

---

(1) Il est plus que probable, d'après cette phrase, que les mortaises sont préparées à l'avance ; on fait assurément des avant-trous ; et il ne s'agit ici que des mortaises débauchées, ce qui restreint considérablement l'effet de la machine. On pourra trouver mieux et surtout quelque chose de beaucoup plus simple que cette machine. (Note du Traducteur.)

arrivée sous le ciseau 1, il fait alors embrayer la machine 6
poussant la roue R contre la poulie F; après le premier tou
les ciseaux se relèvent, l'excentrique *h* met en mouvement
levier coudé qui fait mouvoir le cliquet *f*, qui fait lui-mêm
tourner d'une dent le rochet K, qui lui-même encore fait avar
cer la vis de rappel J, qui amène le chariot A et la pièce qu.
supporte, le tout ainsi qu'on l'a vu ci-dessus. Cette opération
continue jusqu'à ce que la mortaise soit arrivée à la longueu
qu'elle doit avoir; alors le poids *k* du levier *j k* n'étant pl
soutenu par la règle *l*, tombe, fait mouvoir les leviers *j*,
   qui enlèvent et desengrènent le cliquet *f*; le bois reste in
mobile, et l'ouvrier arrête alors le mouvement des ciseaux 6
ramenant la roue R dans le cône de la roue fixe T, ainsi qu.
a été dit, ce qu'il prend soin de faire lorsque les ciseaux sor
au plus haut de leur course.

On annonce que l'effet de ces machines est si prompt, qu'o
en a vu une faire 400 tailles par minute. On ne peut, dit-on
distinguer l'action des ciseaux (1), tant elle est rapide, et l'o
voit tomber les copeaux et grandir les mortaises sans cau
apparente.

MÈCHE *à percer des trous de diamètres différents, fig.* 172, *pl.*
et ses détails, de 18 à 22 (2).

   « Les mèches d'un fort diamètre sont les outils qui, dan
» ces derniers temps, ont attiré l'attention des ouvriers et dl
» personnes qui s'occupent de technologie, parce qu'elles sor
» l'endroit faible de l'outillage. Les diamètres de 27 millin
» (1 pouce) et au-dessous se trouvent aisément et en assez bonr
» qualité chez les marchands d'outils; mais passé cette ma
» sure, l'assortiment devient difficile à compléter; aussi a-
» on vu dernièrement des essais de nouvelles formes, et dl
» mèches à trois pointes diversement construites. On a fa
» une mèche assez ingénieuse dont les côtés, en s'éloignant o
» se rapprochant de la pointe du centre, permettent de fair
» des trous de diamètres différents. Cette idée est heureuse

_____

(1) Si ce mouvement est si rapide, comment arrêter les ciseaux au plus haut :
leur course? (*Note du Traducteur.*)

(2) Nous donnons cette mèche avec d'autant plus de confiance que nous en avons fi
fabriquer une pour notre usage particulier, et qu'elle réussit parfaitement bien et sa
efforts. Nous avons, avec son aide, percé un trou de 135 millim. (5 pouces) de diam
tre dans un madrier de chêne, aussi facilement que nous aurions percé un trou de 35 m.i
(15 lignes) avec les mèches ordinaires. Nous copions mot à mot les deux articles
Journal des Ateliers qui la concernent, parce que l'un est le corollaire de l'autre.

mais avant d'en faire part à nos lecteurs, nous croyons devoir la mettre nous-même à exécution et étudier son effet ; encore bien que nous ne mettions pas en doute la bonne foi et l'expérience des auteurs qui en ont parlé (1), en attendant, nous leur ferons connaître une mèche très-commode que nous avons vue dans les ateliers de M. Cochot, artiste éminemment distingué, que nous aurons plus d'une fois l'occasion de citer, parce que la nature l'a doué d'un génie inventif qu'il applique journellement aux découvertes utiles. Cette mèche, dont nous avons été mis à même de voir les effets, opère facilement, et sans grande dépense d'efforts, le percement en travers d'une table d'établi ; elle offre en outre cet avantage que, lorsqu'il s'agit d'encastrer la tête d'un boulon, on peut d'abord faire la noyure de la tête, et percer ensuite le trou qui doit recevoir la tige.

» Elle se compose 1° d'une tige en fer plus ou moins longue, plus ou moins forte, suivant sa destination : cette tige est ronde et s'élargit par le bas en un renflement percé d'une mortaise transversale *a*, *fig*. 18 ; elle est terminée par le bas par une vis tire-fond *b*. La mortaise *a* doit être bien dressée à l'intérieur. On lui donne assez ordinairement, pour les mèches d'un petit diamètre, un dégagement *c* par lequel s'échappe le copeau.

» 2° D'une pièce en acier qui est la mèche proprement dite, et que les *fig*. 19 et 20 font voir sur diverses faces, savoir : la *fig*. 19, de face et de profil, et la *fig* 20, en dessus et mise en place. Cette pièce diffère de la partie inférieure des mèches à trois pointes ordinaires par l'entaille *a*, qui doit être égale en longueur à la grandeur du diamètre du renflement de la tige. Son épaisseur doit être exactement

1) Cette promesse a reçu son accomplissement dans le 9e numéro de cet ouvrage. La mèche perfectionnée y est dessinée avec soin : onze figures sont consacrées à sa démonstration, qui est d'ailleurs clairement exposée *page* 261 *et suic.* du texte, qui contient également des choses très-intéressantes et des aperçus tout nouveaux sur les moyens de percer les bois. Nous regrettons bien vivement de ne pouvoir transcrire ici les articles qui seraient d'une utilité spéciale aux menuisiers ; mais nous ne pouvons faire passer tout ce journal dans nos pages ; nous nous contenterons d'en conseiller la lecture à ceux qui attachent de l'importance au perfectionnement des machines-outils de leur profession. Nous appelons particulièrement l'attention sur les articles suivants : Planes, *p.* 348. — Billard nouveau, *p.* 286. — Ciseaux de menuisier. *p.* 348. — Couleur sur les bois indigènes, *p.* 31. — Fers de rabots et de moulures, *p.* 347. — *Idem* de rivets, *p.* 348. — *Id.* de fermoirs, *p.* 349. — Loupe de frêne, *p.* 16. — Outils de tant, *p.* 61. — Outils de Camus, *p.* 247. — Niveau rapporteur, *p.* 283. — Parquet mosaïque, *p.* 236. — Porte-queue, *p.* 122. — Presse à plaquer, *p.* 203. — Presses d'étanouvelles, *p.* 333. — Rabot à semelle de fonte, *p.* 14. — Sergents de menuisier de diverses sortes, *p.* 86, — Filière à bois, *p.* 198. — Moyen de remplacer la presse allemande, *p.* 305.

» semblable à la largeur de la mortaise a, *fig.* 18, dans la
» quelle elle doit entrer avec peine. Le profil dessiné à part
» à droite de la *fig.* 19, indique l'inclinaison qu'il convien
» de donner au couteau. Lorsque la mèche est grande, on in
» cline le champ du couteau et du traçoir de manière à évite
» les frottements nuisibles, ce qui fait que les parties tran
» chantes rencontrent seules la matière. La *fig.* 20 fera com
» prendre quelle doit être cette inclinaison du fer relativemen
» au cercle ponctué qui indique la grandeur du trou.

» Enfin, lorsque la mèche, *fig.* 19, est passée par le côté d
» traçoir dans la mortaise a, *fig.* 18, et que l'entaille a es
» placée à cheval sur l'épaulement inférieur de la mortais
» on passe dans le vide excédant de cette mortaise le coin e
» fer représenté *fig.* 21, que l'on chasse avec force à l'aid
» d'un marteau, afin qu'il opère pression sur la mèche,
» empêche l'entaille a de quitter sa position. A cet effet,
» sera convenable de disposer le coin de manière à ce qu'il n
» touche que faiblement sur les côtés, et que tout son effor
» ait lieu en haut et en bas.

» La *fig.* 22 représente la mèche tout assemblée : les le
» tres de renvoi sont les mêmes. Nous appelons sur cet out
» l'attention de nos lecteurs ; il est d'une confection facile, e
» en assortissant les mèches, *fig.* 19, la même tige peut serv
» à percer des trous depuis 34 jusqu'à 81 millim. (1 pou
» 2 lignes jusqu'à 3 pouces) et même davantage. On aura so
» que le côté du couteau soit de quelque chose moins long qu
» le côté du traçoir, et que ce traçoir, dans les grandes mèch
» affecte autant que possible la forme du bédane. Cette mèc
» peut marcher seule ; mais, en général, il convient de perc
» un avant-trou dans lequel s'engage le tire-fond b (1).

Journal des Ateliers.

La MÊME MÈCHE avec le conducteur de M. DUPONT.

« Monsieur, la profession de tourneur que j'exerce depu
» longtemps, m'ayant souvent mis dans la nécessité de pe
» cer des trous de tout diamètre, j'ai été obligé, pour donn
» un peu de perfection à mon ouvrage, de chercher dans mo

(1) Il faut une grande habitude pour faire marcher cette mèche sans un condu
teur : c'est ce qui fait que nous préférons adopter le correctif de M. Dupont,
après donné. Le conducteur est très-simple : c'est une planche posée debout; o
fait sur le haut une petite encoche semi-circulaire avec une râpe demi-ronde, de
laquelle encoche on fait appuyer la tige de la mèche. Par ce moyen on perce trè
facilement avec cette première mèche · il n'est pas besoin alors de faire d'avant-tro

imagination des moyens que je ne connaissais pas. J'ai été surpris de trouver dans votre dernier numéro, à l'article *Menuiserie*, la description d'une mèche dont je me croyais l'inventeur. Il y a plusieurs années que je m'en sers. Je l'avais d'abord faite comme celle de M. Cochot; mais j'ai reconnu que pour le peu qu'on appuie d'un côté plus que de l'autre, la mèche s'engage, et que la pointe du traçoir risque alors de casser (1). Pour remédier à cet inconvénient, j'ai imaginée d'en faire une autre et d'y laisser, en place du tire-fond indiqué *b* sur la figure, une tige avancée de 81 millim (3 pouces) qui sert de conducteur, laquelle est taraudée, dans toute sa longueur, d'un filet très-fin 1 millim. (1/2 ligne) environ. Je perce un avant-trou dans lequel j'introduis le conducteur un peu juste, et je perce sans effort, et je puis dire avec perfection, des trous de 81 et 108 millim. (3 et 4 pouces); on pourrait même en percer de 135 et de 162 mill. (de 5 et de 6 pouc.) avec la même tige, qui a 16 à 18 millim. (7 à 8 lignes) de grosseur. J'attache, de l'autre côté du morceau que je perce, une planchette de 20 à 23 millim. (9 à 10 lignes) d'épaisseur, qui est aussi percée, et qui sert à tirer la mèche (2).

» DUPONT père, tourneur à Châtillon. »

CHAPITRE VI.

DES INSTRUMENTS A MESURER ET TRACER.

1° *Le Compas.*

Chacun connaît cet instrument; on sait qu'il consiste en deux tiges de métal, pointues à une extrémité, et réunies par l'autre à l'aide d'une charnière qui permet de les écarter et de les rapprocher à volonté, de telle sorte qu'elles forment des angles de tous les degrés.

Le compas de menuisier, qui sert à la fois à prendre des mesures, à tracer des cercles ou des portions de cercle, et à exécuter diverses opérations de géométrie (3), est ordinaire-

(1) Cela n'est pas à craindre avec le support.

(2) Dans la mèche que nous avons fait confectionner par M. Dupont père, et dont nous nous servons tous les jours avec avantage, le conducteur est parfaitement cylindrique, long de 128 mill. (4 pouces 8 lignes), gros de 16 à 18 mill. (7 à 8 lignes). Le copeau sort uniforme, épais d'un millimètre (1/2 ligne) : le trou est parfaitement net en dedans.

(3) Voyez les principes ou figures de géométrie que l'on exécute avec le compas, planche 1.

ment en fer avec des pointes d'acier. Les branches sont à moitié cylindriques, et leur longueur est de 189 à 217 millim.
(7 à 8 pouces). Il y a de plus grands compas qui ont 406 ou
541 millim. (15 ou 20 pouces) et servent à faire des compartiments; enfin, on emploie un compas de fer plat d'environ
81 centim. (2 pieds et demi) de longueur, que les ouvriers
nomment *fausse équerre de fer*.

2° *Le Pied de roi et le demi-mètre.*

Je ne dirai rien de la règle; elle est trop connue pour qu'il
soit utile d'en parler (1). Je me contenterai aussi de nommer
le *pied de roi*. Lorsqu'on veut l'acheter, il est bon cependant
de s'assurer qu'il a une longueur convenable, et de vérifier
avec un compas, l'exactitude de ses divisions. Il suffit pour cela
de prendre entre les deux pointes un certain nombre de divisions, six lignes par exemple, et, sans changer l'écartement
des branches, de placer ces deux pointes sur un autre endroit
du pied de roi, pour voir si partout elles embrassent exactement le même nombre de divisions, et si, par conséquent, les
lignes sont bien égales les unes aux autres.

J'insisterai davantage sur l'utilité du *demi-mètre*, plus récemment en usage, et qui mérite à tous égards la préférence
Cet instrument dont la longueur répond à 50 centim. (1 pied
6 pouces 6 lignes), lorsqu'il est entièrement ouvert, et par conséquent à 244 millim. (9 pouces) environ, quand il est fermé
est facilement exécuté en cuivre ou en bois; il se compose de
deux branches dont l'une est creuse, et reçoit à frottement
l'autre branche, qui est mobile. L'instrument peut, par ce
moyen être allongé ou raccourci de moitié, ce qui le rend très
portatif et surtout très-commode pour prendre la distance qu
existe entre deux parois, puisqu'on peut se borner à lui donner
juste la longueur nécessaire. L'outil doit porter cinquante divisions ou centimètres; mais il est important de remarquer
qu'ils sont numérotés en sens inverse, et que le vingt-sixième
centimètre, au lieu d'être porté à l'extrémité de la branche mobile qui pénètre la première dans la branche creuse, et pa

---

(1) Pour vérifier si une règle est droite, il faut l'appliquer par un côté sur une
autre règle; puis, tournant à droite ce qui était à gauche, appliquer le même côté
sur le même endroit de la règle d'épreuve qu'on n'a pas changée de place. On peut
être assuré que la règle est très-bonne si, dans les deux cas, les deux règles se sont
appliquées exactement l'une sur l'autre, ce dont on s'assure en regardant à contre-jour
la lumière ne passe entre elles. Il vaut bien mieux se servir de ce procédé, indiqué par
M. Desmanot, que de se contenter de bornoyer ainsi que le font pour l'ordinaire
menuisiers.

nséquent du côté le plus rapproché du vingt-cinquième cen-
mètre, est placé à l'autre bout; par ce moyen, lorsque cette
ranche est entièrement tirée, la cinquantième division est la
lus rapprochée de la vingt-cinquième. Lors donc que l'on
peut savoir combien de centimètres marque l'instrument, il
ut regarder au point de la règle mobile, le plus voisin de la
règle creuse; un coup-d'œil jeté sur le demi-mètre fera facilement comprendre tout cela.

Le demi-mètre a sur le pied de roi le grand avantage de ne
pas se fausser, ce qui arrive souvent à ce dernier, au point de
l'union des deux branches; il a l'avantage encore de familia-
riser l'ouvrier qui s'en sert, avec les nouvelles mesures, bien
plus commodes pour le calcul que les mesures anciennes. Cela
seul est inappréciable; car à l'aide du système métrique, l'ouvrier le moins intelligent serait bientôt en état de faire tous ses
toisés lui-même. Enfin, comme l'a fait observer M. Lacroix
dans son *Manuel d'arpentage* faisant partie de l'*Encyclopédie-
Roret*, il ne pourrait manquer d'obtenir plus de précision
dans le coup-d'œil et dans ses opérations, en employant une
mesure non-seulement mieux faite que le pied, mais encore
dont la dernière division (le millimètre) étant environ deux
fois plus petite que la ligne, l'obligerait à prendre plus exactement ses dimensions.

Cette dernière considération m'engage à ajouter, d'après ce
même écrivain, que M. Kutsh, dont le dépôt est à Paris, rue
de la Tixeranderie, a exécuté en buis, en employant une machine à diviser, des doubles décimètres dont les divisions sont
aussi nettes qu'exactes, et dont le prix n'est pas supérieur à
celui des pieds de roi de la même matière, le plus souvent mal
exécutés.

3º *Le maître à danser* (fig. 33, pl. 1ʳᵉ).

J'ai dit que le demi-mètre est très-commode à employer
quand on veut mesurer la distance des parois intérieures de
certains ouvrages, telles que les cases d'un chiffonnier. Comme
on peut l'allonger et le raccourcir à volonté, il s'applique en
effet très-commodément entre chacune de ces faces internes;
mais il cesse d'être utile si elles sont peu séparées. Dans ce cas,
il est difficile de s'en servir avec l'assurance d'une grande
exactitude. Il y a cependant des cas où l'on a besoin de savoir parfaitement à quoi s'en tenir. Par exemple, lorsqu'on
a fait une mortaise ou entaille longitudinale, dans laquelle
on veut faire pénétrer une pièce de bois, il faut parfaitement

connaître la longueur de l'entaille, afin d'y proportionner
les dimensions du tenon ou partie amincie de la pièce de bois
qui doit être reçue dans la mortaise. C'est à quoi peut servir
mieux que tout autre instrument, l'espèce de compas connu
spécialement sous le nom bizarre de *maître à danser*, et qui,
malheureusement, n'est pas usuel chez les menuisiers, auxquels
il éviterait bien des tâtonnements.

Ce compas est formé de deux branches dont la moitié supérieure a la forme d'un demi-cercle, tandis que la moitié
inférieure, d'abord droite, se recourbe un peu à l'extrémité
de manière à former une courte saillie, dirigée du même côté
que la convexité de la moitié supérieure. Ces deux branches
sont croisées l'une sur l'autre, percées au point où commence
la courbure, et réunies à cet endroit par une goupille en cuivre, rivée des deux côtés en une large tête, et formant une
espèce de charnière. Il en résulte qu'on peut écarter ou rapprocher comme on veut les deux branches, et se servir de
leur écartement plus ou moins grand pour prendre les mesures. Quand elles sont fermées autant que possible, les deux
parties droites se touchent dans toute leur longueur, représentant assez bien, à cause des deux petites saillies qui les
accompagnent latéralement, la position des jambes d'un maître de danse, qui enseigne à écarter le plus possible la pointe
des pieds. Les deux croissants ont, au contraire, la forme
d'un cercle; mais ils sont séparés au sommet, d'un intervalle
précisément égal à celui qui existe entre les extrémités des
saillies inférieures. Cette relation doit toujours exister exactement, quel que soit le degré d'écartement des branches; elle
constitue la bonté du *maître à danser*, qui ne remplit son but
qu'autant que l'espace entre la pointe des deux croissants est
toujours parfaitement égal à l'éloignement des pointes des
saillies inférieures.

On peut facilement vérifier si le compas remplit cette condition. Au moment où on l'achète et où on en a plusieurs sous
la main, il faut les mesurer l'un par l'autre, et s'assurer si les
jambes de l'un entrent bien juste entre le sommet des croissants
de l'autre, et réciproquement. Si on n'avait pas au moins
deux de ces compas à sa disposition, on prendrait une taba-
tière fermant un peu raide; on prend la gorge entre les branches courbes du compas, et sans changer sa position, on tâche
de faire entrer les pieds dans le couvercle. S'il est bon, les pieds
entreront à frottement doux. J'ai dû donner ces détails, parce

me ce compas, qui a beaucoup de valeur lorsqu'il est bien juste, en a infiniment moins lorsqu'il ne l'est pas ; ce qui arrive souvent, parce que son ajustage est une opération longue et difficile.

D'après ce que nous venons de dire, l'emploi de l'instrument est facile à comprendre. Veut-on, après avoir creusé une mortaise, tailler un tenon qui la remplisse avec la plus grande exactitude, on enfonce les jambes du *maître à danser* dans la mortaise, on les écarte jusqu'à ce qu'elles touchent de part et d'autre les parois dont on veut mesurer l'éloignement : alors, l'écartement des branches courbes indique avec précision les dimensions correspondantes que le tenon doit avoir, et rien n'est plus facile que de porter cette mesure sur le morceau de bois destiné à le faire. Si, le tenon étant fait, on voulait avoir la longueur de la mortaise, il faudrait agir en sens inverse, saisir le tenon entre les branches courbes, et prendre pour mesure l'espace compris entre les pointes des saillies ; mais ce cas se présente rarement : il est plus sûr d'appliquer le tenon là où doit être creusée la mortaise, et dont on trace les dimensions exactement avec une pointe de fer qu'on fait glisser le long des bords du tenon, en appuyant un peu.

4° Le fil à plomb.

Les menuisiers ont souvent besoin de savoir si une pièce de bois est posée bien verticalement ou, comme ils le disent, bien d'aplomb. D'autres fois ils ont besoin de donner à leur ouvrage une position bien horizontale; pour tout cela le *fil à plomb* est l'instrument le plus commode.

Comme l'indique son nom, c'est tout bonnement un globule de plomb ou de fer de la grosseur de 27 millim. (1 pouce), suspendu au bout d'une ficelle. Cette masse tend, par sa pesanteur, à se diriger toujours vers le centre de la terre, et fait prendre à la ficelle la même direction ; et comme la ligne verticale est précisément celle qui est supposée aller de la circonférence au centre de la terre, on ne peut avoir de meilleur moyen de vérification que ce simple instrument. Il y a plusieurs manières d'en tirer parti, plusieurs façons de suspendre le plomb pour mieux observer la direction de la ficelle ; voilà celle qui me semble la plus simple, qui se prête le mieux à tous les besoins.

On prend une planche longue d'environ 65 centim. (2 pieds), et large d'à-peu-près 162 millim. (6 pouces); on la dresse sur

ses faces, puis on rabote ses côtés avec la plus grande exacti
tude, de telle sorte qu'ils soient bien parallèles entr'eux, e
que ceux qui ne sont pas opposés l'un à l'autre fassent un an
gle droit bien exact, ce dont on s'assure facilement avec l'é
querre, comme nous le verrons bientôt. Cela fait, on trace ar
milieu d'une de ses surfaces, une ligne qui divise exactemen
sa largeur en deux parties. Au bas de la planche, en prenan
cette ligne pour centre, on trace un demi-cercle dont la con
vexité est tournée vers le haut, dont les extrémités aboutissen
au bas de la planche, à 27 millim. (1 pouce) environ de chacu
de ses côtés. Avec une scie à chantourner, on enlève tout ce qu
est compris dans cette couche, de manière à former une échan
crure demi-circulaire. Au haut de la planche, et sur la lign
médiane qui divise sa largeur, on donne un trait de scie ave
une scie dont la voie soit un peu large; il en résulte une fent
longue d'à-peu-près 14 millim. (un demi-pouce) et dont la lign
médiane semble être la prolongation. On fait un nœud à un
bout de ficelle, on fait passer ce bout dans la fente, de tell
sorte qu'il y soit arrêté par le nœud; à l'autre extrémité on
attache le plomb, et la ficelle doit être assez grande pour qu'il
se trouve suspendu au-devant de l'échancrure circulaire inférieure, et ballotter librement entre ses parois. Sans cette précaution, son épaisseur ne permettrait pas à la ficelle de s'appliquer exactement contre la planche.

La manière de s'en servir est simple : veut-on vérifier si une
pièce de bois est verticale, on applique contre sa surface un
des plus longs côtés de la planche : alors si la ficelle tendue par
le plomb ne suit pas exactement la ligne médiane, si elle s'en
écarte à droite ou à gauche, en un mot si le plomb ne touche
pas loin au milieu de l'échancrure demi-circulaire, la pièce de
bois n'est pas d'aplomb.

Veut-on, au contraire, mesurer l'horizontalité d'une autre
pièce de bois, la chose n'est pas plus difficile. On place sur la
pièce de bois le bas de la planche, de manière à ce que les deux
extrémités du croissant formé par l'échancrure circulaire s'appliquent sur cette pièce de bois, et l'on tient cette planche assez verticalement pour que le plomb puisse se balancer librement, ce qui n'aurait pas lieu à cause du frottement, si l'on
inclinait en arrière. Dans ce cas, il est évident que la pièce de
bois ne penche ni à droite ni à gauche si le fil à plomb ne
penche d'aucun de ces côtés; en posant la planche transversalement à sa première direction, on vérifiera de même si la
pièce de bois penche en avant ou en arrière.

5° *Les Réglets* (fig. 34, pl. 2).

Cet instrument sert à mesurer, non pas si une pièce de bois st bien horizontale, mais si aucune de ses faces ne s'écarte de horizontalité; en un mot, si, dans le langage des ouvriers, a surface est bien dégauchie.

Il consiste dans deux planches parfaitement dressées sur la anche et d'une hauteur bien égale, réunies entre elles à l'aide 'une traverse qui permet de les écarter ou de les rapprocher omme on veut. La traverse est carrée; elle glisse dans une ortaise pratiquée dans chaque planche, les parois inférieures e la mortaise sont bien parallèles aux bords inférieurs de la lanche, afin que les bords des planches se trouvent aussi bien arallèles l'un à l'autre. La manière de se servir de cet ins-ument est tellement simple, que nous n'entrerons dans au-un détail à cet égard. On voit qu'il suffit de l'appliquer sur ouvrage en différents endroits, et que s'il n'en joint pas bien xactement la surface sur tous les points, il y a dans cette urface un défaut d'horizontalité.

6° *Le Niveau.*

Il sert au même usage que les réglets, et n'est pas autre hose qu'une application du fil à plomb. Deux pièces de bois ssemblées à angle droit sont réunies par l'autre bout, à aide d'une traverse dont le milieu est exactement marqué; le l à plomb est attaché au sommet de ce triangle, et la ficelle adique l'horizontalité quand elle coïncide avec le repère fait u milieu de la traverse. Comme les montants qui forment angle sont posés de biais, leur extrémité inférieure est aussi aillée de biais, afin de s'appliquer sur les surfaces planes.

7° *Le Compas à verge* (fig. 35.)

Les outils dont j'ai parlé depuis le commencement de ce hapitre sont spécialement employés à mesurer; quelques-uns ependant servent aussi à tracer : tel est le compas ordinaire, ar la description duquel j'ai commencé cette série.

En même temps qu'on l'emploie à mesurer les distances d'un oint à un autre, on le fait souvent servir à décrire des cour-es; mais son étendue est bornée. Si l'on écarte trop ses bran-hes, la moindre pression les fait rentrer encore davantage; se dérange pendant l'opération, et devient un instrument afidèle. Si on lui donne assez de longueur pour n'avoir pas

besoin de le trop ouvrir, il devient lourd et embarrassant :
remédie à tout cela à l'aide du compas à verge.

C'est une longue tringle de bois ayant ordinairement
millim. (1 pouce) d'équarrissage, et depuis 1 mètre 949 m
lim. jusqu'à 3 mètres 898 millim. (6 pieds jusqu'à 12 pieo
de longueur; l'un de ses bouts est encastré à mortaise et d'u
manière fixe dans une planche épaisse de 27 millim. (1 pouce
haute de 108 millim. (4 pouces), large de 81 millim. (3 po
ces) par en haut et arrondie en dessous : cette planche
traversée perpendiculairement à la longueur de la tringl
par une pointe en fer qui sort en dessous d'environ 27 milli
(1 pouce). L'autre bout de la traverse glisse à frottement da
une mortaise carrée pratiquée au milieu d'une autre planc
semblable en tout à la première, et armée de même d'u
pointe de fer ou d'acier : cette seconde planche est par con
quent mobile; toutes les deux sont, à proprement parler,
deux branches de cette espèce de compas. La tringle horizo
tale tient lieu de charnière et règle l'écartement des branch
on fixe où l'on veut la planchette mobile par un moyen bi
simple. Cette planche est percée du haut en bas d'une morta
perpendiculaire, un peu conique, qui passe à côté de la mo
taise horizontale, et la pénètre d'environ 2 millim. (1 ligne
Lorsque la mortaise horizontale a reçu la tringle, on pla
dans la mortaise verticale un petit coin de bois; à mesu
qu'on l'enfonce, il presse la tringle qu'il rencontre contre
paroi latérale opposée de la mortaise horizontale, et par sui
de cette pression, ne lui permet plus de glisser : ce moyen
assez mauvais. La pression de ce coin, qu'on appelle la c
sillonne d'empreintes rapprochées tout un des côtés de
tringle, et le rend raboteux; il vaudrait bien mieux percer
haut de la planchette d'un trou taraudé qui irait aboutir à
mortaise, par conséquent aussi à la tringle, et dans lequel
mettrait une vis de pression qui n'aurait pas cet inconvénie
et qu'on ferait mouvoir bien plus aisément que le coin.
reste, la mobilité de cette planche permettant d'écarter ou
rapprocher à volonté les deux pointes, et la tringle pouvᵃ
avoir jusqu'à 3 mètres 898 millim. (12 pieds) de long, ou s
qu'on peut tracer avec le compas à verge des cercles ayant
puis 3 mètres 898 millim. jusqu'à 7 mètres 796 millim. (
pieds jusqu'à 24 pieds) de diamètre; pour cela, il suffit de p
cer une des pointes au centre, et de s'en servir comme d'
pivot autour duquel on fait tourner l'autre.

Deux clous et un simple cordeau suffisent pour remplacer au besoin cet instrument, et tracer, s'il le faut, des portions de cercle d'un plus grand diamètre. On fait une petite boucle à chaque bout, choisi à cet effet de la longueur nécessaire; on fait passer un clou dans chacune de ces boucles; ils tiennent lieu de pointes, et le cordeau bien tendu remplace passablement la tringle; il suffit de le faire tourner autour d'un des clous, et l'autre décrit une courbe dont tous les points sont éloignés du centre d'une distance constamment égale à la longueur de la corde.

8° Le Curvotrace de M. Tachet.

Le curvotrace a été récemment exécuté par M. Tachet. La théorie en est simple. Si l'on se représente une lame très-élastique pouvant recevoir de la pression des doigts toutes sortes de formes, il est aisé de concevoir qu'en la posant de champ sur un panneau ou toute autre pièce de bois, on aura un régulateur qui servira à tracer une courbe quelconque avec pureté et précision; mais la main ne pouvant maintenir longtemps la pression aux mêmes points, même avec le secours de deux personnes, les courbes se déformeraient et l'on n'aurait rien d'exact : l'instrument de M. Tachet remédie à cet inconvénient. Imaginez d'abord une règle en bois suffisamment épaisse, percée au milieu d'une rainure allant jusqu'à 14 millim. (1/2 pouce) de chaque extrémité, et interrompue, si on veut, pour plus de solidité, vers le milieu de la règle. Il faut que les parois de cette rainure soient bien parallèles au bord de la règle. Appliquez sur la surface supérieure de cette règle, deux *mains artificielles* ou lames de métal aplaties, et fixez-les avec deux vis mobiles dans la rainure, de façon que les deux mains puissent être écartées ou rapprochées à volonté; de façon aussi qu'elles puissent croiser la règle sous des angles différents. Pratiquez à l'extrémité de chaque main des ouvertures dans lesquelles vous puissiez faire couler une règle d'acier dont le plat soit parallèle à l'épaisseur de la règle en bois, et placez-y des vis de pression qui pourront arrêter la règle d'acier après qu'elle aura été fléchie; vous aurez alors le curvotrace. On sent en effet que, grâce à la rainure, aux mains et aux vis de pression, on peut donner à la lame élastique toutes les courbures désirables, et la fixer invariablement dans la position voulue. A l'aide de cet instrument, on obtient un nombre infini de courbes, on trace d'un seul jet une

doucine, un talon et toutes sortes de moulures. Il est util
pour tracer des calibres de diverses formes et grandeurs. I
curvotrace a été approuvé, et l'inventeur le vend 36 fran
avec ses deux lames d'acier, longues de 1 mètre 625 millim
(5 pieds), et dont l'une, plus épaisse, sert pour les courb
moins prononcées.

9° *L'Equerre ou Triangle* (fig. 36, pl. 2ᵉ).

L'équerre sert à tracer des lignes perpendiculaires au cô
d'une pièce de bois; cet instrument est composé de deux trin
gles de bois assemblées à angle parfaitement droit; l'une o
ces tringles est plus épaisse que l'autre, on la nomme la *tig*
elle porte à l'une de ses extrémités une entaille tout-à-fa
semblable à celle qu'on obtiendrait en coupant en deux un
traverse dans laquelle on aurait creusé préalablement une mor
taise; là s'assemble bien solidement et bien carrément l'autr
tringle qu'on appelle *la lame*; la première pièce a le plus sou
vent 271 millim. (10 pouces) de long, 41 millim. (1 pouce 1⁷⁄)
de large, et 23 millim. (10 lignes) d'épaisseur; la seconde
406 millim. (15 pouces) de long, 7 à 9 millim. (3 à 4 lignes
d'épaisseur, et 54 millim. (2 pouces) de largeur : il y a pour
tant de grands triangles dont la lame a 1 mètre (3 pieds),
même davantage; mais alors, pour que l'assemblage del
deux tringles soit solide, il faut le fortifier par une traverse o
écharpe, qui les réunit en s'ajustant obliquement dans deu
mortaises creusées dans l'épaisseur du bois.

La différence d'épaisseur entre la lame et la tige a un trè
grand avantage; tandis que la tranche de la tige, ou plutô
l'excédant d'épaisseur de cette tranche s'applique exactemem
contre la tranche d'une planche, ou contre le côté d'une pièc
de bois, la lame porte d'aplomb sur la surface supérieure, e
s'y applique exactement; alors, si l'on veut tracer une ligm
bien perpendiculaire à la tranche, il suffit de suivre le bor
de l'équerre avec la *pointe à tracer*; on donne ce nom à une
pointe d'acier garnie d'un manche qui sert à la tenir.

L'équerre sert aussi à mesurer si les faces d'une solive ou
d'une autre pièce de bois sont bien à angle droit; pour s'en
assurer, il suffit de faire entrer l'angle saillant de l'ouvrag
dans l'angle rentrant de l'équerre; s'ils s'emboîtent bien exac
tement l'un dans l'autre, si les faces de l'ouvrage touchem
partout l'épaisseur de la lame et de la tige, on est sûr d'a
voir réussi.

10° *l'Equerre-onglet* (fig. 37).

On est fréquemment obligé de tracer sur une planche des
gnes obliques; et très-souvent ces lignes doivent faire avec le
sté de la planche un angle de quarante-cinq degrés ou égal
la moitié d'un angle droit. On a senti la nécessité de faire
pur cela une équerre spéciale, et on l'a construite de telle
prte qu'on puisse donner en même temps le moyen de tirer
es perpendiculaires ou lignes formant un angle droit. La
ge de cette équerre, représentée *fig.* 37, est creusée dans sa
ngueur, sur le côté, par une profonde rainure, dans la-
uelle on fixe, en guise de lame, une planche mince en bois
ur et bien dressée. Cette planche forme par le haut, avec la
ge, un angle droit. La tige est taillée obliquement par le bas,
 en est de même de la planche, dont le bord forme avec l'é-
aisseur de la tige, un angle de 135 degrés, et, par consé-
uent, égale à un angle droit et demi. Lorsqu'on applique la
ge contre le côté d'une pièce de bois, et qu'avec une pointe
 tracer on suit l'obliquité de la planche, il en résulte une
gne pareillement oblique, et qui étant inclinée d'un côté de
35 degrés, l'est nécessairement de l'autre de 45°. Enfin, la
anchette ou lame de l'équerre-onglet porte au milieu une
hancrure en forme d'angle droit rentrant, ce qui permet de
mployer comme l'équerre ordinaire, pour vérifier si les fa-
es d'une pièce de bois sont perpendiculaires l'une à l'autre.

11° *La Sauterelle ou fausse Equerre* (fig. 38).

L'équerre-onglet sert à tracer les lignes inclinées de 45 de-
ès d'un côté, et de 135 de l'autre; la sauterelle ou fausse
querre sert à tracer toutes les autres lignes obliques. Comme
s degrés d'inclinaison varient à l'infini, il faut nécessaire-
ent que la lame destinée à les donner, varie aussi de posi-
on de toutes les manières. La tige de la sauterelle est ouverte
 entaillée dans le milieu de son épaisseur, de manière à forer une espèce de fourche, ou à présenter deux lames paral-
les faisant corps ensemble par le bas. On place entre ces
eux lames la lame mobile, et on les arrête ensemble avec un
 ou rivé; il en résulte que la lame peut s'ouvrir et se fermer
 volonté comme un couteau. L'extrémité de cette lame est
aillée obliquement; il en est de même du bas de la fourche
eusée dans la tige; il en résulte que l'outil peut être fermé
ssez complètement pour que la lame mobile disparaisse tout

à-fait entre les deux lames fixes, et que cependant il ne so
pas difficile de l'ouvrir.

12° Le Trusquin (fig. 39).

J'ai décrit les outils propres à tracer les courbes, ceux qu
l'on emploie pour mener, sur une surface du bois, des lign
perpendiculaires ou obliques à la surface latérale, ou, pou
parler plus juste, à la ligne que ces deux surfaces forment p
leur jonction. Il me reste à parler du *trusquin* qui sert à tr
cer sur une planche des lignes parallèles aux côtés de cet
planche.

Le trusquin est composé 1° d'une tige de bois de 23 millim.
25 millim. (10 à 11 lignes) en carré, sur 325 millim. (1 pie
de longueur; 2° d'une tête ou planchette, épaisse de 27 milli
(1 pouce), large de 81 millim. (3 pouces), longue de 1
millim. (4 pouces) au moins. Cette tête est percée, au milie
d'une mortaise carrée dans laquelle glisse la tige qui doit fo
mer avec elle un angle droit. La face inférieure de la tige e
armée d'une pointe de fer d'environ 2 millim. (1 ligne)
long, et faisant un angle droit.

Maintenant, si l'on suppose la tête arrêtée à un endro
quelconque de la tige, et qu'on fasse en idée glisser cette tê
contre le côté d'une planche, on verra que la pointe, plac
à la face inférieure de la tige, tracera une ligne sur la planch
que la pointe étant toujours également éloignée de la tête,
par conséquent, de tous les points de la tranche de cet
planche le long de laquelle on fait glisser cette tête, la lig
tracée par la pointe sera forcément également éloignée s
tous ses points des points correspondants de la tranche de
planche; que, par conséquent, elle lui-sera exactement p
rallèle; car une ligne est parallèle à une autre ligne ou à u
autre surface, quand, d'un bout à l'autre, elle en est éga
ment éloignée.

La mobilité de la tête permet de tracer des parallèles pl
ou moins rapprochées du bord de la planche, et cette tête
fixée à l'endroit convenable à l'aide d'une mortaise coniqu
creusée verticalement dans son épaisseur, et destinée à rec
voir un coin qui rencontre et presse le côté de la tige. Comm
je l'ai dit en décrivant le compas à verge, ce moyen ser
très-avantageusement remplacé par une vis de pression.

Il y a des trusquins dont le plat de la tête est cintré, af
de pouvoir tracer des courbes parallèles à des surfaces cou

es; d'autres qui, étant destinés à atteindre le fond des gor-
es et des ravalements, sont armés de plus longues pointes.

13° Nouveau Trusquin (fig. 40).

Ce trusquin, récemment inventé, est en cuivre. Il se com-
ose de deux branches dont l'une est creuse, de telle sorte
u'elles glissent l'une dans l'autre. La branche creuse porte
ne partie saillante par le bas, qui règle la marche de l'outil.
a branche mobile est armée de la pointe qui glisse à volonté
ans une mortaise, de sorte qu'on peut la rendre plus ou
oins saillante. On la fixe avec une vis de pression. Une autre
is de pression sert à fixer où l'on veut la branche mobile,
ont le mouvement est réglé d'autant plus aisément qu'elle est
ivisée sur une de ses faces en centimètres et en millimètres.
e nouvel instrument unit, comme on le voit, la commodité
la précision; mais l'ancien trusquin a sur le nouveau le
rand avantage que les menuisiers peuvent le faire eux-
êmes. Si l'économie les décide à continuer à s'en servir, ils
eront bien de substituer au coin une vis de pression, qu'ils
euvent fabriquer eux-mêmes, et que, dans tous les cas, ils rem-
laceraient très-bien par la première vis en fer qu'ils rencon-
reraient. Ils y trouveront cet avantage que les opérations se
eront d'une manière bien plus prompte, et qu'ils n'auront pas
esoin de renouveler si souvent leur trusquin.

14° Compas elliptique ou équerre mobile.

Nommé aussi compas à ovale, cet outil sert uniquement à
racer des ovales ou ellipses; aussi n'est-il pas beaucoup en
sage. Il le mérite cependant, car son emploi est bien plus fa-
ile et plus prompt qu'une opération géométrique. Sa verge
t sa poupée ressemblent à celles du compas à verge : la pre-
ière est retenue par deux coulisseaux mouvants qui circu-
ent chacun dans une des coulisses qui leur sont perpendicu-
aires. Pour tracer une ellipse dont les axes sont bornés, il suf-
it d'éloigner la poupée d'une distance égale à la moitié du
rand axe; de placer ensuite le point mobile de la verge, en
éloignant de la poupée d'une distance égale à la moitié du
etit axe.

CHAPITRE VII.

OUTILS SERVANT A ASSEMBLER.

Ce n'est pas dans ce chapitre que je dois chercher à faire
connaître les différentes manières d'assembler; mais, pour

me faire dès à présent comprendre, j'ai besoin de dire qu
l'opération désignée par cette expression générique consist
à réunir des pièces de bois en faisant pénétrer leurs extrém
tés les unes dans les autres. On obtient cet effet en creusan
des entailles ou mortaises dans quelque-unes de ces pièces
et en amincissant le bout des autres de telle sorte qu'il puiss
entrer dans la mortaise. On pourrait déjà en conclure qu
les outils qui servent à assembler sont tout simplement ceu
qu'on emploie à entailler le bois ou à tracer. Néanmoins
comme on a désigné spécialement depuis longtemps, sous l
nom d'*outils d'assemblage*, une classe d'instruments consacré
à cet usage, d'une manière plus particulière, j'ai cru ne devoi
pas m'écarter de cette ancienne classification à laquelle on e
accoutumé.

Je ne dirai cependant rien de particulier sur deux espèce
de scies qu'on place ordinairement dans cette catégorie, l
scie à tenon et la scie à arraser. La première a de 677 à 812 millim
(25 à 30 pouces) de long sur 54 ou 68 millim. (2 ou 2 pouce
6 lignes) de large ; la seconde est plus petite et plus étroit
d'environ un tiers ; toutes deux ont une denture fine, bie
égale, peu couchée, à laquelle on donne peu de voie. Elle
sont montées comme la scie à l'allemande ou la scie à tourne
dont elles ne diffèrent que par leur dimension, le soin ave
lequel on les monte et on les affûte, enfin, l'usage exclusif au
quel il convient de les consacrer.

Mais il y a une autre espèce de scie *à arraser* que je doi
plus soigneusement faire connaître : sa description, celle d
trusquin d'assemblage et du bouvet à assembler, composeron
ce chapitre.

1º *Scie à arraser* (fig. 41, pl. 2ᵉ).

Pour qu'un assemblage soit bien fait, pour qu'il soit solid
et apparent le moins possible, il faut que la partie amincie qu
doit entrer dans la mortaise soit partout de la même épaisseur
au lieu d'aller progressivement en augmentant, de telle sort
que sa surface aille faire un angle droit avec l'excédant d'é
paisseur de la pièce de bois, et que cet excédant d'épaisseu
présente un plan bien vertical à la surface de la partie amincie
Cette portion de la pièce de bois, plus mince et plus étroite
est appelée *tenon* ; on nomme *arrasement* le plan perpendi
culaire à chacune des faces du tenon. Pour faire l'arrasement
il faut scier les fibres du bois, et c'est l'usage auquel on destin
la scie à arraser ordinaire. On commence par assurer sa mar-

ie à l'aide d'une ligne tracée à l'équerre ; mais pour peu
ie le mouvement de la main fasse incliner la scie à droite
ι à gauche, la lame devenant oblique, l'arrasement cesse
être perpendiculaire au tenon, et ne peut plus joindre avec
ιactitude la face de la pièce de bois qui porte la mortaise.
'est pour parer à cet inconvénient qu'on a construit la scie à
ιraser dont nous nous occupons.

Elle est montée sur un fût assez semblable à celui d'une var-
pe, mais de moitié moins long ; au lieu d'être parfaitement
roit par-dessous, le fût est plus saillant d'un côté que de l'au-
e. Cette portion saillante forme, tout le long de l'outil, un
ιolongement dont la paroi interne fait, avec le reste de la
ιce inférieure du fût, un angle parfaitement droit. Cette paroi
ιt bien dressée et parfaitement unie. Sur le côté du fût opposé
cette paroi, on cloue la lame de la scie ; il en résulte que
ιtte lame est parfaitement parallèle à la paroi interne du pro-
ngement dont je viens de parler, et qu'à la manière dont
ιle en est séparée, on croirait qu'il existe entre elle et ce pro-
ngement une espèce de gouttière ; la scie est un peu plus
ιurte que cette portion saillante du fût qu'on nomme la *joue*.

Maintenant, si on veut faire un tenon et couper un arrase-
ιent à l'extrémité d'une pièce de bois, rien ne sera plus facile.
ιn s'assurera d'abord, à l'aide de l'équerre, que les surfaces
ιιi la terminent sont bien perpendiculaires l'une à l'autre.
ιn appuiera la joue de la scie contre celle de ces surfaces à
ιquelle l'arrasement doit être parrallèle, et l'on sciera. Le trait
ιι scie sera nécessairement parallèle à la face contre laquelle
ι joue va et vient, puisque cette face règle la marche de la
ιme de scie qui lui est parallèle. On va ainsi jusqu'à la pro-
ιndeur convenable, et l'on est toujours sûr que l'arrasement
ιιa perpendiculaire à la face inférieure ou à la face supé-
ιιure de la pièce de bois, et parallèle à l'extrémité du tenon.
ι donnerai de plus grands détails sur la manière de se servir
ι cette scie, quand je parlerai de la manière d'assembler,

2° *Trusquin d'assemblage.*

ιOn sait déjà que le trusquin ordinaire sert à tracer des lignes
ιrallèles à une surface quelconque. On sait aussi que, pour
ι diriger quand on veut creuser une mortaise ou entaille lon-
ιιudinale destinée à recevoir un tenon, il faut commencer par
ιicer deux lignes parallèles entre elles et parallèles en même
ιmps au côté de la planche ou de la traverse sur laquelle on

travaille. L'écartement de ces deux lignes règle la largeur de
la mortaise ; on pourrait tracer ces deux lignes avec le trusqui
ordinaire ; mais pour avoir plus tôt fait, on emploie un trusquin spécial ; chaque face de la tringle porte deux pointes au
lieu d'une ; leur écartement règle l'écartement des deux lignes :
elles doivent donc être placées au-dessus l'une de l'autre, relativement à la tête ; par ce moyen, les deux lignes sont tracées
simultanément et d'un seul coup. Pour qu'il y ait plus de variété dans l'écartement des parallèles qu'on trace ainsi, on taille
la tringle à huit faces, et l'écartement des pointes qui arment chacune des faces est différent : il varie de 18 à 5 millim. (8 à 2 lig.)
et répond par conséquent à la différence de grosseur des assemblages les plus usités. La tête est octogone comme la tige ; par
conséquent la clé ne peut pas être placée latéralement. Elle est
enfoncée au milieu de la tête et pénètre dans la tige, qui pour
cela est évidée dans son milieu en forme de coulisse. Elle a, par
conséquent, beaucoup moins de solidité, et c'est une raison de
plus pour substituer à la clé une vis de pression.

3° ∪   vet d'assemblage.

Lorsqu'on veut unir deux planches par leurs tranches, il faut
pratiquer dans la tranche de l'une d'elles une longue mortaise
qui règne d'un bout à l'autre, et qui prend le nom spécial de
rainure; il faut tailler sur la tranche de l'autre planche un
tenon d'égale longueur et peu saillant, qu'on nomme *languette.*
On exécuterait ces opérations bien lentement et d'une manière
bien imparfaite avec les outils ordinaires. Au contraire, on
atteint le but très-vite et parfaitement bien à l'aide des bouvets d'assemblage.

On donne ce nom à des outils à fût faits comme un rabot
et ayant même une très-grande analogie avec le rabot rond
le rabot mouchette. Un des bouvets est creusé en dessous par
une rainure, et son fer est fourchu, celui-là sert à faire la languette. Il suffit pour cela de le pousser à diverses reprises sur la
tranche de la planche. L'autre bouvet a, au contraire, un fi
simple et étroit pour creuser la rainure. Les bouvets sont donc
toujours par couple, afin que la languette que fait l'un s'ajuste
toujours exactement dans la rainure que creuse l'autre. On est
obligé d'en avoir de différentes dimensions, puisqu'on est obligé
de donner plus ou moins de force aux assemblages. Quand les
planches à unir n'ont que 14 millim. (6 lignes) d'épaisseur
les bouvets qui servent à les *rainer* et à les *languetter* se nom-

ent *bouvets de panneaux.* A 20 millim. (9 lignes) ils se nomment *bouvets de trois quarts;* à 27 millim. (1 pouce), *bouvets
d'un pouce.*

Sur le côté du fût, on visse une planchette épaisse de 14 millim.
(5 lignes), bien dressée sur ses faces, et qui déborde de 14 millim.
(1/2 pouce) au moins la surface inférieure du bouvet avec laquelle elle forme un angle droit. Lorsqu'on fait courir le bouvet
sur la tranche de la planche , cette planchette saillante, ou *joue
du bouvet,* en s'appuyant sur la surface de la planche, règle
la marche de l'outil, en sorte que la rainure ou la languette
sont toujours bien parallèles à cette surface. Quelquefois on
taille le fût de manière que la joue soit d'une seule pièce avec
lui.

Les dimensions des fers varient suivant l'épaisseur des planches qu'on travaille. On se sert le plus ordinairement de ceux
qui ont de 9 à 20 millim. (4 à 9 lignes). Le fer simple doit entrer exactement dans le fer fourchu.

On est quelquefois obligé de creuser une rainure à une assez
grande distance du bord d'une planche, et cependant bien parallèlement à ce bord. C'est à quoi l'on parvient à l'aide du
bouvet de deux pièces. La joue de ce bouvet est mobile; on peut
l'éloigner ou la rapprocher à volonté de la partie du fût qui
porte le fer. A cet effet on a fixé dans cette partie du fût
deux tringles de bois carrées, qui glissent dans deux mortaises
creusées dans la planchette qui forme la joue. Cette planchette
est par le haut de niveau avec la face supérieure de l'autre
portion du fût, et descend par le bas, comme à l'ordinaire, au-
dessous de la face inférieure. On écarte plus ou moins la joue
du fer en la faisant glisser sur les tringles qui doivent être bien
parallèles entre elles et ne pas vaciller dans les mortaises. On
la fixe où l'on veut à l'aide de deux vis de pression placées au-
dessus des mortaises. On emploie aussi, au lieu de vis, des clavettes pareilles à celles du trusquin commun ; mais cela ne
vaut rien.

4° Bouvet à approfondir.

On donne ce nom à une espèce de bouvet de deux pièces,
très-compliqué, très-coûteux, et dont l'usage est assez borné.
Je ne le décrirai pas, parce que la description n'apprendrait
rien à ceux qui le connaissent, et qu'elle serait insuffisante à
ceux qui ne le connaîtraient pas. Car, quelqu'étendus que fussent les détails dans lesquels j'entrerais, ils ne suffiraient pas

pour que, d'après leurs indications, on pût construire la ma
chine.

Je me borne donc à dire que le but de cet outil est de creuser
des rainures d'une profondeur et d'un écartement variable
On obtient cet effet en armant le fût d'une lame d'acier sail
lante dans laquelle est logé le fer, et qui pénètre avec lui dan
la rainure. Cette lame d'acier est bordée d'une réglette mobi
qui se fixe par des vis de pression, le long de la lame, à un
hauteur variable. Cette réglette horizontale empêche la lame
d'acier de pénétrer plus qu'on ne veut, et sa position règle
profondeur que doit avoir la rainure.

On se sert principalement de cet outil quand on veut pra
tiquer de larges et de hautes feuillures. A cet effet, on creus
une première rainure sur la face de la planche, puis sur
tranche une seconde rainure qui va joindre la première à an
gles droits. On enlève de cette manière une tringle qui laiss
vide la place de la feuillure. Il est évident qu'on n'obtiendras
pas cet effet avec un bouvet qui ne permettrait pas de fair
de profondes rainures, et que les feuillures faites de cette ma
nière auraient toujours les mêmes dimensions, si on ne pouvan
changer à volonté l'écartement de la joue et la profondeur ò
la rainure.

CHAPITRE VIII.

DES OUTILS PROPRES A FAIRE LES MOULURES.

On donne le nom de moulures à des ornements de menui
serie tantôt saillants, tantôt enfoncés dans l'épaisseur de l'o
vrage. Ils affectent différentes formes dont quelques-unes ot
reçu des noms particuliers, et nous nous réservons de décrir
plus loin et en détail ces espèces de sculptures : je ne veux par
ler maintenant que des outils qui servent à les faire. Ces outi
varient suivant qu'on les destine à faire des sculptures inter
rompues ou des moulures proprement dites, qui doivent régn
d'un bout à l'autre de l'ouvrage. C'est pour le second cas sur
tout qu'on emploie des instruments particuliers; les sculptur
qui ne doivent pas être exécutées parallèlement au bord de l'o
vrage, sont faites le plus souvent avec le ciseau et la goug
néanmoins on a aussi quelquefois recours à certains outi
spéciaux par lesquels je vais commencer.

1° *Le Fermoir à nez rond.*

Il ne diffère du fermoir ordinaire que parce que son tra

ant est oblique et son extrémité anguleuse. Il est commode
our fouiller au fond des angles rentrants.

2° Les Carrelets ou Burins.

Qu'on imagine un fermoir ordinaire plié dans sa largeur, de
lle sorte que le tranchant fasse un angle droit : il en résultera
n outil à tranchant d'acier, garni d'un manche en bois et
ont le fer, un peu courbé, est d'une forme triangulaire par
coupe, et évidé en dessus dans une partie de sa longueur.
el est le *carrelet* ou *burin à bois;* cet outil de petite dimension
rt à couper et à évider les filets.

3° Les Scies à dégager.

Ce sont de petits outils à manche; l'extrémité du fer est re-
oyée à angle droit et garnie de dents. Il y en a de différentes
aisseurs; il y en a aussi de coudées, qui font l'office de bé-
nes dans les cintres.

4° Les Molettes.

Tout le monde sait que le bois est susceptible de recevoir
s empreintes; on a mis à profit cette propriété, pour y impri-
er, d'une manière commode et expéditive, certaines sculptu-
s qui sont peu saillantes, telles que des cordons de perles,
s suites de losanges, etc. On se sert à cet effet des *molettes*,
ont l'usage est beaucoup plus convenable lorsqu'on travaille
r des métaux ductiles, mais qui peuvent cependant être
ses quelquefois à profit sur le bois.

Les *molettes* sont de petits demi-cylindres d'acier gravés,
ec lesquels on forme, sur des moulures saillantes, tout le
ng de l'ouvrage, des enjolivements de différents genres, tels
e *godrons* ou *cordes de puits,* des perles, des losanges, etc.
s cylindres sont aplatis d'un côté, ou même légèrement
usés en demi-cercle, et dans cette espèce de gorge ou sur
tte surface plate, ils portent en creux l'ornement qu'ils doi-
nt produire en relief sur le bois.

Chaque molette est percée transversalement au milieu. A
ide de ce trou et au moyen d'une goupille qui la traverse,
la monte sur une espèce d'outil en fer terminé par deux
anches ou mâchoires parallèles, percées à leurs extrémités
autres trous dans lesquels passe la clavette; par conséquent,
molette peut tourner autour de la goupille entre les deux
choires. La soie de cet outil, désignée sous le nom de
te-*molette,* est contenue dans un manche en bois. La gou-

pille doit être à tête fendue comme une vis, limée bien rond
bien juste au trou de la molette, et taraudée à l'extrémit)
Le trou de l'une des mâchoires est aussi taraudé; l'auti
trou est un peu plus grand et parfaitement cylindriqua
tandis que celui qui est muni d'un filet de vis est légèreme»
conique. On peut donc faire entrer la goupille par un de c
trous, et visser son extrémité dans l'autre, après qu'elle s
traversé la molette, que, par ce moyen, on peut changer ꞇ
volonté.

Il est bon de faire cette espèce de vis ou de pivot à tête fen
due et carrée, afin de pouvoir se servir indifféremment, pou
la visser, d'un tourne-vis ou d'une pince.

Comme les molettes n'ont pas toutes le même diamètre,
qu'elles glisseraient à droite ou à gauche entre les mâchoire
si elles ne les joignaient pas exactement de chaque côté, ꞇ
est obligé d'avoir différents *porte-molettes*, et de les varier su
vant la grosseur du cylindre. On s'est récemment dispensé ꞇ
cette multiplicité d'instruments à l'aide du *porte-molette* un.
versel. Les deux mâchoires de cet outil sont mobiles, et pe‹
vent être écartées ou rapprochées à volonté. Pour cela u»
seule d'entre elles fait corps avec l'outil. Outre le trou de ꞇ
goupille, elle porte dans le bas un trou carré. L'autre m‹
choire est armée latéralement d'une petite traverse ajustée:
angle droit et qui glisse dans le trou carré de la premiè»
Cette traverse règle le parallélisme des deux mâchoires, et ꞇ
goupille qu'on tourne à volonté les rapproche jusqu'à ce qp
leur écartement ne soit pas plus considérable que l'épaisse‹
de la molette qu'elles doivent joindre de chaque côté.

Nous verrons plus loin quelle est la manière d'employ‹
cet outil. Passons maintenant à ceux qui servent à faire ꞇ
longues moulures parallèles au bord ou à l'une des surfaꞇ
de l'ouvrage.

5° *Le Guillaume* (fig. 42).

Cet outil à fût est propre à agrandir des angles rentran‹
Il se compose d'un fer, d'un fût et d'un coin. Ce fût a 406 ꞇ
433 millim. (15 à 16 pouces) de longueur sur 95 milli‹
(3 pouces 1/2) de hauteur et 27 ou 34 millim. (1 pouce ꞇ
15 lignes) d'épaisseur. Par-dessous, et à environ 162 milli‹
(6 pouces) de celle de ses extrémités vers laquelle est tou»
le tranchant du fer, est percée une lumière d'une forme toꞇ
spéciale. Par le bas elle traverse de part en part le fût qui ꞇ
à jour dans cette partie. D'abord très-étroite, et ne laissanꞇ

ace que pour le fer et le passage du copeau, elle augmente
grandeur et prend la forme d'un demi-cercle de 34 millim.
5 lignes) environ de diamètre. Cette partie forme une es-
te d'entonnoir, duquel les copeaux doivent sortir aisément
rès s'y être contournés en spirale. Par le haut, la lumière
rétrécit tout-à-coup, et se transforme en une mortaise ou
u carré, ayant environ 9 millim. (4 lignes) de côté, et
outissant à la surface supérieure.

Le fer est taillé en forme de pelle à four. Sa partie élargie
i est carrée, affleure le fût de chaque côté, et sa queue, ou
rtie rétrécie, logée dans la mortaise, dont l'obliquité règle
clinaison du fer, y est maintenue par un coin de forme
venable. On tient le fer du guillaume le plus droit pos-
le, et comme il supporte de grands efforts et qu'il est faible
us sa partie supérieure, il convient de l'ajuster le plus soli-
nent qu'on peut. La lumière doit être parfaitement remplie
r le coin et le fer. Si l'on veut, pour plus de solidité, faire
coin plus large que le fer, il faut creuser dans la lumière
e encastrure où le fer puisse se loger exactement. Il faut
ir soin aussi de prolonger le coin sur le fer jusques un peu
nt dans la partie évidée de la lumière, en l'amincissant
ez pour qu'il n'empêche pas le mouvement du copeau. Quel-
s ouvriers collent sous le fer un morceau de cuir : c'est
e mauvaise pratique. Ce qui les trompe, c'est que le cuir
nt moins sonore que le bois, ils n'entendent plus les vibra-
ns du fer et le croient mieux ajusté ; tandis qu'à cause de la
llesse de cette matière, il repose moins solidement sur elle
e sur le bois.

Les guillaumes se distinguent en *guillaumes courts, droits,*
trés, dont le nom indique suffisamment la forme et l'usage.
y a aussi des *guillaumes à navette,* ou dont le fût à triple
rbure est cintré par-dessous et de chaque coté. Enfin, je
s dire quelques mots du *guillaume à plates-bandes,* qui pré-
te quelques particularités remarquables.

a lumière traverse le fût de part en part, comme dans le
llaume ordinaire, néanmoins on n'emploie cet outil que
n côté, et de l'autre il est muni par-dessous d'un conducteur
petite joue saillante. Son fer, au lieu d'avoir la forme d'une
le à four, a partout la même largeur du côté de la joue. De
tre côté, il est comme celui du guillaume ordinaire. Il
aiguisé carrément, et placé un peu obliquement à la lar-
ur du fût.

Dans le *guillaume de côté*, le fer est placé perpendiculair[e]ment; mais il est aussi un peu oblique à la largeur du fû[t] afin qu'il coupe mieux sur le côté, ce qui est l'unique destin[a]tion de cet outil.

6° Le Feuilleret.

C'est une autre espèce d'outil à fût fort ressemblant [au] guillaume, surtout au guillaume à plates-bandes, et qui ser[t à] faire les *feuillures* ou angles rentrants, parallèles au bord ou[à] la rive d'une planche. Le bois a les mêmes dimensions q[ue] celui du guillaume ordinaire, c'est-à-dire 406 millim. ([15] pouces) de long, 95 millim. (3 pouces 1/2) de large et [25] millim. (1 pouce) d'épaisseur. Ce fût est armé par-dess[ous] d'une joue épaisse, de 7 ou 9 millim. (3 ou 4 lignes) de saill[ie.] La portion rentrante de la surface inférieure est d'une la[r]geur un peu moindre de la largeur du fer. La lumière est fo[r]mée par une entaille faite dans le bois, régnant du haut [au] bas, profonde ordinairement d'environ 14 ou 16 millim. (6 [ou] 7 lignes), et assez large par le haut pour contenir à la fois [le] fer et le coin qui doit l'assujettir. On tient le fer plus lar[ge] qu'il ne paraît devoir l'être. Mais, d'abord, il faut qu'il péné[tre] de 2 millim. (1 ligne) environ dans la joue et au fond de [la] lumière où l'on a creusé pour cela une rainure; il en résu[lte] que de ce côté les copeaux ne peuvent pas passer entre le f[er] et le fût. En outre, le fer est encore tenu un peu large, pa[rce] qu'il doit être légèrement saillant en dehors, afin de coup[er] par son arête, qui est avivée. Il porte, par conséquent, [un] tranchant latéral qui forme un angle droit avec le tranch[ant] de son extrémité, et l'instrument coupe tout à la fois par c[ôté] et par-dessous. Il est d'ailleurs partout de la même large[ur.] On fait des feuillerets de diverses grandeurs.

7° La Guimbarde.

Cet outil diffère des autres outils à fût en cela qu'on le f[ait] mouvoir transversalement à sa longueur, au lieu de le pous[ser] comme les feuillerets et les guillaumes. A cet effet, sa large[ur] est telle qu'on peut le prendre par une main à chaque bo[ut] et le faire aller et venir devant soi. Au milieu de sa longue[ur] on place dans une lumière un peu inclinée un fer qui a, [par] conséquent, peu de pente, et dont le tranchant, placé [en] sens inverse de celui des autres outils à fût, est parallèle à [la] longueur du bois. Cet instrument sert à fouiller des fonds [pa]rallèlement au-dessus de l'ouvrage. Pour cela, on fait so[n] us ou moins, suivant le besoin, le fer dont l'épaisseur doit ee proportionnée à l'effort que supporte l'outil.

8° *Bouvet à noix.*

C'est un bouvet dont le fer présente tantôt un tranchant eusé d'une entaille demi-circulaire, tantôt un tranchant int les angles sont, au contraire, graduellement arrondis mme le serait l'extrémité du fer d'une gouge plate. Cet ins-tument, qui d'ailleurs est en tout semblable au bouvet d'as-mblage déjà décrit, sert, dans le second cas, à creuser des oulures en forme de rainure arrondie dans le fond, en oitié de cylindre creux, tantôt à faire d'autres moulures imblables à des languettes arrondies aussi en demi-cylindre.

9° *Mouchette à joue.*

Elle ne diffère de la mouchette ordinaire que par la joue int elle est armée, et qui la dirige parallèlement à la tranche, rsqu'au lieu de s'en servir pour arrondir la rive d'une anche, on veut faire sur le bord de cette planche une mou-ire en forme de portion de cylindre coupé parallèlement à on axe.

10° *Le Bec-de-cane.*

Cet outil à fût, fort semblable au feuilleret, a l'extrémité e son fer recourbée en forme de croissant sur le côté. Ce anchant latéral et demi-circulaire est aiguisé avec soin. A iide de cet outil, on arrondit par-dessous certaines mou-res, et on travaille des portions d'ouvrage où la mouchette joue ne pourrait atteindre.

Outre les outils à moulures, dont je viens de parler, il y en de bien d'autres espèces; tous prennent le nom des moulures i'ils servent à faire : tels sont les *gorges*, les *gorgets*, les *tara-scots*, les *grains d'orge*, etc. Ces instruments, construits tou-urs sur le même système, ne diffèrent que par la forme du fer i'on achète tout taillé chez le marchand d'outils et la forme e leur surface inférieure, dans laquelle on creuse ce qui doit re saillant dans l'ouvrage, et réciproquement. Quelques-uns, ls que les *doucines à baguettes* et les *talons renversés*, ont eux fers disposés de manière à produire les moulures de ce om.

En général, ces outils doivent avoir 217 millim. (8 pouces) ae long sur 81 millim. (3 pouces) de haut ; leur épaisseur est proportionnée à la dimension de la moulure. Les lumières ont environ cinquante degrés d'inclinaison, et la paroi de la cavité où les copeaux se contournent en spirale, doit être déversée en dehors pour faciliter leur évacuation ; pour qu'ils ne s'introduisent pas entre le fer et la joue, il est bon que celui-ci pénètre dans le bois d'environ 1/2 millim. (1/4 de ligne). Tous ces instruments ont *une conduite* ou *une joue*, ce qui les rend plus doux à pousser ; quelques-uns même en ont deux, une par côté, l'autre par-dessus, de sorte que l'une s'appuie sur la tranche et l'autre sur la surface supérieure du bois : cette précaution est indispensable quand on veut faire la moulure sur l'angle d'une planche. Il y a des outils de ce genre dont la joue est mobile et doit être plus ou moins écartée ou rapprochée, comme celle du *bouvet de deux pièces*.

On sent que le fût de ces outils soumis à un frottement continuel, et par conséquent exposé à s'user très-vite, aurait besoin d'être fait d'un bois très-dur. Le cormier, qui joint à cette qualité celle d'être très-liant, conviendrait mieux que tout autre ; mais il est sujet à se tourmenter : et par conséquent les formes qu'on lui donne s'altèrent à mesure qu'il sèche, ou par suite des alternatives de chaleur et d'humidité. Pour remédier à cet inconvénient, on fait le corps du fût en bois de chêne, et la surface inférieure est formée avec une planchette de cormier sur laquelle on taille la contre-partie de la moulure, il ne reste plus qu'à unir ces deux pièces ensemble avec de la colle ou à l'aide de chevilles. Pour que les outils à moulures fonctionnent bien, il est indispensable que le dessous du fût soit taillé bien exactement sur le fer, et toujours soigneusement graissé.

CHAPITRE IX.

DE LA MANIÈRE D'AIGUISER ET D'ENTRETENIR LES OUTILS.

L'affûtage contribue, bien plus qu'on ne le pense, à la perfection des travaux de menuiserie, et des outils bien affilés suffisent souvent pour donner à un ouvrier une grande prééminence sur un autre. Il en résulte toujours au moins une grande économie de temps et de fatigue, ce qui est bien suffisant sans doute pour qu'on ait le droit de s'étonner du silence complet qu'ont gardé sur cette importante matière, ceux qui ont décrit l'art du menuisier, et pour m'autoriser à donner au contraire de grands détails.

Dans un grand nombre d'ateliers on simplifie beaucoup, en bornant à frotter les fers, à aiguiser d'abord sur un grès et mouillé, puis sur une de ces pierres grises semées de ints brillants qu'on désigne sous le nom de *pierre à affiler*. Ils comme je pense qu'en ce point il ne faut pas de parci- nie; comme il est presque impossible de régler à volonté clinaison du biseau de l'outil en l'affilant sur le grès; comme outre la *pierre à aiguiser* ordinaire est trop grossière pour nner au tranchant le fini convenable, j'indiquerai les procé- les meilleurs et les plus sûrs. Je parlerai donc successivement la meule, de son choix, de la manière de la monter, de la nière de s'en servir; de la pierre du Levant, des lapidaires; fin je ferai connaître la façon particulière dont on affûte les es; mais, d'abord, je donnerai quelques conseils sur la ma- re d'entretenir les outils en bon état, et surtout de les pré- ver de la rouille.

Il est beaucoup plus important qu'on ne le pense commu- ment, de remettre les outils en place dès qu'on ne les em- oie plus; outre qu'on ne perd pas de temps à les chercher, on pas à craindre qu'ils émoussent réciproquement leur tran- ant en se frappant mutuellement, ce qui oblige de les af- ter plus fréquemment, et occasionne une plus grande perte temps et de main-d'œuvre. Il faut aussi les tenir, autant que ssible, bien polis et exempts de rouille. Ces soins sont minu- ux en apparence, cependant les Anglais ne les négligent ja- nis : ils savent très-bien qu'un atelier propre et bien arrangé, s outils nets et brillants, attestent l'ordre, l'aisance de l'ouvrier attirent les pratiques.

Pour dérouiller commodément les outils, il faut mêler en- mble 500 grammes (1 livre) d'argile bien tenace, 250 gram. 72 livre) de brique pilée très-fin, 62 grammes (2 onces) d'é- eri et autant de pierre ponce en poudre; on délaie le tout avec u lait, de manière à en faire une pâte ferme qu'on roule en itons dont on se sert pour frotter quand ils sont secs.

Lorsqu'on est parvenu à rendre le fer bien net et bien poli, faut le préserver de la rouille. Dans ce but, présentez l'ou- au feu, faites-le chauffer un peu fortement sans trop ap- ocher, puis frottez-le avec de la cire blanche; faites chauffer nouveau et essuyez avec un morceau de drap.

Pour les outils délicats, il vaut mieux employer un vernis. es Anglais en obtiennent un très-bon pour cela, en faisant ndre au bain-marie, dans une quantité d'esprit-de-vin suffi-

sante pour tout dissoudre, 31 grammes (1 once) de masti<
16 grammes (172 once) de camphre, 47 grammes (1 once 172
de sandaraque, 16 grammes (172 once) de résine élémi. O<
peut l'employer à froid.

Conté, qui a rendu tant de services à l'industrie, employai
un moyen encore préférable. Après avoir nettoyé les outils av<
une forte lessive, il se servait, pour les vernir, d'un mélang
de vernis gras à la résine copale, avec une deux ou même tro<
fois autant d'essence de térébenthine; plus il y a d'essence
plus le vernis est transparent. Il l'appliquait avec une épong
très-fine, imbibée d'abord d'essence, pressée entre les doigts
imbibée de vernis, puis pressée de manière à n'en laisser qu
très-peu. On la passe légèrement sur la pièce, en évitant ô
repasser de nouveau après que la première couche est sèch<
Ce procédé est très-bon, surtout pour les amateurs.

1º De la Meule.

La meule dont le menuisier se sert pour aiguiser ses outils, d
l'auteur que je viens de citer, ne doit être ni trop dure ni tro<
tendre. On la choisira d'un grain fin et le plus égal possibl<
d'environ 68 millim. (30 lignes) d'épaisseur sur 487 millim
(18 pouces) de diamètre. Il faut ensuite se procurer une au<
montée sur quatre pieds, disposée de telle sorte que ses bor<
soient à peu près à la hauteur du creux de l'estomac, et que l
roue puisse plonger de 81 millim. (3 pouces) au moins dans l'ea
qu'elle contient. Quelques ouvriers se servent de la meule à se
Ils ont évidemment tort, car en s'usant et en usant le fer,
meule produit une poussière fine et pénétrante qui voltige dan
l'air, entre dans la gorge et les narines, les irrite et cause pa<
fois des hémorrhagies. D'un autre côté, la meule s'échauffe e
frottant sans cesse contre le fer, et soit par ce motif, soit par<
qu'elle glisse moins aisément, elle finit par détremper rapid<
ment les outils qu'on lui présente.

Au moment d'acheter la meule, il faut bien prendre gard<
ce qu'elle n'ait ni fente, ni cavités ni crevasses; les défauts <
ce genre sont communs, et les marchands les cachent en l<
recouvrant avec du plâtre saupoudré ensuite de poussière <
grès. On s'assure qu'il n'y a ni cavités ni crevasses, en so<
dant çà et là avec une pointe de fer; on fait ensuite résonn<
la meule en frappant sur les bords avec une clé ou un cisea<
et si elle rend un son bien plein, on peut être sûr qu'elle n'<
ni fendue ni crevassée. Les meules sont percées d'un trou ou <

ar lequel passe l'arbre ou l'épine sur lequel on les suspend pour
s faire tourner. On s'assure qu'il est bien au centre en mesu-
int avec une ficelle. Si l'œil est grand et 'arrondi, on peut
nir pour certain qu'on n'a sous les yeux qu'une vieille meule
ui a été retaillée. La trop grande ouverture de l'œil est un
jfaut grave, parce qu'elle multiplie beaucoup les difficultés
ue l'on trouve toujours à placer l'arbre bien au centre.

La forme de l'arbre est simple : il est fait d'un barreau de
r, carré dans la partie qui doit être placée dans l'œil de la
veule, tourné ensuite en cylindre, portant à l'une de ses ex-
rémités une autre portion carrée qui entre dans le trou de
; manivelle. A ce même bout, l'arbre est terminé par une
ourte portion de cylindre recouvert d'un pas de vis destiné à
cevoir l'écrou qui maintient la manivelle. L'autre extrémité
eut être uniformément cylindrique; néanmoins, il est bon d'y
.énager un anneau d'un plus grand diamètre, ou espèce de
isque mince, dont nous verrons plus loin l'usage. La mani-
elle a la forme ordinaire: d'un côté elle est ouverte en carré
our recevoir le carré de l'arbre.

Il ne s'agit plus que de monter la meule sur l'arbre. Pour
ela, on la place sur un établi de menuisier, dans une situation
elle que son œil réponde à un des trous dans lequel on place
e valet. Alors on place l'arbre, on le fixe avec un petit coin
;e bois, on s'assure avec une équerre qu'il est dans une
osition bien verticale; lorsqu'on a trouvé cette position
vec d'autres coins on assujettit l'arbre de telle sorte qu'il ne
uisse s'en écarter, et on achève de l'y maintenir d'une manière
invariable avec du plâtre, ou mieux encore en y versant du
llomb, qu'on a soin de ne faire chauffer qu'autant qu'il le
aut pour qu'il soit liquide. Le plomb est préférable au plâtre
ui est sujet à se détacher et à tomber, ce qui oblige à recom-
nencer cette opération minutieuse et difficile.

On fait ensuite une entaille en forme de V à chacun des
cings côtés de l'auge, au-dessus de laquelle doit tourner la
neule : c'est dans ces entailles que reposent les collets ou por-
ions cylindriques de l'arbre. Si l'on veut arriver à plus de per-
ection, on fait dans les bords de l'auge deux entailles longitu-
inales qui vont en se rétrécissant vers le haut, et dans les-
uelles on fixe deux traverses d'un bois très-dur, tel que le
ormier ou le gaïac. C'est dans ces traverses, désignées par le
nom spécial de *coussinets*, qu'on creuse les entailles en V.

Les coussinets ont précisément la largeur du collet ou de

la portion cylindrique de l'arbre, ce qui rend impossible tout
mouvement de va-et-vient. On s'en assure encore mieux en
creusant dans l'entaille qui est à la gauche de l'ouvrier, une
autre entaille bien plus étroite, transversale à la première, et
dans laquelle tourne la saillie en forme de disque ou d'arêt
que porte l'extrémité gauche de l'arbre, dont j'ai déjà parlé.
C'est dans ces entailles que tourne l'arbre de la meule, après
qu'on a eu la précaution d'huiler le bois et le fer. Cela ne suf
firait pas longtemps pour rendre la rotation facile; bientôt elle
serait ralentie, et même les collets de l'arbre seraient usés et
rendus inégaux par le sablon détaché par l'affûtage, si l'on
ne prenait la précaution de recouvrir les coussinets, soit avec
une petite traverse de bois entaillée par-dessous, de manière
à ne pas gêner le mouvement de l'arbre, soit avec une lanière
de cuir.

Avant d'aller plus loin, on doit construire la pédale desti
née à faire tourner la meule. Sa structure est simple, et cha
cun la connaît. On perce un trou au pied de la meule, le plus
rapproché du corps, du côté droit; on fixe un boulon dans
ce trou. Sur cette tige, située horizontalement à 41 millim
(1 pouce 1/2) environ au-dessus du terrain, on fait reposer une
extrémité d'une planche dont la longueur est à peu près égale
à celle de l'auge. Deux anneaux, placés sous ce bout de la
planche ou pédale, l'unissent au boulon en forme de charnière;
l'autre bout est attaché par une longue corde au bouton de la
manivelle, de telle sorte que lorsque le bouton est aussi haut
que possible, la pédale présente un plan incliné beaucoup
plus élevé du côté de la corde que du côté du boulon. Les
choses étant dans cette situation, si avec le pied on presse vi
vement la pédale, le bouton de la manivelle descendra, mais
par cela même la meule aura reçu un mouvement d'impul
sion qui, à raison de l'excédant de force qui a été communi
qué, ne tardera pas à faire remonter le bouton. Si on le ra
baisse avec le pied, précisément au moment où il vient de dé
passer le point le plus élevé pour redescendre, et si l'on con
tinue ainsi ce mouvement de pression alternatif, donné à la
pédale, on fera prendre facilement à la meule un mouvement
de rotation suffisamment accéléré.

Dès qu'on est parvenu à faire tourner la meule, il faut en
profiter pour s'assurer si elle est parfaitement circulaire. Pour
cela, on prend une vieille lime qu'on a cassée à l'extrémité;
on l'appuie sur le bord de l'auge, de telle sorte que son angle

plus vif porte sur la face latérale de la meule, le plus près possible de la circonférence. On fait alors tourner la meule, la faisant aller d'arrière en avant. L'angle de la lime qu'on appuie avec force et sans changer de place, trace sur le grès un cercle qui indique de combien la meule s'écarte d'une forme exactement circulaire. Alors, avec un marteau et un ciseau, on enlève les parties excédantes, et lorsqu'on a fait le plus gros de la besogne, la meule étant posée à plat sur l'établi, on la place de nouveau sur les coussinets, on la fait tourner d'arrière en avant le plus vite possible, et, en lui présentant alors le tranchant d'un vieux fer de varlope, on achève de la mettre parfaitement au rond. Cette opération doit se faire à sec.

Venons maintenant à la manière de se servir de la meule pour aiguiser les outils, c'est-à-dire pour user leur extrémité en biseau. Pour agir convenablement, il faut se rappeler, comme le point le plus essentiel, que tous sont composés de fer et d'acier. Il ne faut donc jamais oublier que les ciseaux, les bédanes, les fers de rabot, de varlope, n'ont d'acier que sur le dessus qu'on appelle la *planche*; que le fermoir, au contraire, a son acier au milieu, soudé entre deux lames de fer; que la gouge a son acier en dehors (1). Ajoutons encore, comme un principe général, que le biseau des instruments destinés à couper le bois, forme ordinairement un angle de trente degrés, ou égal au tiers de l'angle formé par une ligne perpendiculaire à une autre ligne.

Quand on veut aiguiser un outil à un seul biseau, on le présente à la meule le fer en dessous, l'acier en dessus. L'outil tenu dans la main gauche, pose par son extrémité sur la surface circulaire de la meule, dans la position telle que l'angle de fer, en s'usant par ce contact, se change en une petite surface plane qui doit s'unir avec la surface de la planche, en formant l'angle qu'on veut obtenir. La main gauche ne change jamais de place; mais comme il est bon de rendre l'angle du biseau moins aigu quand on veut travailler sur du bois très-dur, on règle la manière dont l'outil touche la meule, en baissant ou haussant le manche qu'on tient dans la main gauche. On fait alors tourner la meule pendant quelque temps, de telle sorte qu'au lieu de revenir sur l'outil, elle semble fuir

(1) Je ne parle ici que de la gouge du menuisier, car c'est le contraire pour celle du tourneur.

devant lui et s'éloigner de l'ouvrier. Au bout d'un temps pll
ou moins long, on examine le fer, et si la surface produite p
l'affûtage s'unit à celle de la planche par un angle bien vif
sans aucune petite surface intermédiaire, ou s'il y a à
planche un rebroussement quelconque produit par son ext
inité qui a été rejetée en dessus, l'affûtage est terminé, et
meule a rendu tout le service qu'on en pouvait attendre.

Le fermoir a deux biseaux très-allongés. Il faudra donc
péter l'opération des deux côtés. La gouge, par sa forme
mi-circulaire, exige une autre manière de procéder. Au l
de tenir la main immobile, il faut la tourner sans cesse, a
qu'elle s'use sur toute sa demi-circonférence, et pour cela
présenter à l'angle de la meule, qui seule peut atteindre l'
térieur de la cannelure. Il vaut mieux se servir, pour aigui
cet outil, des lapidaires dont je parlerai plus tard. Si l'outi
un biseau sur le côté, alors on le présente transversalemen
la meule, et on l'aiguise comme un ciseau ordinaire, ou bi
on l'applique contre le côté de la meule. C'est même ce dern
moyen qu'il faut toujours employer lorsqu'on achève d'affû
le bédane. Sans cela, comme à raison de l'épaisseur du fer
biseau est très-allongé, la forme circulaire de la meule le r
drait sensiblement concave, et il ferait moins bien le servi

2° De la pierre à l'huile.

La meule ne suffit pas pour affûter un outil; elle lui lai
toujours un morfil, c'est-à-dire que l'acier rendu de plus
plus mince finit par se rebrousser et nuire à l'action du tr
chant. Si l'on essayait de l'enlever en appuyant la plan
contre la meule en mouvement, on userait l'acier, et l'inst
ment serait détérioré. Il vaut mieux prendre un morceau
bois tendre et de fil, présenter le tranchant du fer à l'an
du bois et le faire glisser comme si l'on voulait couper. Ma
après qu'on s'est débarrassé, par ce moyen, du morfil
reste entre les fibres ligneuses, le tranchant de l'outil est r
inégal et de mauvais service. Il faut donc trouver un mo
pour terminer l'affûtage et enlever ces aspérités sans produ
un nouveau morfil. C'est pour cela qu'on emploie la pier
l'huile. Plus chère que la pierre à aiguiser ordinaire,
rend aussi de bien plus grands services.

Cette pierre, appelée aussi *grès de Turquie*, *pierre du*
vant, se trouve aux environs de Constantinople; de là vienn
les meilleures. On en trouve en Lorraine, et d'autres mo

bnnes encore sont envoyées de Fontainebleau. Celles du
Lvant sont d'un gris-blanc sale, et leurs angles sont demi-
transparents; la pierre de Lorraine est d'un brun rouge. Celle
ní convient au menuisier ne doit pas être trop dure, ce dont
u s'assure en coupant ses angles avec un couteau bien tran-
tant. Cette épreuve est d'autant plus importante que ces
pierres durcissent par l'usage. Il faut aussi s'assurer, autant
que possible, que la pierre est partout d'une dureté à peu près
semblable. Quelquefois elle renferme des nœuds fort durs,
qui, s'usant moins vite, finissent par former des aspérités très-
incommodes. On doit, par ce motif, rejeter absolument toutes
les pierres tachetées de roux. Il faut encore s'assurer qu'elle
mord bien. Pour cela, on la frotte avec de l'huile et l'extrémité d'une lime, comme si on voulait y former un biseau. Si
la pierre est de bon service, la lime y laisse à chaque frottement une trace d'un gris bleuâtre; enfin, si, après quelques
allées et venues, on a formé une petite facette bien plane, et
terminée par des angles bien vifs, on a obtenu le meilleur in-
dice. Si on trouvait à acheter une vieille pierre sillonnée en
plusieurs endroits, ou brisée, et d'une forme irrégulière à
une de ses extrémités, il ne faudrait pas que cela arrêtât. On
rendrait régulière la forme de la pierre en la sciant à sec avec
une scie de rebut, qu'on retaillerait dès qu'elle cesserait de
produire une poudre abondante et blanche. Quant aux sillons
et autres inégalités de la surface qui proviendraient de l'usage
et non pas de différences dans la dureté, on y remédierait en
frottant la pierre sur une plaque en fonte, saupoudrée de grès
filé, jusqu'à ce qu'enfin elle fût devenue bien plane. On monte
ordinairement ces pierres sur un morceau de bois, dans lequel
on les fixe au moyen d'une entaille de forme convenable qu'on
a préalablement creusée. Ce morceau de bois est beaucoup plus
long d'un côté que la pierre, afin qu'on puisse le prendre sous
le valet.

Quand on veut se servir de cette pierre pour compléter l'affûtage d'un instrument et faire disparaître les inégalités pro-
duites par la rupture du morfil ou le grain trop grossier de la
meule, on commence par y verser un peu de très-bonne huile.
Puis, prenant le manche de l'outil de la main droite et le fer
de la main gauche, on applique bien exactement, contre la
surface de la pierre, le biseau que la meule a formé, et, dans
cette situation, on fait décrire à l'outil une infinité de cercles
et de spirales. Comme la convexité de la meule donne toujours

au biseau un peu de cavité, il ne touche la pierre que par so
sommet et par sa base. Lors donc que ces deux parties ont é
bien polies par la pierre, et que les stries causées par le grai
de la meule ne sont plus visibles que dans l'espace interm
diaire, on termine l'affûtage en promenant avec lenteur l'ou
til de droite à gauche et de gauche à droite : alors on essa
d'enlever avec le tranchant l'épiderme du dedans de la main
s'il l'enlève, le travail est terminé. Quelquefois en pinça
l'outil entre l'index et le pouce, et en le faisant glisser entr
ces deux doigts, on s'aperçoit qu'il reste un peu de morfil d
côté de la planche. Pour l'enlever, il faut repasser un pe
l'instrument sur la pierre en le tournant de ce côté; mais ay
soin qu'il pose bien à plat, sans quoi tout serait gâté. Lorsqu
pendant ces opérations, il se détache de petites parcelles d'a
cier, il faut de suite les ôter de dessus la pierre; et si celle-
s'était, à la longue, recouverte de cambouis, il faudrait avo
soin de la nettoyer en la raclant avec le côté d'un fer de rab
ou d'un ciseau, et ensuite en la frottant avec du liège et d
grès pilé.

3° Composition d'une pierre artificielle propre à aiguiser
les faulx et autres instruments tranchants.

La description du procédé suivant est due à M. J. Hélix.

« On coupe en parties minces, avec une plane, de la terr
la plus propre à produire un mordant, que l'on met dans u
trou pavé au fond et au pourtour, on laisse cette terre dans l
trou pendant quarante-huit heures : le temps expiré on la re
tire, et après un jour de repos, on la pétrit d'abord avec le
pieds; puis, avec les mains, on en fait une pâte que l'on fa
connue en pierre à aiguiser. Ces pierres molles s'exposent
l'ombre sur des planches pendant six jours; après quoi elle
sont portées dans un four à réverbère de 11 mètres 69 centim
(36 pieds) de long sur 2 mètres 60 centim. (8 pieds) de large e
1 mètre 94 centim. (6 pieds) de haut, où elles sont cuites d
la manière suivante.

On allume à l'embouchure du four un feu que l'on entre
tient pendant quatre jours sans interruption : ce feu est très
petit pendant les deux premiers jours, et très-grand pendan
les deux derniers. Les quatre jours écoulés, on éteint le feu
et deux jours après on retire les pierres qui sont bonnes
employer, et avec lesquelles on peut travailler le fer auss
bien qu'on le fait avec la lime la mieux acérée.

4° *Limes en terre cuite.*

Ce procédé, emprunté aux Annales des arts et manufactures, se rapproche beaucoup du précédent, que son auteur a cru tout-à-fait nouveau.

On doit choisir cette terre appelée *grès*, avec laquelle on fait certaines cruches et bouteilles extrêmement dures. Après l'avoir pétrie, on la dispose en pains, affectant la forme des limes-carreaux dont les serruriers se servent pour dégrossir l'ouvrage. On enveloppe ces pains avec une toile neuve dont le grain est proportionné à la taille des limes qu'on veut obtenir. On presse cette toile sur la terre molle, de manière à ce que les fils s'y impriment. C'est dans cet état que l'on met les pains au four où ils sont cuits. Les limes, assure-t-on, font très-bon usage. Je n'en ai pas une expérience personnelle.

5° *Les Pierriers.*

Les moyens que je viens de décrire sont insuffisants pour aiguiser les gouges et surtout le tranchant diversement contourné des fers des outils à moulures. Il a donc fallu donner différentes formes appropriées à des pierres du Levant. Il y en a d'arrondies, d'anguleuses, ou dont la surface supérieure présente différentes courbures, et sur lesquelles on peut affiler les fers des outils à moulure, tels que bouvets, mouchettes, tarabiscots, etc., en les promenant longitudinalement sur la pierre. Toutes ces pierres sont fixées par des coins dans des entailles pratiquées sur une pièce de bois. C'est à cet utile instrument qu'on donne le nom de *pierriers*.

6° *Les Lapidaires.*

Les lapidaires n'ont pas d'autre utilité que les pierriers, mais ils sont moins coûteux et plus commodes; le menuisier qui tourne un peu, les fait aisément lui-même, et je suis étonné que l'usage n'en soit pas plus répandu. Un arbre semblable à celui de la meule, et qui peut être mis à la même place après qu'on a ôté l'eau contenue dans l'auge, porte un certain nombre de roues en bois de noyer, séparées par des tampons de bois percés au centre. On a donné à la surface circulaire de ces roues la forme de différentes moulures; on les imbibe d'huile, on les saupoudre d'émeri bien fin ou de pierre du Levant pilée, et on s'en sert très-commodément pour aiguiser le tranchant contourné des outils à moulures, après avoir affûté, s'il le faut, le côté plat sur la pierre à l'huile. On fait tourner

les lapidaires avec la pédale de la meule, et, comme les roue
qui les composent sont maintenues sur l'arbre par un écrou
on peut les renouveler et les changer à volonté.

7° Manière d'aiguiser les scies.

L'affûtage des scies consiste à hérisser un de leurs côtés o
petits triangles plus ou moins inclinés par leur pointe du cô
où l'on pousse la scie. On se sert à cet effet de limes douces
et l'on espace plus ou moins les dents, suivant la nature de :
scie; on en varie aussi la longueur. Celles de la scie à débit
les bois verts sont séparées entre elles par un espace égal à :
longueur de leur base. Les autres se touchent par le bas, ma
diminuent de longueur et augmentent de finesse depuis la sc
à refendre jusqu'à la plus fine scie à chantourner.

On se sert, pour les affûter, de limes triangulaires de di
férentes grosseurs, appelées *tiers-point*. Elles sont montées dan
un manche ordinaire en bois, et d'une longueur de 135 millim
(5 pouces).

Quand on veut affûter une scie, on place sa lame dans u
entaille, laquelle s'arrête sur l'établi, par le moyen d'un vale
et à mesure qu'on a limé une longueur de la scie, on la fa
avancer dans l'entaille dont on desserre le coin pour cet eff
et on le resserre ensuite, en observant que la scie déborde
nu de l'entaille d'environ 5 millim. (2 lignes) de plus que :
profondeur des dents.

On ne fait pas mouvoir la lime dans une direction parfait
ment perpendiculaire à la longueur de la scie, on la fait 1
contraire aller obliquement et de manière qu'elle laisse u
biseau à chaque côté du triangle. Il est essentiel, pour la so
à débiter, que les biseaux ne soient pas tous inclinés dans
même sens, et cela est convenable pour toutes les autres esp
ces. Pour y parvenir, on lime les dents de deux en deux,
tenant le manche de la lime plus près du corps que de
pointe, et cette première opération faite, on retourne la sc
pour limer les autres dents de la même manière.

Lorsqu'on lime une scie, il faut avoir soin que toutes ll
dents soient d'une hauteur bien égale, qu'elles se dressent pa
faitement dans toute la longueur de la lame, et qu'elles soie
limées perpendiculairement à sa surface. On doit limer chaq
dent en commençant par celle du haut, qui doit être à gauch
de l'ouvrier, et il ne faut ôter du fer de la lame que la quau
tité nécessaire pour rendre la pointe des dents bien unie

quand elles sont toutes affûtées, on passe légèrement la lime sur le plat de la scie, pour ôter les bavures qu'on a faites en la limant. On passe aussi sur les dents de la scie une longue et large lime plate, afin de les mettre de la même longueur, sauf à approfondir ensuite celles qui ont été raccourcies par cette opération, et à aiguiser de nouveau leur pointe. Il ne reste plus qu'à *donner la voie* à la scie : on entend par là, incliner un peu les dents alternativement à droite et à gauche. On incline à droite celles qui ont le tranchant de leur biseau du côté droit; à gauche, celles qui l'ont du côté gauche : cela se fait alternativement et en raison de la grandeur des dents, en observant toutefois de ne pas les déverser assez pour que l'épaisseur intérieure d'une dent laisse du vide entre elle et l'intérieur de celle qui la précède, parce qu'une scie dévoyée de cette manière, ne pourrait plus aller et s'engagerait immanquablement dans le bois.

Il importe beaucoup que la voie d'une scie soit égale, c'est-à-dire que les dents soient également déversées des deux côtés, parce qu'autrement la scie n'irait plus droit, et qu'elle dévoierait du côté où les dents seraient plus déversées.

Il ne faut presque pas donner de voie aux scies qui sont extrêmement fines, parce que quand la lame est bien faite, elle est plus épaisse sur le devant ou côté de la denture, ce qui suffit pour en faciliter le passage. Cette observation est générale pour toutes les lames de scies, qu'on doit toujours choisir plus minces du derrière que du devant, et bien égales dans toutes leurs longueurs.

Les diverses espèces de scies ont plus ou moins de voie. On en donne beaucoup à la scie à débiter les bois verts, presque pas aux scies employées pour les ouvrages délicats ou pour travailler les bois très-secs et très-durs. Si on avait donné la voie à une scie inégalement ou plus fortement qu'il ne faut, on la corrige en mettant la lame entre deux planches dressées, et en frappant dessus à petits coups.

On donne de la voie aux scies avec un outil nommé *tourne-à-gauche*, que nous ne dessinons pas. Ce n'est autre chose qu'un morceau de fer plat, quelquefois monté dans un manche de bois, et qui présente des entailles de différentes épaisseurs, pour servir à des scies plus ou moins épaisses. D'autres ouvriers emploient, pour cette opération, une vieille lame de rabot, au bout de laquelle on a pratiqué quelques entailles dans lesquelles on prend les dents.

8° *Affûtage des scies.*

Les tiers-points de Schmidt passent pour les meilleurs qu'on
puisse choisir pour l'affûtage des scies. Cet habile fabricant a
calculé que, pour cet usage, le tiers-point à taille croisée était
moins propre que celui taillé seulement sur un seul sens; il fait
donc ses limes en écouane très-fine : cette manière, qui lui est
particulière, offre cet avantage, qu'en limant des deux côtés
les lames de scies fort minces, c'est-à-dire en limant d'abord
un seul côté, de deux dents l'une, puis après avoir retourné la
lame, en répétant l'opération sur l'autre côté, on déverse une
bavure de chaque côté, qui tient en quelque sorte lieu de la
voie que l'on donne aux scies ordinaires.

Les limes de Schmidt présentent en outre cette particularité, qu'elles ne sont point aiguës sur les angles; c'est le moyen
de leur faire rendre un plus long service. Dans les tiers-points
ordinaires, la taille des angles est toujours aiguë, et c'est par
ces angles que les limes commencent à blanchir. Les vives
arêtes du tiers-point pénétrant dans la matière et s'y enga-
geant profondément, s'égrènent facilement : les dents de leur
sommet se brisent, ou se détrempent par suite de la chaleur
produite par le frottement, qui agit fortement sur des parties
aussi ténues. Dans le limage des scies, il n'est nul besoin d'ailleurs que l'angle rentrant soit bien aigu, c'est au contraire une
imperfection; la poussière s'y amasse et tient davantage. Lorsque le tiers-point ne coupe pas sur ses angles, le fond de la
dent s'arrondit, et les bons limeurs, dans les scieries de placage, prétendent que cette disposition doit être préférée.

(Journal des ateliers.)

9° *Etau mobile propre à limer les scies.*

Tous les menuisiers connaissent l'entaille qu'on fait à l'extrémité d'une planche afin de maintenir la lame de scie qu'on
est en train de limer, et dans laquelle entaille la lame est retenue par un coin : cette méthode, très-suffisante pour limer
droit les dents d'une scie, devient insuffisante s'il s'agit de
limer les dents de côté et de deux dents l'une, ainsi qu'on
pratique pour couper les bois verts et le bois de chauffage.
Nous croyons donc à propos de leur faire connaître l'existence
des étaux mobiles sur lesquels on lime les scies avec une étonnante facilité. Le menuisier a d'ailleurs très-souvent besoin
d'un petit étau à griffe, et souvent il le monte après une forte
planche qu'il prend sous le valet, lorsqu'il y a de petits limages

faire. L'étau mobile se place également sur une planche qu'on peut prendre de même sous le valet, et il offre de plus une grande commodité pour les chanfreins et autres ouvrages qui ne se feraient que difficilement sans son secours. Au moyen d'un appareil peu coûteux (2 à 3 francs, selon la force de l'étau), toute personne ayant un étau à griffes ordinaire, vieux ou neuf, pourra rendre cet étau mobile et tournant en tous sens.

Indépendemment de la facilité qu'on a de le mettre, comme nous venons de le dire, après une planche qu'on fixe sur l'établi à l'aide du valet, cet appareil se pose aisément, immédiatement si on le préfère, après l'établi, en dessus ou en dessous de la table, selon la hauteur qu'on veut donner à l'étau. Il se pose également sur le champ de cette table, et à l'un de ses coins. Il peut être aussi placé après l'appui et même le dormant d'une croisée ; après une traverse quelconque fixée dans un mur ; et enfin, être mis dans une infinité d'endroits où les étaux ordinaires ne peuvent trouver place. Il peut être posé avec des vis, par simple approche, ou bien avec entaille et encastrement. On peut le mettre sur une marche d'escalier, sur une rampe en bois, sur un plan incliné, etc., etc.

L'étau monté sur cet appareil devient mobile à volonté. Il tourne sur lui-même horizontalement, il tourne verticalement, il tourne incliné à tous les degrés, et au moyen d'un coup de main sur le levier ou manette, on lui fait prendre, dans telle position qu'il se trouve, une immobilité aussi constante que s'il était fixé à demeure dans cette position. Tout étau à griffes, vieux ou neuf, quelle que soit sa forme, peut être monté sur cet appareil, et être sur-le-champ converti en un étau tournant plus solide que ceux qui coûtent 250 fr., et ayant des mouvements plus prompts et plus variés, sans être, comme ces derniers, sujets à de fréquentes et difficiles réparations. La Société d'encouragement a donné son approbation à ce mécanisme, et nous n'aurions pas manqué de transcrire l'article en entier, si cet objet était plus direct à l'art du menuisier : ceux de nos lecteurs qui voudront en prendre une plus ample connaissance, pourront consulter le procès-verbal de la séance du 10 mars 1830, et la figure gravée qui est jointe au bulletin. On trouve d'ailleurs le Prospectus de ces appareils chez l'auteur.

SECONDE PARTIE.

DES TRAVAUX DU MENUISIER.

—∘⟐∘—

Cette seconde partie est subdivisée en trois sections. Dans la première, après avoir exposé quelques notions de *géométrie pratique*, indispensables pour le bon menuisier, les principes d'architecture qui lui sont utiles, et les éléments de l'art du trait, nous ferons connaître en détail les *opérations fondamentales* de son art, celles qui reviennent à chaque instant, et qu'il est obligé d'exécuter dans presque tous ses travaux. La seconde section sera consacrée à décrire les différents *ouvrages du menuisier en bâtiments*. La troisième est réservée pour la *menuiserie en meubles*.

PREMIÈRE SECTION.

CONNAISSANCES PRÉLIMINAIRES ET OPÉRATIONS FONDAMENTALES.

CHAPITRE PREMIER.

OPÉRATIONS DE GÉOMÉTRIE-PRATIQUE, OU MANIÈRE DE TRACER L'OUVRAGE ET DE MESURER LES SURFACES.

Avant de se mettre à l'établi et de s'armer de la scie ou de la varlope, le menuisier doit faire quelques opérations indispensables, et sans lesquelles il lui serait impossible d'arriver à aucun bon résultat. S'il s'agit de menuiserie en bâtiments, par exemple, de faire un lambris, de construire une porte, il doit commencer par s'assurer des dimensions de l'ouvrage qu'il a à faire, et mesurer l'emplacement.

S'il veut orner la porte ou le lambris de moulures, s'il se propose de construire un meuble dont les dimensions ne soient

us bien réglées, ou dont les proportions soient une affaire de
goût, il a besoin, pour vérifier ses idées et leur donner de la
fixité, de tracer un dessin ou plan de son ouvrage.

Au moment de réaliser ses conceptions, il n'a encore sous la
main que des pièces de bois brutes qu'il doit entailler de diverses façons, rendre semblables ou proportionnelles les unes
aux autres. Par conséquent, il faut tirer des lignes, mesurer des
angles, en un mot tracer l'ouvrage.

Enfin, avant de rien entreprendre, s'il veut, avant de deman-
der un prix quelconque, savoir évaluer avec exactitude son ouvrage, il faut qu'il puisse connaître et calculer avec précision
les dimensions de la muraille à revêtir, du meuble à exécuter,
à de mesurer les surfaces.

De ces quatre opérations, trois sont essentiellement arith-
métiques : la première se confondrait même entièrement avec
la seconde, si quelques détails enseignés par la pratique, et
d'une incontestable utilité, ne commandaient d'en faire une
masse à part. Je dirai sur chacune d'elles tout ce qu'il est nécessaire de savoir; mais la nécessité d'abréger, de tout dire dans
le moindre espace possible, ne me permettra pas de faire connaître la raison des méthodes que j'indique, le *pourquoi* elles
produisent tels ou tels résultats.

Quant à la seconde opération, à la manière de dessiner à
l'avance l'ouvrage, ce n'est pas dans un traité de ce genre
qu'il est possible de l'enseigner. Évidemment on ne peut ap-
prendre le dessin qu'en voyant dessiner et en dessinant soi-
même. Tout ce que je pourrais dire sur ce point, se réduirait
à quelques principes de perspective, nécessairement incomplets
et présentés trop en abrégé. Je crois donc n'avoir rien de mieux
à faire que de renvoyer au *Manuel du Dessinateur*, faisant
partie de l'*Encyclopédie-Roret*.

§ I. — *Manière de mesurer l'ouvrage.*

J'ai déjà fait connaître les instruments dont on se sert pour
prendre les petites dimensions, et j'ai conseillé d'employer de
préférence le demi-mètre ou le double décimètre. Pour les
grandes dimensions, il est plus expéditif de se servir d'une
règle d'un ou de deux mètres de long, sur laquelle on a tracé
ses lignes de division de centimètre en centimètre. Si, par ce
moyen, on veut avoir la longueur d'une muraille, on cher-
che combien de fois la longueur renferme la longueur du
mètre. Veut-on avoir sa hauteur? on répète la même opération.

Pour suppléer au défaut d'une règle divisée qu'ils n'ont pas toujours sous la main, il arrive quelquefois aux menuisiers de prendre une longue règle ordinaire, et de mesurer combien de fois sa longueur est contenue dans la longueur de la muraille. Un chiffre tracé au crayon sur la surface de la règle indique ce premier résultat. Mais cette mesure n'est pas toujours précise ; la longueur de la muraille n'est pas toujours exactement divisible par la longueur de la règle ; et l'on finit le plus souvent par trouver un reste de muraille plus court que la règle. Dans ce cas on indique cette dimension à l'aide d'une raie transversale, faite sur la règle, dont la portion comprise entre son extrémité et cette ligne est égale en longueur à la portion excédante de la muraille; et pour ne pas confondre entre les deux bouts de la règle, pour ne pas prendre une extrémité pour l'autre, on fait un signe quelconque, une croix, par exemple, du côté droit de la ligne, si c'est la portion de droite qui forme la mesure; du côté gauche, si c'est au contraire la partie à gauche de la ligne.

La même règle peut servir à prendre diverses dimensions. Il suffit pour cela de mettre, à côté des chiffres et des lignes tracées, sur la règle, des signes dont l'ouvrier est à l'avance convenu avec lui-même, et qui lui indiquent que telle mesure est celle de la longueur, telle autre celle de la largeur, etc. Mais comme cette espèce d'alphabet de signes change avec les ouvriers, que souvent celui du maître diffère de celui des apprentis, que des confusions peuvent avoir lieu, il vaut infiniment mieux mesurer avec le mètre double ou simple, et noter les résultats qu'on obtient, sur un morceau de papier, que tout le monde peut comprendre. L'autre méthode n'est bonne que pour les ouvriers qui ne savent pas lire, et doit leur être abandonnée.

Avant de mesurer une place quelconque, il faut observer si elle a des saillies ou des enfoncements, si elle est ou n'est pas d'aplomb. D'abord, parce que ces irrégularités, si elles étaient considérables, pourraient rendre les mesures fautives; ensuite, afin de masquer ces défauts en faisant l'ouvrage. Par la même raison, avant de prendre la hauteur d'une muraille, il est bon de se munir d'un plomb attaché à une longue ficelle, d'appliquer cette ficelle au plafond, de telle sorte, que le plomb librement suspendu, touche le bas du mur. Alors on est assuré de bien connaître s'il est d'*aplomb*, et on peut sans crainte prendre la mesure le long de la ficelle.

A l'égard des irrégularités qui ne proviennent pas seulement du défaut d'aplomb, il y a un moyen bien facile d'en
avoir le plan et de_le tracer sur une planche. Appliquez
contre la muraille irrégulière la rive d'une planche, de façon
que sa surface forme un angle droit avec la surface du mur.
La rive de la planche ne s'appliquera certainement pas avec
exactitude sur la surface du mur, et, dans les endroits où celui-ci est creux, il y aura des interstices. Prenez ensuite un
compas à mouvement un peu raide et dont la charnière ne
soit pas trop douce, ouvrez-le précisément de telle sorte que
lorsqu'une de ses branches touche par la pointe le mur à l'endroit où il se renfonce le plus, l'autre branche vienne aboutir à la rive de la planche; alors portant le compas toujours
ainsi ouvert au sommet de la planche, tenez-le de sorte que
ses deux pointes soient toujours dans un plan bien horizontal,
et que l'une ne soit ni plus basse ni plus haute que l'autre;
puis, faites-le descendre de telle façon, que l'une des pointes
glisse toujours sur le mur, et que l'autre trace une ligne sur la
planche. Les inégalités de la muraille feront tour-à-tour avancer ou reculer la pointe du compas qui la touche. Celle-ci, à
son tour, fera pareillement avancer ou reculer la pointe qui
trace une ligne sur la planche, et cette ligne représentera exactement les saillies ou les enfoncements du mur. Si on sciait la
planche en suivant cette ligne, un de ses côtés s'appliquerait
exactement sur la muraille, et il n'y aurait presque pas de bois
perdu, si, comme je l'ai conseillé, on n'ouvrait le compas que
de l'étendue du plus grand interstice entre la muraille et la
rive de la planche. Si on ne veut qu'un simple plan, on peut se
dispenser de cette précaution. On peut aussi dans ce cas employer, au lieu d'un compas, une tige de trusquin que l'on
maintient avec plus de facilité dans une position horizontale,
et dont la pointe trace la ligne. Il me reste deux observations
à faire. Quand on veut prendre la mesure d'une porte, si l'on
a à faire à la fois les *montants* et la porte proprement dite, il
suffit de mesurer la largeur et la hauteur de l'ouverture pra-
pquée dans la muraille et qu'elle doit fermer; on règle ensuite
à volonté les dimensions de chacune des deux parties; mais,
quand il n'y a que la porte à faire, on doit observer que l'ouverture de la muraille n'a pas partout la même largeur et la
même hauteur. D'un côté, il y a une petite saillie en maçon-
serie ou en pierre, sur laquelle la porte doit s'appliquer, qui
retient l'ouverture, et forme ce qu'on appelle la *feuillure* ou un

angle rentrant et droit avec le parement qu'on nomme le *tableau*. En haut, il y a une feuillure semblable. Il faut donc à peine de faire la porte trop étroite et trop basse, prendre la mesure entre les tableaux, et du fond de chaque feuillure.

Il en est de même à l'égard des croisées, pour lesquelles la mesure doit pareillement être prise entre les tableaux, tant en largeur qu'en hauteur, en observant que les feuillures sont souvent inégales.

§ II. — *Manière de tracer l'ouvrage.*

Jusqu'à présent j'ai employé diverses expressions, telle que *lignes perpendiculaires*, *verticales*, *parallèles*, empruntées au langage du géomètre, et auxquelles la nature du sujet me contraignait impérieusement à recourir. Alors je m'en servais rarement; mais maintenant, forcé d'en faire un plus fréquent usage, je risquerais d'être tout-à-fait obscur si je différais plus longtemps à faire connaître leur valeur (1).

Les lignes prennent différents noms, suivant leur direction, leur situation relativement au centre de la terre, leur situation entre elles.

Relativement à la direction on appelle *ligne droite* celle qui va par le plus court chemin d'un point à un autre; *ligne courbe* celle qui s'éloigne insensiblement de la ligne droite, et finit graduellement par la rejoindre; *ligne brisée* celle qui est formée d'un nombre indéterminé de lignes droites plus petites et se joignant par leurs extrémités sans être dans la même direction.

Quant à leur situation relativement au centre de la terre, on appelle *ligne verticale* celle qui se dirige vers le centre par le plus court chemin. Le fil à plomb est toujours dans une situation verticale. On s'attache à donner une assiette pareille aux murs des édifices, à les élever verticalement.

La ligne *horizontale*, au contraire, est celle dont tous les points sont également éloignés du centre de la terre, celle dont les deux bouts sont dirigés vers l'horizon. Les bras d'une croix peuvent donner idée de l'horizontalité.

On appelle *ligne oblique* celle à qui ni l'une ni l'autre de ces

---

(1) Voyez, pour toutes les opérations géométriques, la planche première.

éfinitions ne peut convenir, et qui est inclinée par rapport à horizon.

Lorsqu'on s'attache, au contraire, à la situation des lignes ntre elles, on désigne par le nom de *ligne perpendiculaire* à ne autre ligne, celle qui, partant d'un point quelconque, ient joindre l'autre au point directement opposé, sans pen-her d'aucun côté. On indique, au contraire, par la dénomia-ation de *ligne parallèle* à une autre ligne, celle dont tous les oints sont également éloignés d'une autre ligne, et qui ne en éloigne ni ne s'en rapproche jamais, de telle sorte qu'on ourrait les prolonger à l'infini sans qu'elles se rencontrassent. ans ce sens encore, la *ligne oblique* est celle qui croise une utre ligne en penchant plus d'un côté que de l'autre. De tout éla il résulte qu'une *ligne horizontale* est *parallèle* à l'horizon, t que la *ligne verticale* est *perpendiculaire* à la *ligne horizon-* ıle.

Deux lignes qui se rencontrent forment entre elles ce qu'on ppelle un angle. On dit qu'un angle est plus ou moins grand, uivant que les lignes qui le forment, après s'être réunies en n point, s'écartent ensuite plus ou moins vite l'une de autre. Mesurer un angle consiste à mesurer un écarte-ent.

Pour mesurer un angle, on ouvre un compas d'une quantité uelconque; on pose une de ses pointes à l'intersection des eux lignes au sommet de l'angle, l'autre pointe repose sur un es côtés; alors on fait tourner le compas de façon que cette ointe aille toucher l'autre côté en traçant une ligne courbe u portion de cercle. Cette portion de cercle est la mesure de angle; et si, après avoir fait cette même opération sur un utre angle sans changer l'écartement des branches du com-as, on trouve que l'arc du cercle compris entre les côtés du remier est plus court que l'arc du cercle compris entre les ôtés du second, le premier angle est le plus petit.

Pour avoir un cercle de comparaison, on suppose que la rconférence du cercle est divisée en trois cent soixante par-es, qu'on appelle degrés, et l'on en conclut qu'un angle est autant plus grand que l'arc du cercle compris entre ses ôtés est formé d'un plus grand nombre de ces parties et egrés.

Ainsi, si autour du point d'intersection de deux lignes per-endiculaires l'une à l'autre et se prolongeant après leur nction en formant quatre angles, on décrit un cercle, on

verra que ce cercle est partagé en quatre parties égales par
les deux lignes. Chacun des angles a donc pour mesure le
quart d'une circonférence de cercle; et, puisque la circonférence entière est divisée conventionnellement en 360 degrés
chacun de ces angles aura pour mesure le quart de 360 degrés, ou 90. Il sera, pour me servir de l'expression usitée, ouvert de 90 degrés. Si du sommet de cet angle on tire une
ligne oblique, également éloignée des deux côtés, elle divisera
cet angle en deux, et chacun de ces angles nouveaux aura
pour mesure 45 degrés. Si on eût partagé en trois l'angle de
90 degrés, il est évident que chacun de ces tiers eût été de
30 degrés.

On est convenu d'appeler *angle droit* celui qui a pour mesure le quart d'une circonférence, ou 90 degrés; *angle aigu*,
tout angle qui a moins de 90 degrés; *angle obtus*, tout angle
qui a plus de 90 degrés.

A l'égard du *cercle*, chacun sait qu'on entend par ce nom
une ligne réunie par les deux bouts, et dont tous les points
sont également éloignés d'un autre point nommé *centre*. On
appelle *diamètre* toute ligne droite qui, passant par le centre
aboutit par chaque extrémité à la circonférence, en coupant
le cercle en deux moitiés; *rayon*, toute ligne droite allant du
centre à la circonférence; *tangente*, toute ligne droite touchant
par un point quelconque une circonférence du cercle.

Enfin, l'on entend par *triangle*, l'espace renfermé entre trois
lignes réunies en formant trois angles.

Le *carré* est formé de quatre côtés égaux.

Le *parallélogramme*, de quatre côtés réunis en formant
quatre angles droits; les côtés inégaux en longueur sont pourtant égaux chacun avec celui qui lui est parallèle.

Le *losange* est un carré qui a deux angles aigus et deux
obtus.

Le *trapèze* a quatre côtés, dont deux seulement sont parallèles, et l'un d'eux est plus court que l'autre.

Le *pentagone* est une figure régulière à cinq angles et à six
côtés.

L'*hexagone* a six angles et six côtés; l'*heptagone* a sept angles et sept côtés; l'*octogone* a huit angles et huit côtés. On
désigne toutes ces formes par le nom générique de *polygones*.

Les notions préliminaires étant exposées, venons aux applications, et voyons la manière de tracer sur le bois les différentes lignes qui doivent ensuite guider l'outil.

1. *Manière de tracer une ligne droite.* — On sait déjà que pour cette opération on se sert de la règle; mais quand on n'a pas de règle assez longue, comment faire? Prendre un cordeau, le frotter de craie (chaux carbonatée appelée *blanc d'Espagne* ou *blanc de Paris*), le tendre ensuite fortement par les deux bouts sur la planche et à l'endroit où l'on veut tracer la ligne droite; pendant ce temps une autre personne le pince par le milieu de sa longueur, l'élève en le tirant bien perpendiculairement, sans le diriger ou à droite ou à gauche. Tout-à-coup on le lâche. Le cordeau, rendu élastique par la tension, revient s'appliquer sur la planche, la frappe fortement, et la craie dont il était couvert y trace une ligne droite.

2. *Manière de tracer un cercle.* — En décrivant les outils à tracer, j'ai dit tout ce qui est utile sur ce point, et fait connaître l'emploi du cordeau pour cette opération, quand le compas à verge est insuffisant.

3. *Manière de faire un angle égal à un autre angle.* — La manière la plus simple d'opérer est sans contredit de placer la pièce de bois anguleuse sur celle que l'on veut tailler de même, et de suivre ses contours avec une branche de compas dont la pointe les trace sur la pièce de bois inférieure. Mais, quand cela n'est pas praticable, il faut bien recourir aux procédés de la géométrie. Supposons qu'à l'extrémité d'une planche on veuille tailler un angle destiné à remplir, dans un lambris, une ouverture anguleuse, nous prendrons un compas aux branches duquel nous donnerons une ouverture arbitraire; nous placerons une des pointes là où doit être sur la planche le sommet de l'angle, et nous le ferons tourner de telle sorte que l'autre pointe décrive, sur cette même planche, un arc de cercle d'une longueur indéterminée, mais plutôt trop grande que trop petite. Sans changer l'écartement des branches du compas, allez placer une de ses pointes au sommet de l'angle creusé dans le lambris, aussi près que possible du bord; à cause de l'ouverture, on ne peut pas tracer là un arc de cercle; mais pour y suppléer, appuyez tour-à-tour l'autre pointe du compas sur les deux bords de l'angle, par cette opération l'arc du cercle n'aura été décrit qu'en l'air; mais les deux points qu'il est essentiel de connaître, ceux qui indiquent l'écartement des côtés, seront marqués. Prenez avec votre compas la distance qui existe entre les deux marques faites à ces deux points par la pression de la pointe; portez cette distance sur l'arc du cercle que vous avez tracé sur la planche, et tirez des

lignes, du point marqué avec le sommet de l'angle aux deux points donnés ; par cette dernière opération, l'angle que vous cherchez sera exactement tracé : si l'angle était droit, ou égal à un de ceux de l'équerre d'onglet, on aurait plus tôt fait de se servir de l'un de ces deux instruments.

4°. *Manière de diviser un angle en plusieurs parties.* — De son sommet pris pour centre , tracez avec un compas un arc de cercle qui unisse les deux côtés ; puis, par les moyens que j'indiquerai plus bas, divisez l'arc de cercle en autant de parties que vous voulez avoir de divisions dans l'angle, et finissez en tirant des lignes du sommet de l'angle à chacun de ces points de division.

5°. *Manière de tracer les lignes perpendiculaires à une autre ligne.* — Cette opération se décompose en plusieurs problèmes. Voulez-vous faire passer une perpendiculaire par le milieu d'une ligne, donnez à un compas une ouverture plus grande que la moitié de cette ligne, posez une pointe à une des extrémités de la ligne, et de ce centre décrivez un cercle ; répétez la même opération à l'autre bout de la ligne sans changer l'ouverture des branches, les deux cercles que vous venez de tracer se couperont en deux points, l'un au-dessus, l'autre au-dessous de la ligne ; unissez ces deux points d'intersection des cercles par une autre ligne, ce sera la perpendiculaire que vous cherchez. Vous pouvez, si vous voulez, vous dispenser de tracer les cercles entiers. On peut se contenter de faire à chaque extrémité de la ligne deux arcs de cercle, l'un au-dessus, l'autre au-dessous. Ce moyen facile est extrêmement commode toutes les fois qu'on est dans une position à ne pas pouvoir employer l'équerre. Nous en verrons plus bas une importante application.

Si d'un point quelconque, que nous appelons A, placé au-dessus d'une ligne, on veut abaisser une perpendiculaire sur cette ligne, l'opération sera un peu différente. On placera sur A une pointe du compas, plus ouvert qu'il ne le faudrait, pour que l'autre pointe allât toucher la ligne par le plus court chemin, et dans cette position, on trace deux petits arcs de cercle sur cette ligne. De chacun des points que ces arcs de cercle indiquent, et avec une ouverture de compas plus grande que la distance qui les sépare ; on trace un arc de cercle au-dessous de la ligne ; les arcs se croisent entre eux, on n'a plus qu'à réunir ce point et le point A par une ligne qui est la perpendiculaire cherchée. Dans le cas où l'on peut se servir d'une

querre, on obtiendrait le même résultat en appliquant la tige
de l'équerre contre la ligne, et en la faisant glisser jusqu'à ce
que le point A soit rencontré par la lame, le long de laquelle
alors on n'aurait plus qu'à tracer.

Si le point par lequel on veut faire passer la perpendiculaire était sur la ligne même qu'elle doit joindre, la manière
d'opérer serait à peu près la même. Avec une même ouverture de compas, on marquerait de chaque côté, sur la ligne,
deux autres points également éloignés de celui-là ; puis, de ces
deux centres, on tracerait les deux arcs de cercle entre-croisés ;
on les tracerait au-dessus et au-dessous de la ligne, suivant la
position qu'on voudrait donner à la perpendiculaire.

Si on voulait faire passer une perpendiculaire par l'extrémité d'une ligne, on agirait de même, après avoir prolongé
la ligne de ce côté-là.

Dans le cas où cette ligne ne pourrait être prolongée, il y
aurait encore un moyen : d'un point quelconque pris comme
centre, au-dessus et au-dessous de la ligne, on tracerait, en
ouvrant convenablement le compas, un cercle qui remplirait
la double condition de toucher la ligne à l'extrémité où l'on
veut faire passer la perpendiculaire, et de couper cette même
ligne dans un autre point. Cela est toujours possible. Par le
point où la ligne serait coupée, et par le centre du cercle, on
tracerait un diamètre ou ligne qui irait, par son autre extrémité, couper la circonférence du cercle. Enfin, du point où
ce diamètre toucherait la circonférence, on abaisserait, sur
l'extrémité de la ligne où doit passer la perpendiculaire, une
autre ligne qui serait cette perpendiculaire elle-même.

6. *Manière de diviser une ligne en deux parties égales.* — Il
faut, à l'aide du premier procédé que nous avons indiqué dans
le n° 5, abaisser une perpendiculaire qui coupe cette ligne par
le milieu. On voit que, dans ce cas, il n'y a pas moyen de se
servir d'équerre.

7. *Manière de tracer une ligne parallèle à une autre ligne.*
— Lorsqu'il ne s'agit que de parallèles peu écartées les unes
des autres, le trusquin d'assemblage dispense de toute opération géométrique. Le trusquin ordinaire ou le compas à verge
peut aussi très-bien servir à cela, quand il s'agit de lignes parallèles à une des faces d'une pièce de bois; car la tête de
l'outil, en glissant contre cette face, règle le parallélisme. Mais
il faut d'autres moyens dans les autres cas, heureusement
assez rares. Elevez deux perpendiculaires sur deux points quel-

conques de la ligne à laquelle vous voulez trouver une parallèle. Marquez sur chacune de ces perpendiculaires, en partant
du point par lequel elle touche la ligne, la distance qui doit
séparer les deux parallèles, et menez une ligne par les deux
points que vous avez ainsi marqués sur les perpendiculaires;
cette ligne remplira toutes les conditions requises; elle sera
éloignée de la distance donnée, et s'écartera également de la
première par tous les points. Voulez-vous agir avec plus de
célérité, sauf à obtenir un peu moins de précision? écartez les
branches de votre compas de la distance qui doit séparer les
deux lignes : placez une des pointes près de l'une des extrémités de la ligne donnée, et tracez un demi-cercle; faites-en
autant près de l'autre extrémité, et tirez une ligne par le sommet de ces deux demi-cercles.

8. *Manière de trouver le centre d'un cercle.* — Cette opération peut recevoir de fréquentes applications. On a besoin,
par exemple, de savoir la pratiquer toutes les fois qu'il est
question de trouver le centre d'une table ronde qui doit être
supportée par un seul pied. On avait bien ce centre lorsqu'on
a tracé d'abord la forme de la table; mais il arrive souvent
qu'en corroyant le bois, on fait disparaître la trace qu'avait
faite la pointe du compas. Pour le retrouver, marquez trois
points quelconques sur la circonférence du cercle; plus ces
points seront éloignés les uns des autres, plus l'opération sera
facile, pourvu que leur étendue n'excède pas l'ouverture
moyenne du compas; unissez ces points entre eux, en tirant
une ligne du premier au second, et une autre ligne du second
au troisième. Ces deux lignes forment alors un angle entre
elles. Faites passer une perpendiculaire au milieu de la première ligne, en vous servant du premier procédé indiqué sous
le n° 5. Faites passer une autre perpendiculaire par le milieu
de la seconde ligne; prolongez ces deux perpendiculaires jusqu'à ce qu'elles se rencontrent dans l'intérieur du cercle; le
point où elles se croisent est le centre.

9. *Manière de faire passer une circonférence de cercle par
trois points qui ne soient pas en ligne droite.* — Lorsqu'on
veut transformer en plateau circulaire une planche d'une forme
irrégulière, de manière à perdre le moins de bois possible, il
importe de savoir où placer la pointe du compas, pour que
le cercle qu'on va tracer affleure juste les trois points dans
lesquels la planche a le moins d'étendue. Afin d'arriver à
ce but, il faut agir comme dans le cas précédent : marquer

les trois points, les unir par deux lignes qu'on coupe au milieu par deux perpendiculaires dont l'intersection marque le centre du cercle qu'on veut tracer. On connaît cette opération sous le nom de *trois points perdus*.

10. *Manière de diviser un arc de cercle en plusieurs parties égales.* — Il faut commencer par le diviser en deux parties qu'on subdivise ensuite en deux autres, et ainsi de suite. Pour cela on agira comme si cet arc de cercle était une ligne qu'on voulût couper en deux par une perpendiculaire, et on procédera comme il a été exposé au commencement du n° 5. J'ai déjà dit que cette opération servait à diviser un angle en parties égales (*voyez* n° 4). Pour cela, après avoir tracé du sommet de cet angle un arc de cercle d'un rayon quelconque, et qui aboutit aux deux côtés de l'angle, avec une ouverture de compas on trace deux arcs de cercle en avant de l'angle, en posant la pointe du compas, successivement, à chaque extrémité du premier arc de cercle ; il ne reste plus qu'à tirer une ligne qui aille du sommet de l'angle au point d'intersection des deux derniers arcs de cercle. En effet, on a, par ce moyen, divisé en deux l'arc de cercle qui mesure l'angle, et par conséquent l'arc lui-même.

11. *Manière de trouver le centre d'un triangle, ou de faire passer un cercle par le sommet de chacun de ses angles* — C'est une application de la neuvième opération; il faut agir de même, car tout se réduit à faire passer un cercle par trois points donnés, ou à trouver le centre d'un cercle qui remplisse cette condition.

12. *Trouver le centre d'un polygone régulier.* — Cela se réduit à trouver un cercle qui passe par le sommet de tous ses angles. Or, il est démontré, en géométrie, que le cercle qui passe par le sommet de trois angles d'un polygone régulier, passe par le sommet de tous les autres. Il suffit donc de choisir trois angles voisins l'un de l'autre, et d'opérer pour leurs trois sommets comme pour les trois points du neuvième problème. S'il s'agissait d'un carré, d'un losange ou d'un parallélogramme rectangle, il serait plus expéditif de tirer, dans l'intérieur, deux diagonales de deux lignes, allant de chaque angle à l'angle opposé. Le point où elles se croiseraient serait le centre cherché.

13. *Construire un triangle égal à un autre triangle.* — Commencez par tracer une ligne d'une longueur égale à la base ou à la ligne inférieure du triangle; de l'extrémité droite de cette

ligne, prise pour centre, et d'une ouverture de compas égale
en longueur au côté droit du triangle à imiter ; tracez un arc
de cercle au-dessus de la ligne, de l'extrémité gauche de la
même ligne, et avec une ouverture de compas égale à la longueur du côté gauche du triangle, tracez un autre arc de cercle qui croise le premier ; tirez ensuite deux lignes qui abou-
tissent du point d'intersection des deux arcs à chaque extrémité
de la ligne représentative de la base, et ces trois lignes formeront un triangle exactement semblable au premier.

14. *Construire un parallélogramme rectangle égal à un autre*
parallélogramme. — Tirez une ligne égale en longueur à la
base du parallélogramme ; élevez à chaque bout deux perpendiculaires égales aux côtés du modèle ; réunissez-les par une ligne
tirée de leur extrémité supérieure.

15. *Manière de trouver la mesure de la circonférence d'un*
cercle, quand la longueur du diamètre est connue, ou celle du
diamètre, quand on connaît la mesure de la circonférence. ——
Dans beaucoup d'opérations, il arrive qu'on a besoin de cette
connaissance. Presque tous les ouvriers savent que la circonférence a un peu plus du triple de la longueur du diamètre, et
que celui-ci est un peu moins long que le tiers de la circonférence. En cette matière on ne peut jamais arriver à une précision parfaite ; mais il est possible d'en approcher beaucoup
plus qu'on ne le ferait à l'aide des procédés ordinaires. On sait,
par exemple, que le diamètre est à la circonférence dans le
rapport de 7 à 22. Ainsi, le diamètre étant connu, il faut multiplier sa longueur par 22, diviser le produit par 7, et l'on
aura pour résultat la mesure de la circonférence. Si l'on veut
abréger, on triple la longueur du diamètre, on y ajoute le sep-
tième de ce diamètre, et l'on arrive ainsi au même résultat. Si,
au contraire, on connaît la mesure de la circonférence et qu'on
veuille obtenir celle du diamètre, il faut multiplier la circonférence par 7, et diviser le produit par 22.

Ces quinze problèmes bien appliqués peuvent suffire à tous
les besoins du menuisier, et lui donner les moyens de tracer
toutes les lignes qui peuvent être tracées géométriquement.

Je suis néanmoins si convaincu des avantages que donnent
à l'ouvrier des connaissances un peu étendues en géométrie,
que je vais ajouter à ce premier travail quelques autres problèmes pour lesquels je m'aiderai des travaux récents de
MM. Francœur et Desnanot.

Dans les arts, dit ce dernier écrivain, on emploie souvent

des lignes droites et des arcs de cercle tellement disposés que l'œil passe de la ligne droite à la ligne courbe sans apercevoir ni coude ni jarret. Quelquefois ce sont des arcs de cercle de différents rayons qui se continuent dans le même sens ou dans des sens différents, sans que l'œil puisse apercevoir où finit l'un et où commence l'autre. Nous allons voir comment on obtient ces effets.

16. *Décrire un arc de cercle qui commence à l'extrémité d'une droite, de manière qu'il ne paraisse ni coude ni jarret.* — Élevez une perpendiculaire à l'extrémité de la ligne, posez une pointe du compas sur cette extrémité, l'autre sur un point quelconque de la perpendiculaire, et décrivez un arc de cercle en prenant ce dernier point pour centre.

17. *Par l'extrémité d'un arc de cercle, mener une droite qui continue l'arc sans faire ni coude ni jarret.* — Cherchez le centre de l'arc de cercle (8ᵉ probl.); conduisez un rayon ou ligne allant de l'extrémité de l'arc au centre; élevez une perpendiculaire sur l'extrémité du rayon qui touche l'arc, cette ligne fera la continuation de l'arc du cercle.

18. *Décrire un arc A qui soit le prolongement d'un autre arc B, quoique le rayon du premier soit différent de celui du second.* — Tirez de l'extrémité de l'arc B, que vous voulez prolonger, une ligne qui aille à son centre; prolongez, s'il est nécessaire, au-delà du centre; alors, posant une pointe du compas sur cette ligne, et l'autre à l'extrémité de l'arc B, décrivez le cercle A en prenant pour centre le point où le compas touche la ligne qui passe sur le centre de B; si le rayon de l'un des arcs était plus grand de beaucoup que le rayon de l'autre, quoique ces deux arcs se joignissent bien, la différence de courbure produirait une disposition choquante.

19. *Décrire un arc de cercle dont la courbure soit opposée à celle d'un autre arc de cercle, et paraisse en être le prolongement.* — Ce problème, comme l'on voit, se réduit à tracer géométriquement une figure régulière qui ait quelque ressemblance avec une grande S. Supposons que l'arc de cercle supérieur qui nous est connu, ait sa concavité tournée à droite, ce sera par conséquent aussi à droite que sera son centre; menons de ce centre, à l'extrémité inférieure de la courbe d'une ligne que nous prolongerons à gauche d'une longueur égale au rayon que nous voulons prendre pour faire le second arc de cercle, celui dont la concavité doit être tournée à gauche; donnons au compas une ouverture égale à celle que doit avoir le rayon ou

demi-diamètre de ce second arc, et, plaçant une des pointes
du compas sur la ligne que nous avons tracée, l'autre pointe
sur l'extrémité inférieure du premier arc, nous obtiendrons la
courbe cherchée, en faisant tourner cette seconde pointe du
compas autour de la première.

20. *Arrondir régulièrement la pointe d'un angle.* — Soit
BAC (*fig. b, pl.* 1re) l'angle que l'on veut arrondir. Supposons
que le point où l'on veut faire commencer l'arrondissement
soit celui qui est marqué D : on marque sur l'autre côté de
l'angle en E un point qui soit aussi éloigné du sommet A que
le point; menez DF perpendiculaires sur AC; FE perpendiculaires sur AB; du point F où ces perpendiculaires se coupent,
et d'un rayon égal à FD, on décrit l'arc de cercle ED, qui arrondit l'angle convenablement.

21. *Tracé des diverses moulures.* Je ferai connaître en détail
au Chapitre VI, ces opérations fondées entièrement sur l'application des règles précédentes.

22. *Tracer une volute autour d'un point donné pour centre*
(*fig. c, pl.* 1re). — On peut tracer une volute par des demi-
circonférences. Par le point A, centre donné, menez la ligne
MN; A servira de centre pour tracer la demi-circonférence
BC; B sera le centre de la demi-circonférence CD; A sera le
centre de DE, de FG; B sera le centre de EF, de HG, et
comme on voit, cette réunion de demi-cercles formera la volute

On peut, avec plus de succès encore, tracer la volute par
quarts de circonférence en prenant pour sommets les angles
d'un carré. Dans la figure *d* (*pl.* 1re) on voit le carré 1, 2,
3, 4, dont les côtés sont prolongés vers *m, n, p,* et *q*; 1 est
le centre de l'arc AB; 2 celui de l'arc BC; 3 celui de l'arc CD
4 celui de l'arc DE; 1 celui de l'arc EF, etc. Au milieu de
1, 4, est le centre de la volute; plus le carré 1, 2, 3, 4, sera
petit, plus on pourra faire faire de tours à la volute.

23. *Tracé de la volute ionique* (*fig. f, pl.* 1re). — Cette volute, employée très-souvent en architecture et assez souvent
aussi en menuiserie, fait trois tours terminés par une circonférence qu'on nomme œil de la volute; à chaque tour (non
compris l'œil), la volute s'approche de moins en moins du centre; par conséquent chaque tour est décrit en moyen d'un
carré différent; et puisqu'il y a trois tours, il faut trois carré
ou douze centres, indépendamment du centre de la volute qu
est celui de l'œil.

Voici la manière de s'y prendre pour tracer cette volute

quand on a le point A, où elle commence, et le point C, centre de l'œil, on divise la droite AC en neuf parties égales, et on donne pour rayon à l'œil une de ces parties; on trace cet œil : on partage le diamètre EF en quatre parties égales aux points 1 et 4; sur 1, 4, construisez le carré 1, 2, 3, 4, dont le côté est égal au rayon de l'œil, et autour duquel vous tracerez le premier tour AB de la volute, suivant ce qui a été indiqué au numéro précédent (2ᵉ manière); pour tracer le deuxième tour BD, divisez C 1 en trois parties égales, comme vous le voyez *fig. g, pl.* 1ʳᵉ; portez ces divisions sur C 4, et vous aurez les points 5, 9, 12, 8; tirez C 2 et C 3, par les points 5 et 8; menez parallèlement à 1, 2, les lignes 5, 6, 8, 7; tirez 6, 7, et vous aurez le carré 5, 6, 7, 8, au moyen duquel vous décrirez le second tour de la volute; par les points 9 et 12, menez parallèlement à 1, 2, les lignes 9, 10 et 11, 12; tirez 10, 11, et vous aurez le carré 9, 10, 11, 12, autour duquel vous tracerez le troisième tour DE de la volute : vous vérifierez votre construction en observant que la droite AB doit être de 4 parties de AC : la droite BD deux parties et 2/3 de AC; la droite DE 1 partie et 1/3 de AC.

Dans cette volute, pour former la continuation du listel, on en trace une autre *a b c* qui, dans la figure, est pointillée. Elle a le même centre que la première, et commence en *a*, distant de A d'une partie de AC, largeur du distel. On la trace de la même manière que la première, autour de trois nouveaux carrés. Le côté du grand carré doit être les sept huitièmes de *a* 4, ou, ce qui revient au même, le huitième de *a* E. Partageant donc *a* E en huit parties, une de ces mesures donnera le côté du carré, qu'on tracera comme on a tracé 1, 2, 3, 4, autour duquel on décrira le premier tour de la volute, et qu'on divisera ensuite comme on a divisé 1, 2, 3, 4, pour avoir les autres centres.

24. *Tracer l'ellipse* dite *ovale du jardinier.* — Cette élégante figure peut être tracée avec la plus grande facilité.

Soit AB (*fig. h, pl.* 1ʳᵉ) la longueur que vous voulez donner à l'ovale, et FE sa largeur. Tirez par le milieu de AB une perpendiculaire FOE, dont la partie supérieure soit égale à la moitié de FE, et la partie inférieure égale aussi à la moitié de FE; ayez un compas ouvert d'une étendue égale à OA, ou un cordeau de cette longueur; portez une des pointes du compas ou un des bouts du cordeau en F, et l'autre pointe du compas ou l'autre bout du cordeau sur AB à droite et à gauche de

F E; marquez les points C et D, où cette pointe ou ce bout de
cordeau touchent la ligne A B ; alors prenez un cordeau d'une
longueur égale à A B, fixez une de ses extrémités en C, et l'autre en D, avec un clou ou de toute autre manière. Avec une
pointe on un petit piquet tenu d'aplomb, tendez le cordeau jusqu'en F, et en le tenant toujours tendu, faites glisser la pointe
de F en A, puis de F en B; dans ce mouvement, la pointe tracera la moitié de l'ovale; on aura l'autre moitié en tendant
ensuite le cordeau vers E, et en faisant glisser la pointe de E
en A, puis de E en B.

25. *Seconde manière de tracer une ellipse.* — On trace d'a-
bord les deux axes perpendiculaires A B, D E, pour marquer
les sommets A et B, le centre C, et la dimension en longueur
et en largeur; ces lignes sont perpendiculaires, et chacune
coupe l'autre par moitié. (Voyez *fig. i, pl. 1ʳᵉ.*)

Sur le bord d'une règle M N, ou d'une bande de papier,
portez les longueurs M I, M K, à partir du bout M ; ces longueurs étant celles des demi-axes A C, C D, vous aurez les points
K et I; cela fait, présentez la règle ou la bande de papier de
façon que le point K tombe quelque part sur le grand axe A B,
et le point I sur l'un des points du petit axe D E; l'extrémité
M sera sur l'ellipse. En tournant la règle M N de toute les manières possibles sans cesser de satisfaire à cette condition, le
bout M tracera toute l'ellipse.

26. *Troisième manière de tracer une ellipse.* — Tracez d'abord
les deux axes comme dans le cas qui précède, puis du centre
C (*fig. j, pl. 1ʳᵉ*), décrivez deux cercles C D, C B, qui aient ce
axes pour diamètre; c'est entre ces deux courbes qu'est en-
fermée l'ellipse qu'on veut tracer. Menez un rayon C N et une
perpendiculaire P N sur l'axe A B; ces lignes passant en un
point quelconque de la grande circonférence par le point Q
où ce rayon rencontre le petit cercle, menez Q M parallèle
à l'axe A B, vous aurez un point de cette ligne qui sera dans
l'ellipse; ce sera celui où elle coupera la perpendiculaire P M
En répétant cette opération, vous obtiendrez successivement
un grand nombre de points de l'ellipse que vous réunirez ensuite par un trait continu.

Comme pour faire avec précision les opérations que nous
venons de décrire, il faut prendre quelque soin, la paresse ou
l'ignorance des ouvriers et des artistes les porte, dit M. Francœur, à préférer une courbe qu'on nomme *anse de panier*
Elle est formée d'arcs de cercle ajustés bout à bout, sans jarret

et imitant la figure ovale de l'ellipse. Mais cette dernière courbe, continue cet auteur, a un contour gracieux qui manque à l'autre; il faut donc, dans tous les cas, accorder la préférence aux tracés qu'on vient de donner, et particulièrement lorsqu'on veut faire des voûtes *surbaissées* ou *surmontées* : on donne ce nom aux voûtes dont la forme est celle d'arcs d'ellipses portés sur les extrémités du petit ou du grand axe. On appelle *un plein cintre* les voûtes qui sont circulaires. Voici, au reste, la règle pour décrire l'anse de panier.

27. *Manière de décrire une anse de panier.* — Tracez les deux axes rectangulaires A B, D C (*fig. k, pl.* 1ʳᵉ) : C est le centre, C D la montée; menez les cordes B D, A D, et portez C D en C F : A F sera la différence des demi-axes que vous prendrez en D O et D H. Aux centres K et I de B H et A O, élevez les perpendiculaires K E, I E, qui iront concourir en un point E de l'axe C D prolongé; ce point E sera le centre de l'arc de cercle M D N; les points G et L de rencontre de ces dernières droites avec l'axe A B, seront les centres des deux arcs B M, A N, qu'on verra se raccorder assez bien avec le premier M N. Cependant, si la courbe était très-surbaissée, si C D, par exemple, était moindre que la moitié de A C, les trois arcs de cercle formeraient un jarret prononcé vers leur jonction, et leur courbe serait défectueuse.

28. *Manière de tracer un arc rampant.* — Les extrémités d'un centre ne partent pas toujours de la même hauteur, et la ligne qui va de l'une à l'autre est souvent inclinée à l'horizontale; c'est ce qui arrive pour les arcades destinées à soutenir des rampes. La courbe suivant laquelle on est alors obligé de tracer l'arcade, prend le nom d'*arc rampant.* Voici la manière de le tracer entre deux lignes parallèles l'une à l'autre.

Dans la fig. *l* (*pl.* 1ʳᵉ), les lignes parallèles entre lesquelles il faut tracer l'arc, sont désignées par les lettres C B, A K; et les lettres A B désignent les points où doit commencer l'arc. Tirez les lignes A C et B G perpendiculaires aux lignes A K, B C, unissez les points A et B par une autre ligne, et par le point E, milieu de la ligne A B, menez E D parallèle à A K ou à B C; cette ligne E D doit être égale en longueur à E A ou à E B. Tirez une ligne du point A au point D; sur le milieu de A D, élevez la perpendiculaire F L que vous prolongerez jusqu'à ce qu'elle coupe A C en L; le point L est le centre de l'arc A D, et le

point où la ligne D L coupe la ligne B G sera le centre
de l'arc B D : ces deux arcs formeront l'arc rampant de-
mandé.

§ III. — *Manière de mesurer les surfaces.*

Ce paragraphe sera court, et, puisque j'ai dû m'interdire
le développement des théories, je n'aurai à indiquer qu'un
petit nombre de règles, dont l'application facile ne permettra
pas à l'ouvrier de se tromper dans l'évaluation des quantités de bois qui doivent entrer dans les travaux qu'il projette.

Il doit d'abord examiner la forme de la paroi qu'il veut
revêtir, du parquet qu'il veut faire, etc. ; car l'opération serait
différente suivant qu'il s'agirait d'un rectangle, d'un triangle,
d'un trapèze ou d'un losange.

Si on veut toiser un rectangle, ou savoir combien il renferme
de mètres ou de décimètres carrés, il faut, puisqu'il a deux
côtés d'une même longueur et deux côtés d'une longueur différente, mesurer avec un instrument quelconque combien de
mètres a le côté le plus long, combien de mètres a le côté le
plus court ; multiplier ces deux longueurs l'une par l'autre, et
le résultat indiquera le nombre de mètres ou de décimètres
carrés contenus dans le parallélogramme. Donnons un exemple qui aura l'avantage de rendre cela encore plus clair, et de
rappeler en même temps la manière de faire cette opération
arithmétique. Supposons que le rectangle à toiser ait 49 mètres
54 centimètres par le plus long côté, et par le plus petit
15 mètres 27 centimètres : c'est 49,54 mètres à multiplier par
15,27. Faisons comme on le fait toujours en pareil cas, sup-
primons la virgule qui sépare les décimales ou les portions de
mètre, des mètres, et multiplions tout simplement 4954 par
1527 : nous aurons pour résultat 7564758. Pour trouver dans
ce nombre les chiffres qui indiquent les fractions du mètre et
ceux qui marquent le nombre des mètres, tous ceux de mes
lecteurs qui ont les premières connaissances d'arithmétique
décimale savent déjà qu'il faut séparer à droite par une virgule autant de chiffres décimaux qu'il y en avait dans le mul-
tiplicande et le multiplicateur réunis, pour marquer les fractions de mètre. Dans l'exemple que nous avons choisi, il y avait
d'un côté 27, de l'autre 54, c'est-à-dire quatre chiffres. Nous
écrirons donc 756,4758. Mais qu'indiquent ces quatre derniers chiffres ? non pas seulement 4758 dix-millièmes de mètre
carré, ce serait une erreur de le croire ; mais un résultat bien
plus fort, c'est-à-dire 47 décimètres carrés et 58 centimètres

larrés. Pour le faire connaître, il faut séparer de deux en deux par d'autres virgules les chiffres décimaux, et écrire 756,47,58. Si, dans le principe, on avait eu des chiffres décimaux en nombre impair, on les eût transformés en nombres pairs en y ajoutant un zéro, ce qui ne change pas la valeur et rend l'opération plus facile. Si donc on avait eu 7,25 à multiplier par 3,7, on eût changé ce dernier nombre en 3,70. On calcule d'ailleurs de même dans toutes les opérations. Si on veut calculer en toises, pieds et pouces, il y a une autre précaution à prendre dans le cas où chaque côté ne contient pas un nombre exact d'unités. Il faut transformer tout en unité de la plus petite espèce. Supposons un rectangle de 5 mètres 8 millim. (2 toises 3 pieds 5 pouces) de long, sur 1 mètre 462 millim. (4 pieds 6 pouces) de large; je commence par réduire les deux toises en pieds, en multipliant 2 par 6; au produit, qui est 12, j'ajoute les 3 pieds : total 15 pieds, que je multiplie par 12 pour les convertir en pouces; et en ajoutant au produit les 5 pouces de hauteur du rectangle, j'ai un total de 185 pouces, je répète la même opération pour la largeur. Les 4 pieds me donnent 48 pouces, auxquels je dois en ajouter 6 autres, ce qui fait 54. Je multiplie ce total par 185, et j'ai pour produit 9990 pouces carrés. Puisque le pied carré contient 144 pouces carrés, pour réduire mes 9990 pouces carrés en pieds carrés, je divise 9990 par 144, et je trouve 69 pieds carrés et 54 pouces carrés de reste. Pour réduire les pieds carrés en toises carrées, je divise 69 par 36, nombre des pieds carrés contenus dans la toise carrée. J'ai pour quotient 1 toise, et 33 pieds carrés de reste. Mon rectangle a donc une toise carrée, 33 pieds et 54 pouces carrés. Cette manière d'opérer est, comme on le voit, beaucoup plus compliquée que la précédente, et l'avantage est, dans ce cas comme dans tous les autres, en faveur du système métrique.

Pour toiser un triangle. — On commence par abaisser une perpendiculaire de son sommet sur sa base, en prolongeant pour cela cette base idéalement, dans le cas où cette précaution est nécessaire, ce qui arrive toutes les fois qu'un des angles du triangle est obtus. Cette perpendiculaire donne la hauteur du triangle; on la mesure. On mesure aussi la base du triangle, sa base réelle, et sans tenir compte du prolongement idéal dont je viens de parler. Cela fait, on multiplie la base par la moitié de la hauteur, ou la hauteur par la moitié de la base. Quel que soit le parti qu'on choisisse, on arrive toujours au résultat cherché,

Soit la hauteur 20 mètres, la base 5o, on multiplie 5o par 1o, ou 20 par 25, et dans tous les cas on arrive à 5oo.

Pour toiser un parallélogramme. — On sait déjà comment il faut opérer dans le cas où c'est un parallélogramme rectangle; mais si c'est un losange, la marche n'est plus la même. On le divise en deux triangles, en tirant intérieurement une ligne d'un angle à l'autre : on mesure les deux triangles et on ajoute les produits; ou bien encore d'un point quelconque d'un des côtés du parallélogramme, on abaisse une perpendiculaire sur le côté opposé qu'on considère comme la base. On mesure cette perpendiculaire, qui indique la hauteur; on mesure aussi la base, et on multiplie l'un par l'autre.

Pour toiser un trapèze. — On mesure séparément les deux côtés qui sont parallèles, et on ajoute ensemble les produits. On abaisse une perpendiculaire de l'un de ces côtés sur l'autre ; on la mesure, puis on multiplie par la moitié de cette mesure les mesures additionnées de deux côtés parallèles. Soit 10 mètres la longueur d'un de ces côtés, 15 mètres celle de l'autre, 20 mètres la hauteur, on ajoute ensemble 1o et 15=25 qu'on multiplie par 10, moitié de la hauteur, ou bien on multiplie 20 par 12,5o. On peut encore, si on veut, diviser le trapèze en deux triangles, les toiser séparément, et ajouter ensemble les résultats des deux opérations.

Pour mesurer la surface d'un cercle. — On peut d'abord le diviser en un certain nombre de triangles en tirant des rayons également espacés du centre à la circonférence, et mesurer séparément ces triangles; mais il est un moyen bien plus expéditif. On mesure le diamètre, et on calcule la circonférence par le moyen indiqué au § précédent, n° 9, puis on multiplie la longueur de la circonférence par le quart du diamètre; ou bien encore, la longueur de la circonférence étant connue, on calcule celle du diamètre, et on multiplie le premier nombre par le quart du second.

A l'aide de ce petit nombre de procédés, il est possible de mesurer les surfaces les plus irrégulières, les polygones le plus compliqués, car il n'en est pas qu'on ne puisse diviser idéalement en triangles dont on calcule séparément les surfaces. Peu importe que quelques-uns soient terminés en certains points par des lignes courbes, puisque les planches qu'on a employées étaient droites, et qu'il a fallu leur donner par les côtés cette forme courbe qui a fait perdre du bois.

CHAPITRE II.

DE LA MANIÈRE DE DÉBITER ET COUPER LES BOIS.

On entend par *débiter les bois*, l'opération de les scier ou refendre, soit dans la largeur, soit dans l'épaisseur ; de les diviser, en un mot, en pièces de diverses dimensions, et dont la longueur, la largeur ou l'épaisseur soient convenables pour les ouvrages qu'on se propose de faire.

La scie est l'instrument qu'on emploie à cet usage. On lui donne plus ou moins de voie, suivant le degré de dureté du bois qu'on débite ; mais il faut qu'elle en ait beaucoup et que les dents soient longues et bien espacées quand on travaille sur du bois vert, sans cela la sciure s'accumule entre les dents et gêne la marche de l'instrument ou le fait aller de travers. On est sûr de ne jamais aller droit quand on veut couper des bois tendres et verts avec des scies à dents courtes, fines et ayant peu de voie. On ne réussirait pas mieux en employant, pour des bois durs, les scies dont je viens de recommander l'usage pour les bois verts. La raison en est simple : dans ce cas on a une résistance plus forte à vaincre, il faut donc agir sur une ligne plus étroite. Dans le cas précédent, au contraire, le bois étant peu compacte, la fibre étant plus molle, on ne coupe pas net ; la fibre cède et se déchire plutôt qu'elle n'est coupée, et la sciure plus grosse aurait bientôt empâté les dents si on ne leur donnait pas une plus grande longueur.

Il est d'autres précautions indispensables pour scier bien droit. Il faut affûter avec soin la scie, et ne pas craindre d'y mettre trop de temps ; la célérité avec laquelle marchera l'ouvrage en aura bientôt dédommagé. Frottez-la aussi de temps à autre avec un corps gras, soit du suif, ou un morceau de lard. Quand vous voulez scier, présentez l'instrument bien perpendiculairement à la pièce de bois, en lui faisant suivre bien exactement le trait qu'on a tracé pour le guider ; effacez un peu votre corps pour qu'il ne gêne pas le mouvement des bras, et poussez bien droit et sans balancer. L'impulsion que vous donnez doit communiquer à la scie un mouvement de va-et-vient, franc, net et sans hésitation. Il ne faut pourtant pas aller trop vite ni trop appuyer sur la scie, car la résistance pourrait devenir trop grande ; la lame ne pouvant plus aller d'arrière en avant, se courberait brusquement, et si ce mou-

vement se répétait plusieurs fois, le trait prendrait nécessairement de la courbure. En outre, cette manière de procéder dé-
tériorerait promptement l'instrument. Quant à la manière de
tenir la scie, chacun sait qu'on la prend à deux mains par une
des traverses, et que la pointe des dents doit toujours être
poussée en avant quand cette pointe est inclinée. Chacune de
ces dents est un petit coin armé latéralement d'un biseau, et
la puissance de la scie vient de ce qu'elle en présente un grand
nombre qui pénètrent dans le bois et le coupent simultanément. Quand une scie a plus de voie d'un côté que de l'autre,
on s'en aperçoit à ce qu'elle tend toujours à tourner de ce côté.
Quand une scie s'échauffe trop, c'est qu'elle ne convient pas
à l'ouvrage; il faut en changer, sans quoi elle se détremperait.

Mais pour *débiter* convenablement le bois, il ne suffit pas
de savoir bien diriger la scie, il faut encore connaître la manière de diviser une pièce, de manière à n'en rien perdre et à
en tirer tout le parti possible; et lorsqu'il est question d'entamer des bois précieux, il faut aussi savoir s'y prendre de façon
à faire ressortir tous les beaux accidents qu'ils peuvent renfermer. Dans ce dernier cas surtout, il faut longtemps hésiter à
mettre la scie dans un morceau de bois; on doit le bien examiner, car le mal serait grand et irréparable si on sacrifiait
un beau veinage.

Il y a diverses manières de débiter le bois. Quand on veut
obtenir des pièces minces, telles que des panneaux, ou le divise sur son épaisseur, ce qui s'appelle *scier* ou *débiter sur le
champ.*

Quand au contraire on veut obtenir des pièces fortes et peu
longues ou peu larges, alors on divise la longueur ou la largeur
en faisant mouvoir la scie parallèlement à la longueur ou à la
largeur, et perpendiculairement à la plus grande surface; c'est
ce qu'on appelle *scier* ou *débiter sur le plat.*

Il est essentiel de choisir, pour les débiter *sur le champ,* des
planches sans nœuds, sans gales, sans défauts, puisque les parties qu'on en tire sont celles qui, dans l'ouvrage, occupent le
plus de surfaces. On donne aussi la préférence à celles qui
ont une belle couleur, ou qui sont nuancées de veines, ce dont
on s'assure en *sondant le bois,* c'est-à-dire en donnant sur sa
superficie un ou deux coups de riflard ou de demi-varlope,
pour la mettre à découvert.

On préfère aussi pour cela celles qui sont sur la maille du
bois, c'est-à-dire celles dont la surface est oblique aux rayons

qui s'étendent du centre à la circonférence. Le bois coupé en ce sens est moins sujet à se tourmenter. Cependant il se polit plus difficilement ; mais il produit un bien plus bel effet pour les bois qui ne sont que vernis.

On *débitera sur le plat* les planches qui ont des fentes ou des nœuds, parce qu'il sera bien plus facile de faire disparaître ces défauts dans les différentes coupes, et de s'arranger de manière à perdre, par suite, le moins de bois possible. Si d'ailleurs on était obligé d'en conserver quelques-uns, le mal serait moins grand, car ces imperfections sont bien moins en évidence, bien moins désagréables à l'œil sur un montant ou une traverse, qu'elles ne le seraient sur un panneau d'une bien plus grande surface.

Avant d'entreprendre de débiter du bois pour un ouvrage quelconque, il faut commencer par se rendre compte du nombre et de la nature des pièces dont on a besoin, calculer combien il faut de battants, combien de montants, de traverses, de panneaux ; quelles seront leurs dimensions, les moulures dont on veut les orner. Ce dernier point n'est pas sans importance, car il est bon de réserver pour les pièces qui doivent porter des moulures, les côtés où le bois est moins dur et qui était le plus voisin de l'aubier, afin qu'on puisse les pousser plus commodément.

Cela fait, on établit l'ouvrage, c'est-à-dire qu'on indique, par des marques sur la pièce de bois à débiter, les battants, les montants, les traverses, etc. On choisit à cet effet des planches ou autres pièces de dimensions convenables. S'il s'agit de faire de grands battants, il faut prendre des planches longues, bien droites et de fil. Si la planche avait des fentes ou d'autres défauts, on tâcherait de prendre des battants de moyenne grandeur dans la partie qui en serait exempte, et on emploierait le reste à faire de petites pièces, telles que des traverses.

Pour établir l'ouvrage, on choisira la rive ou l'arête du bois la plus droite, et l'on marquera sur chaque face les largeurs dont on a besoin, en tirant des parallèles à cette arête, ce qu'on exécutera sans peine à l'aide du trusquin. Mais, dans cette opération, il faut avoir soin de mettre environ 7 millim. (3 lignes) de trop à chaque largeur, parce que le passage de la scie fait perdre une partie de cet excédant et que le corroyage a bientôt enlevé le reste.

Si la pièce qu'on veut employer n'a aucune arête passablement droite, il faut en dresser une avec la varlope, ou, si l'on aime mieux, tracer une ligne qui suive le plus près possible les parties centrales afin de perdre moins de bois. Cette première ligne servira de guide pour mener les parallèles; mais dans ce cas on ne pourra pas se servir du trusquin.

Si les arêtes ou les côtés d'une planche étaient par trop courbes, il faudrait bien se garder de sacrifier toutes les parties excédantes d'un côté ou de l'autre. Il serait bien plus économique de la diviser en plusieurs longueurs et de se servir de chacune de ces portions, que l'on couperait de manière à ce que toutes fussent à peu près droites, pour faire des traverses ou des montants de même grandeur.

Il est superflu d'ajouter qu'il faut toujours proportionner la longueur des pièces que l'on emploie à la longueur des morceaux que l'on veut en retirer. Par exemple, il ne faudrait pas, à moins qu'il n'y eût à l'une des extrémités des nœuds ou des fentes, employer une planche de 3 mètres (6 pieds) pour couper un montant de 1 mètre 67 centim. (5 pieds). Il resterait un bout de planche long de 33 centim. (1 pied) dont on ne saurait plus que faire.

Il ne faut pas, au reste, que le menuisier se contente de débiter au jour le jour les bois dont il a besoin. Il doit au contraire s'en faire une provision. D'une part, ce sera une bonne manière d'employer le temps de morte saison où l'on manque d'ouvrage; d'autre part, le bois débité séchera mieux, et l'ouvrage en sera plus solide.

On trouve d'ailleurs dans le commerce, sous le nom de *bois d'échantillon*, des bois qu'on a sciés et débités dans les forêts pour des usages déterminés. Ces différentes espèces de bois prennent divers noms, suivant leurs dimensions.

On réserve spécialement le nom de *planches* à des portions d'arbres très-minces relativement à leurs autres dimensions, longues de 1 mètre 949 millim. à 8 mètres 121 (6 à 25 pieds), larges de 244 à 325 millim. (9 pouces à 1 pied).

Quand la planche a 54 millim. (2 pouces) d'épaisseur, on l'appelle *doublette*. Si elle est épaisse de 81 à 135 millim. (3 à 5 pouces), on la nomme *table*.

La *membrure* a de 4 mètres 872 millim. à 6 mètres 497 (15 à 20 pieds) de long, 135 à 162 millim. (5 à 6 pouces) de large et 81 millim. (3 pouces) d'épaisseur.

Les *chevrons* ne diffèrent de la membrure que parce qu'ils ont environ 108 millim. (4 pouces) d'équarrissage.

L'*entrevoux* a jusqu'à 3 mètres 248 millim. (10 pieds) de long sur une épaisseur de 20 millim. (9 lignes).

La *volige* n'a que 14 millim. (6 lignes) d'épaisseur; le *feuillet* n'en a que 7 millim. (3 lignes).

L'ouvrier qui n'aura que de grosses pièces de bois et voudra en avoir de plus minces, fera bien de se régler en les débitant sur ces dimensions, qui sont commodes et satisfont à tous les besoins. Ainsi, s'il veut faire des *voliges*, il prendra pour cela une *doublette* qu'il refendra en trois, en la divisant sur son épaisseur par deux traits de scie. Au premier coup-d'œil il semble que les *voliges* ainsi obtenues devraient être trop épaisses; mais il faut tenir compte des 5 ou 7 millim. (2 ou 3 lignes) que fait perdre chaque passage de la scie.

Il faut faire des observations analogues lorsqu'on débite les pièces de bois dans tout autre sens. Si donc on veut trois traverses de 654 millim. (2 pieds), il faudra scier en trois un chevron de 1 mètre 949 millim. (6 pieds) de longueur. De cette manière on ne souffrira aucune perte. Je ne conseille pas, au reste, de débiter à l'avance les bois relativement à la longueur. Cette dimension est trop variable dans les différents ouvrages; et par cette opération on activerait peu la dessiccation des bois. Il en est autrement lorsqu'il s'agit de *débiter sur le champ,* parce qu'alors les pièces de bois sont rendues plus minces, qu'on met à découvert une bien plus grande surface, et que par conséquent le dessèchement s'opère avec une tout autre rapidité.

CHAPITRE III.

NOTIONS D'ARCHITECTURE.

On pense bien que, dans un ouvrage de la nature de celui-ci, je ne veux pas donner des notions complètes d'architecture; telles seraient déplacées. D'ailleurs je n'ai pas la prétention de faire toute une encyclopédie à propos de l'art du menuisier. Mais il est des choses qui ne peuvent être ignorées même par l'ouvrier le plus ordinaire; telles sont les notions de l'architecture qui servent à régler les proportions des différents ouvrages.

Ce n'est pas que ces proportions soient rigoureusement déterminées; mais en comparant les plus beaux ouvrages, ceux qui méritaient le mieux d'être pris pour modèles, on a remarqué entre leurs diverses parties des proportions ou rapports qui ont servi de règles pour les imiter. Ce n'est pas qu'on soit rigoureusement astreint à suivre ces rapports ; mais ceux qui s'en écarteront renoncent à profiter de l'expérience de leurs devanciers. Ils subiront toutes les chanches du hasard, et risqueront de s'en trouver fort mal ; tandis qu'ils se mettent à l'abri de toute critique en se conformant à des règles dont une longue expérience a prouvé le mérite ; ils ne courent plus le risque de faire des ouvrages dénués de grâce, ridicules ou grossiers.

On compte cinq ordres d'architecture, savoir : l'ordre *toscan*, l'ordre *dorique*, l'*ionique*, le *corinthien* et le *composite*.

On distingue dans chacun trois parties principales : la *colonne*, l'*entablement* qui la surmonte, et le *piédestal* qui la supporte. Cette dernière partie manque souvent, et est remplacée par une seule plinthe ; l'ordre est alors réduit aux deux autres parties. Quelquefois même un ouvrage ou un édifice n'ont pas de colonnes, ce qui n'empêche pas qu'ils ne soient construits suivant tel ou tel ordre, à cause des proportions qu'on y a observées.

L'ordre *corinthien* se distingue par la richesse des sculptures qui décorent sa frise ; le chapiteau des colonnes est aussi revêtu de deux rangs de feuilles et de huit volutes.

L'ordre *ionique* est remarquable par les volutes de son chapiteau.

L'ordre *dorique* a sa frise ornée de triglyphes et de métopes.

L'ordre *toscan*, le plus simple et le plus solide de tous, n'admet aucun ornement.

Outre ces caractères, les divers ordres sont encore distingués par les proportions qui en règlent les parties.

Il est inutile d'entretenir mes lecteurs de divers ordres particuliers qui ne leur apprendraient presque rien, et qui nous entraîneraient dans de trop longs détails. Voici les relations qu'on doit établir entre les parties principales des ordres d'architecture.

Dans tous les ordres, l'entablement a pour hauteur le quart de la colonne, le piédestal, le tiers. Chacune de ces trois parties est sous-divisée elle-même en trois, savoir :

Le piédestal, en *corniche*, *dé* et *base*.

La colonne, en *base*, *fût* et *chapiteau*.

L'entablement, en *architrave*, *frise* et *corniche*.

On a soin de proportionner la grosseur de la colonne à son
ordre, à sa hauteur et à l'élévation totale de l'édifice.

La colonne toscane, en y comprenant sa base et son chapiteau, a pour hauteur sept fois son diamètre ; la dorique, huit
fois ; l'ionique, neuf fois ; la corinthienne, dix fois.

Les sous-divisions sont également réglées sur cette échelle,
ce qui a fait donner le nom de *module* au rayon de la colonne,
ou à sa demi-grosseur au-dessus de la base, qui, une fois déterminée, donne à son tour la hauteur de la frise, de la corniche,
du fût, etc. Ce module se divise en douze longueurs égales, dans
les deux premiers ordres, et en dix-huit dans les deux autres :
ces fractions sont nommées des *parties*.

Voici les nombres de modules qui, pour chaque ordre, conviennent aux sous-divisions.

Ordre Toscan.

COLONNE. . . . . 14 modules.

base . . . . 1 ⎫
fût . . . . 12 ⎬ 14
chapiteau. . . . . 1 ⎭

ENTABLEMENT . . . . . 3 modules. 1/2

architrave. . . . . 1 ⎫
frise. . . . . 1 1/6 ⎬ 3 1/2
corniche. . . . . 1 1/3 ⎭

PIÉDESTAL . . . . . . 4 modules. 2/3

corniche. . . . . 1/2 ⎫
dé. . . . . 3 2/3 ⎬ 4 2/3
base . . . . 1/2 ⎭

En tout 22 mod. 1/6; et sans piédestal, 17 mod. 1/2.

L'intervalle des colonnes, qui se nomme *entrecolonnement*,
est de 4 modules 2/3.

Ordre Dorique.

COLONNE. . . . . 16 modules.

base . . . . 1 ⎫
fût . . . . 14 ⎬ 16
chapiteau. . . . . 1 ⎭

ENTABLEMENT . . . . . 4 modules.

architrave. . . . . 1 ⎫
frise. . . . . 1 1/2 ⎬ 4
corniche. . . . . 1 1/2 ⎭

PIÉDESTAL . . . . 6 modules. 2/5

Corniche. . . . . o m. 14 p. ⎫
Dé. . . . . 5 m. 4 p. ⎬ 6 2/3
Base. . . . . 2/3 ⎭

En tout 26 modules 2/3.

L'entrecolonnement est de 4 modules 2/5

Ordre Ionique.

COLONNE. . . . . 18 modules.

Base 1   ⎫
Fût. . . 16 m. et 6 parties (1). . . 16   6 ⎬ 18
Chapiteau. . . . . » 12 ⎭

ENTABLEMENT . . . . 4 m. 9 p.

Architrave. . . . . 1 m. 4 p. 1/2 ⎫
Frise. 1   9   ⎬ 4 9
Corniche 1   13   1/2 ⎭

PIÉDESTAL. . . . . . . 6 modules.

Base. . . . . o m. 10 p. ⎫
Dé 4   16   ⎬ 6
Corniche . . . . 10 ⎭

Ces mesures ne sont pas invariables : le dé se fait un peu plus, un peu moins haut.

Hauteur totale de l'ordre, 28 m. 9 p.

Ordre Corinthien.

COLONNE. . . . . 28 modules.

Base. . . . . 1 m.   ⎫
Fût 16   12 ⎬ 20
Chapiteau. 2   6 ⎭

ENTABLEMENT . . . . . . 5 modules.

Architrave. . . . . 1 m. 9 p ⎫
Frise. 1   9 ⎬ 5
Corniche. . . . . 2 ⎭

PIÉDESTAL. . . . . . . 6 modules 12 parties.

Base. . . . . o m. 14 p. 1/2 ⎫
Dé. 5   1   ⎬ 6 12
Corniche 14   1/2 ⎭

Hauteur totale de l'ordre, 31 modules 12 parties.

(1) A partir de cet ordre, le module se divise en 18 parties.

Ordre composite.

« On a mis le composite (dit M. Paulin-Desormeaux) au rang des ordres, bien qu'il ne soit réellement que l'ordre corinthien auquel on ajoute les caractères distinctifs du chapiteau ionien (les volutes) ou tous autres ornements, suivant le goût et le caprice. L'ordre composite a été le premier pas fait vers la décadence; l'homme qui ne peut s'arrêter dans ses désirs, n'a pu se contenter longtemps du beau simple : il lui a fallu le beau surchargé.

» Le piédestal de cet ordre est en tout semblable à celui de l'ordre précédent. La base corinthienne ou la base attique s'emploie de même pour cette colonne, et le fût s'élève dans les mêmes proportions : c'est par le chapiteau seulement que l'ordre composite diffère du corinthien......... Le fût peut être également orné de cannelures qui peuvent être au nombre de vingt ou vingt-quatre comme dans l'ordre ionique; mais le module étant plus petit, les cannelures seront conséquemment plus petites pour répondre au reste de la composition. Le menuisier aura peu souvent l'occasion de canneler des colonnes : il sera plutôt appelé à pratiquer cette opération sur des pilastres, et alors il pourra le faire aisément en construisant une espèce de bouvet à joue mobile, armé d'un fer arrondi, etc., etc. On met sept cannelures sur chaque pilastre, et l'intervalle ou listel qui les sépare doit être d'un tiers ou d'un quart de la cannelure.... S'il y a des cablins, ils seront d'un tiers ou d'un quart de la hauteur...... Le menuisier ne doit point mettre de cannelures sur les côtés du pilastre faisant saillie, etc., etc. »

Pour élever un ordre d'une hauteur donnée, on divise cette hauteur, exprimée en mètres, par le nombre de modules dont est formé l'ordre dont il s'agit; le quotient sera le module, ou le demi-diamètre du *bas* de la colonne. Nous disons le *bas*, parce qu'on trouve que la colonne a plus de grâce en l'amincissant vers son sommet, et insensiblement d'un tiers de module dans les deux tiers supérieurs de son fût. Le module ainsi déterminé, on compose sur cette unité une échelle qui sert à donner les hauteurs de toutes les sous-divisions. On trace une verticale, sur laquelle on porte successivement les longueurs de la corniche, de la frise, de l'architrave, etc. ; par les points ainsi fixés, on trace des parallèles horizontales, entre lesquelles seront comprises toutes les moulures de l'ordre.

L'ébéniste veut-il, par exemple, soutenir le marbre d'une commode par des colonnes corinthiennes, sans piédestal ni entablement : en supposant que la hauteur du meuble soit de 12 décimètres, il divise 12 par 20, nombre des modules de la colonne, et trouve que le module aura 6 centimètres, ce sera l'unité de l'échelle ; la colonne aura 12 centimètres d'épaisseur par le bas ; le fût, 10 décimètres de hauteur ; la base, 6 centimètres, et le chapiteau, 14 centimètres.

Réciproquement, si l'on entoure le bas d'une colonne d'un fil, pour en mesurer la circonférence, en multipliant par 0,159, on en concluera le rayon ou module, et par suite les hauteurs de l'édifice entier, et de toutes ses parties, selon l'ordre observé dans sa contruction. C'est sur ces principes que s'exécutent toutes les compositions d'architecture.

Les *Frontons* sont des constructions triangulaires, dont la hauteur peut beaucoup varier selon l'étendue. Il y en a de petits dont la hauteur est le tiers de la base ; d'autres sont construits sur le quart, le cinquième ou le sixième. Cette dimension dépend du goût de l'artiste. Il en est à peu près de même des diverses moulures qui composent les corniches, chapiteaux, etc.

Les *pilastres* sont des colonnes carrées (des parallélipipèdes) rarement isolées : on les engage dans les murs ou boiseries, et on les fait saillir à peu près d'un tiers ou d'un quart de module. D'ailleurs, les ornements, les chapiteaux, la base, toutes les proportions enfin y sont réglées d'après les préceptes de l'ordre qu'ils représentent.

CHAPITRE IV.

DU DESSIN ET DU TRAIT DU MENUISIER.

Après avoir exposé avec les détails nécessaires les principes de la géométrie-pratique, la manière de tracer toute espèce de figure régulière, de mesurer toute espèce de surface ; après avoir donné, à l'aide de quelques notions d'architecture, les proportions qui doivent régler les compositions du menuisier, il me reste, pour compléter tout ce que j'ai à dire sur les connaissances préliminaires indispensables au menuisier, à entrer dans quelques détails sur le dessin.

On sent bien que je n'ai pas la prétention de donner aux ou-

vriers des moyens de se passer de l'habitude et du travail nécessaires pour faire à la *main* de beaux dessins; aussi tel n'est
pas mon projet. « Suivez les écoles gratuites qui se sont multipliées dans toutes les villes importantes : » tel est le seul
conseil que je puisse donner à cet égard.

Mais il est une espèce de dessin qui s'exécute avec la règle
et le compas, que l'on possède déjà presque en entier quand on
sait faire les opérations que j'ai enseignées pour tracer les
diverses figures, une espèce de dessin qui n'a pas pour lui
l'avantage de la beauté, mais celui de la régularité et de l'exactitude, c'est là celui dont je voudrais exposer les principes
fondamentaux.

« Un dessin ordinaire, dit M. Francœur, quelque fidèle
qu'il soit, peut bien donner l'idée de la forme extérieure des
corps et de leur situation mutuelle, mais ne saurait servir de
guide assuré à l'ouvrier qui veut en déduire la figure et les
dimensions des pièces qui entrent dans leur construction. »
L'examen de la majeure partie des figures de la planche IV
rendra cela sensible : un grand nombre de pièces n'y sont pas
vues sous leur véritable forme, et le raccourci de la perspective en altère les dimensions véritables. Cependant, fait observer l'auteur que je viens de citer, un comble en charpente,
une porte, sont composés de pièces d'assemblage dont chacune doit être taillée et préparée d'avance, de manière à n'a-
voir besoin d'aucune correction pour occuper sa place dans
l'ensemble et se lier avec ses voisines..... Or, comment espérer
qu'un dessin qui ne montre le plus souvent que les parties extérieures, et qui ne donne aux lignes que des longueurs et des
positions apparentes, puisse fournir à l'artiste des mesures
assez précises pour que chaque pièce, fabriquée à part, entre
dans la construction générale au lieu qu'elle y doit occuper,
et avec les formes et dimensions rigoureusement convenables
à son emploi?

Ce qu'on ne peut obtenir d'un dessin ordinaire se trouve
aisément par les *projections*.

Malheureusement, la théorie des projections est bien difficile à mettre à la portée de ceux à qui mon ouvrage est destiné.
Néanmoins, grâce aux travaux de M. Francœur, et en mettant à profit son ouvrage, j'espère venir à bout d'exposer ce
qui peut être le plus utile, et mettre mes lecteurs en état de
tracer le plan de tous les ouvrages qu'ils voudront entreprendre.

On appelle PROJECTION d'un point sur une ligne ou sur un plan, le pied de la perpendiculaire abaissée de ce point sur cette ligne ou sur ce plan.

La projection d'une droite sur un plan est une autre droite de longueur et de directions différentes, que déterminent les projections de ses deux extrémités ; ou de deux de ses points pris où l'on voudra sur sa longueur.

La longueur de toute droite dans l'espace est le plus grand côté d'un triangle rectangle dont les deux côtés de l'angle droit sont, l'un la projection horizontale de la droite, l'autre la différence de niveau des deux bouts, ou sa projection verticale.

Lorsqu'on projette une ligne, ou un cercle, ou une courbe quelconque, sur un plan qui lui est parallèle, cette figure s'y transporte avec la même forme et la même grandeur.

Tels sont les quatre premiers principes que pose M. Francœur. Je n'ai pas voulu le suivre dans la démonstration qu'il en a donnée, cela m'eût entraîné dans des détails déplacés dans un ouvrage de la nature de celui-ci ; mais tenons ces principes pour démontrés, et voyons quelles en seront les conséquences.

Grâce à ces principes, nous savons projeter des lignes ; nous savons aussi, au moyen du quatrième principe, obtenir une ligne absolument semblable à la ligne projetée ; il suffit pour cela de faire la projection sur un plan parallèle à cette ligne.

Mais , comme tous les objets peuvent être décrits par des lignes, nous en obtiendrons une figure parfaitement exacte en projetant ces objets, ou les lignes qui les représentent sur un plan qui leur est parallèle.

Rendons ceci sensible par un exemple : soit la porte d'une armoire : supposons que nous avons posé en face une table plus grande et dont la surface est bien parallèle à celle de la porte. Si de chacun des points de la porte on pouvait amener une série de lignes perpendiculaires sur la table, il est clair que les points qui terminent ces lignes traceraient sur la surface unie une figure tout-à-fait semblable à la porte ; il est clair aussi que les proportions étant, par suite , parfaitement observées, les dimensions de chacune des parties de la porte seraient parfaitement conservées sur la figure, qu'on pourrait les mesurer sur la figure comme sur la porte, et avec la figure exécuter une porte exactement semblable à celle qui a servi de modèle.

Mais, pour obtenir ces figures, on ne peut pas procéder

comme je viens de le dire, ce serait chose trop embarrassante. Heureusement, le second de ces principes que nous venons d'indiquer, nous fournit un moyen de parer à cet inconvénient.

Nous savons que les projections des lignes sont déterminées par celles des deux points extrêmes : nous savons aussi que la position des lignes entre elles est réglée par la mesure de leurs angles.

Cela établi, revenons devant la porte dont nous voulons avoir la figure.

Je remarque que cette porte (voyez *fig.* 84, *pl.* 2') a une forme parallélogrammique. Je mesure la ligne que forme la partie inférieure et horizontale, et je la figure sur la table où je veux la dessiner, par une autre ligne pareillement horizontale et de même longueur. Les lignes qui terminent les montants paraissent verticales; je m'en assure avec l'équerre, je les mesure, et je les figure par deux lignes d'égale longueur élevées verticalement à chaque extrémité de la ligne horizontale par laquelle j'ai complété mon tracé. Le parallélogramme est bientôt complet. Je porte sur la ligne du haut et sur la ligne du bas la largeur des battants, puis je porte sur mon dessin l'épaisseur des montants, puis celle des traverses, ce qui me donne aussi la dimension des panneaux. Alors mon dessin est tracé; il est semblable à la figure 84. Si, au lieu d'avoir affaire à des lignes se coupant à angles droits, j'avais rencontré quelque angle plus aigu ou plus obtus (voyez, par exemple *fig.* 81), je n'aurais pas été embarrassé, car je sais déjà faire un angle égal à un autre angle. Ma figure ainsi tracée ne me donne que l'apparence extérieure, et certaines parties de diverses pièces de bois restent cachées; mais rien ne m'empêche de les rendre sensibles et de figurer les tenons et les mortaises comme on l'a fait pour les divers panneaux représentés *fig.* 86, en me servant de lignes ponctuées ou tracées avec un crayon d'une autre couleur.

Jusqu'à présent, mes dessins sont d'une grandeur égale à l'objet représenté; mais cela est embarrassant dans un très-grand nombre de cas, et dans plusieurs autres, impossible. Je m'affranchirai de cette gêne en réduisant proportionnellement mes dessins; en représentant dans mes figures les pieds par des lignes, les mètres par des centimètres, etc.; en traçant, par exemple, une ligne de 12 centimètres pour une ligne de 12 mètres, et ainsi de suite. On sent en effet que si l'on fait subir la même réduction à toutes les parties du dessin, les proportions restant les mêmes, le dessin rendra les mêmes services, et qu'à l'aide de ce dessin il sera facile de reproduire dans les mêmes dimensions l'objet représenté ; pourvu qu'on soit averti que les centimètres du dessin sont tous la représentation d'un mètre, ou les lignes la représentation d'un pied.

Il ne suffit pas d'avoir un dessin commode, il faut encore avoir le nombre de dessins nécessaires. Il est certains objets qu'on a besoin de voir sous différentes faces pour pouvoir les exécuter, et, par conséquent, il faut avoir les dessins de ces diverses faces. S'il s'agit d'un secretaire, par exemple, il né suffit pas d'avoir le dessin du devant, ou la projection sur un plan vertical de toutes ses parties antérieures (ce qu'on appelle l'*élévation*), il faut avoir aussi la projection du fond sur un plan horizontal (ce qu'on appelle spécialement le *plan*). Enfin, il est des ouvrages pour lesquels il faut avoir le dessin du devant, le dessin du derrière et le dessin du côté, ce qu'on appelle l'élévation *antérieure, latérale* et *postérieure*. Enfin, il est encore des cas très-nombreux où l'on a besoin de connaître les détails intérieurs de l'objet qu'on veut faire ; alors on suppose qu'il est coupé soit horizontalement, soit verticalement, et l'on dessine ce qu'on appelle la *coupe*, comme nous l'avons fait pour la croisée de M. Saint-Amand (voy. pl. 3ᵉ, *fig.* 115), et pour la traverse inférieure du pupitre portatif, voy. *fig.* 118, même planche. Les fig. 100 et 101 de cette planche représentent le même objet ; mais l'une reproduit le *plan*, c'est-à-dire la projection horizontale, et l'autre l'*élévation*, c'est-à-dire la projection verticale de l'escalier.

On sent qu'un dessin de cette nature ne sert pas seulement à refaire un ouvrage déjà exécuté ; il sert aussi à arrêter à l'avance les dimensions de chacune des parties d'un ouvrage qu'on n'a pas encore fait.

Par exemple, veut-on faire un secrétaire ? on fera bien d'en tracer l'élévation, pour régler les proportions de la plinthe, de l'abattant, des tiroirs, etc., pour fixer sa hauteur ; on fera bien d'en dresser le plan, pour marquer l'arrondissement des coins ou le diamètre des colonnes ; une coupe verticale indiquera la position des tiroirs et des parties intérieures ; et sur ces différents dessins, on réglera facilement la dimension de chacune des pièces de bois qui doivent entrer dans l'ouvrage, de manière qu'on puisse les exécuter séparément, et assembler ensuite l'ouvrage à coup sûr.

Ce genre de dessin s'emploie avec grand succès quand on

doit revêtir de boiserie des surfaces courbes, des voûtes et autres ouvrages de ce genre. Donnons-en deux exemples.

Je suppose que nous ayons à revêtir de boiserie un plafond à plein cintre, droit en plan. Je remarque que l'élévation est un demi-cercle et que les pieds droits de ce plafond sont d'équerre à sa face. Pour tracer le dessin, je m'occupe d'abord du plan. Je le ferai sans peine en formant un parallélogramme rectangle dont deux côtés seront égaux à la longueur et deux autres à la profondeur de la niche à revêtir. Sur ces quatre premières lignes, je marquerai l'épaisseur du bois, et en cas de besoin, la place des traverses, des mortaises et des tenons. Pour avoir l'*élévation*, je trace d'abord une ligne horizontale égale à la longueur du plan, et sur le milieu de laquelle j'abaisse une verticale dont la hauteur est égale à celle de la voûte au-dessus de la naissance du centre; puis, du point où ces deux lignes se coupent, je trace un demi-cercle qui va de l'extrémité de la verticale aux deux extrémités de l'horizontale. Du même centre, pour marquer l'épaisseur du bois, je trace un autre demi-cercle intérieur, de façon que l'intervalle des deux cercles règle cette épaisseur. Ces deux cercles ayant ainsi réglé l'épaisseur des courbes, serviront pour tailler les pièces qui les composent et dont la longueur est aussi marquée. Enfin, deux demi-cercles entre les deux premiers règlent la largeur de la rainure dans laquelle doivent s'ajuster les panneaux.

J'emprunte mon deuxième exemple à M. Desormeaux, et je choisis parmi ceux qu'il a compilés çà et là. La fig. 85, pl. 2, rendra clair ce qu'il peut y avoir d'obscur dans le texte. Elle représente une arrière-voussure dite de Marseille, plan en biais, et élévation surbaissée par-devant, plein-cintre par derrière, droite en coupe du milieu, l'embrasure en quart du cercle.

Cette arrière-voussure, dit cet auteur, dont l'embrasure est terminée en arc, a été imaginée dans le dessein de loger dans cette embrasure l'un des ventaux ouvrants d'une porte ou d'une croisée. C'est pourquoi le plus bas de la courbe de devant y doit être à la hauteur du point le plus élevé de celle du fond.

Pour faire le plan de cette voussure, il faut que sa profondeur soit de même mesure que la moitié de la largeur du fond, et que le cintre de l'embrasure soit, en hauteur, égal à celui de la courbe du fond, afin que l'on puisse y loger un des vantaux des portes, des croisées ou des volets.

Faites donc le plan à volonté, avec l'attention que la distance A B soit égale à A C. Faites la courbe d'élévation du fond demi-cercle, en sorte que t s soit égal à p q.

Divisez le plan et la coupe du milieu en quatre parties de joints de panneaux ; faites-les horizontales en plan ; élevez ces lignes sur le quart de cercle de l'embrasure ; et faites-y les courbes qui démontrent les joints. Divisez la moitié de la largeur en six parties égales, sur la courbe du fond, et tendez au centre les lignes des coupes 1, 2, 3, 4, 5, 6.

Pour exécuter ces courbes, on prend leur largeur en plan, et l'on tire leur longueur de leurs lignes respectives : on élève perpendiculairement la seconde de ces dimensions sur la première, ce qui détermine l'étendue de la ligne oblique de chaque coupe (voy. iiii). Les lignes de divisions du plan et celles de l'élévation étant portées, les unes horizontalement, les autres perpendiculairement, sur la longueur et la largeur de chaque coupe, donnent, par leur rencontre sur la ligne oblique, les joints des panneaux.

Pour avoir le développement de la courbe d'embrasure, tirez parallèlement à la ligne biaise A B la ligne a b ; élevez perpendiculairement les angles formés par les courbes du devant et par celles du fond, ainsi que par les lignes de joints ; prenez la hauteur de la courbe sur son élévation p q ; prenez-y aussi la longueur des joints 7, 8, 9, que vous menerez parallèlement à a b ; faites passer à leur rencontre avec les perpendiculaires x, x, les lignes des angles intérieurs de la courbe, et celles qui marquent son épaisseur : les rencontres de celles-ci avec les horizontales du plan donneront les lignes des angles extérieurs.

Ces exemples et les principes qui précèdent doivent suffire pour guider le menuisier intelligent, et le mettre en état d'exécuter le plan de tous les ouvrages pour lesquels on n'est pas obligé de recourir spécialement à l'appareilleur.

CHAPITRE V.

DU CORROYAGE DES BOIS.

On entend par corroyer les bois, l'opération d'aplanir, de dresser leurs surfaces, de les rendre bien parallèles entre elles, ce qui s'exécute à l'aide de la varlope et de plusieurs autres outils que j'ai déjà fait connaître.

Après avoir choisi une planche d'une grandeur proportionnée à l'ouvrage qu'on veut faire, on examine quand on veut la corroyer, quelle est celle de ses surfaces qui est le plus de fil, et qui présente le moins de défauts, ou celle qui est convexe. On pose la planche à plat sur l'établi, de manière que cette surface soit en haut et qu'on puisse la travailler librement. On appuie l'extrémité de la planche par le milieu de son épaisseur contre le crochet, et on donne à l'autre extrémité un coup de maillet qui fait pénétrer les dents dans le bois et assujettit la planche d'une manière stable.

S'il y a de trop fortes inégalités, on commence par les faire sauter avec le fermoir et le maillet, en ayant soin d'incliner bien exactement le fermoir suivant l'angle de son biseau.

On prend ensuite la demi-varlope ou riflard, et avec cet instrument on commence à dresser la surface, à faire disparaître les autres fortes inégalités; en un mot on dégrossit l'ouvrage. Le riflard est l'instrument le plus commode pour cette opération, parce qu'il est moins pesant, plus facile à manœuvrer, et que son fer à tranchant un peu arrondi sur les angles, pénètre plus aisément dans le bois et enlève les copeaux plus épais. Mais cet instrument ne saurait suffire; et quand il a découvert toute la surface du bois, quand il l'a mise à peu près de niveau, et lorsque les aspérités ont disparu, on le remplace par la grande varlope. La grande étendue du fer de cet instrument, la forme parfaitement droite de son tranchant, la longueur de son fût, qui lui fait suivre toujours une direction bien horizontale, le rendent éminemment propre à terminer le corroyage, à faire disparaître les plus petites inégalités, à obtenir des surfaces bien dressées et aussi unies qu'il est possible de le désirer.

Quelque simple que soit l'opération de pousser la varlope ou le riflard, il ne faut pas croire pourtant qu'elle ne demande aucune précaution. Il arrive souvent à l'apprenti inattentif et qui ne se rend pas compte de ses mouvements, de n'obtenir qu'une surface courbe avec une varlope des mieux dressées. Le plus ordinairement la planche se trouve bombée au milieu et plus élevée sur ce point qu'aux deux extrémités. Il est facile de trouver la cause de ce défaut et d'y remédier. L'apprenti tient la varlope avec les deux mains; il saisit la poignée de la main droite, appuie la main gauche sur l'extrémité antérieure de l'instrument, qui souvent est garnie d'un bouton, et pousse l'outil sur la planche, en le dirigeant du côté du crochet de l'établi; arrivé jusqu'au bout, et lorsque le fer a dépassé la planche, il ramène la varlope à reculons jusqu'à l'autre extrémité, et recommence à pousser.

Maintenant, qu'on fasse bien attention à ce qui se passe dans cette opération. Lorsque l'ouvrier pose pour la première fois la varlope sur la planche, il faut que le fer touche la tranche de l'extrémité par laquelle il commence; il en résulte que la moitié postérieure du fût est en l'air, et pour peu alors qu'il appuie avec la main droite, il fait baisser cette partie, élève la partie antérieure; dans cette position, le fer se trouve nécessairement un peu plus bas. Bientôt la varlope portant par tous les points sur la planche, ce défaut d'horizontalité cesse. Mais, dès que l'outil touche à la fin de sa course, ce même effet se reproduit, puisque l'extrémité antérieure du fût ne porte plus sur la planche, et s'abaisse pour peu que l'on presse avec la main gauche. Il en résulte qu'à chaque mouvement de la varlope, le degré d'inclinaison du fer varie trois fois, et de telle sorte que le tranchant pénètre plus aisément dans le bois au commencement et à la fin de la course qu'au milieu.

La cause du mal étant bien connue, il est facile de trouver le remède. Puisque tout provient d'un léger défaut d'horizontalité dans la varlope, défaut qui produit peu d'effet à chaque fois, mais qui finit par être bien sensible par suite du grand nombre de courses qu'on fait faire à l'outil, il faut mettre tous les soins possibles à l'éviter. Pour cela, en commençant la course, il faut appuyer fortement avec la main gauche, ne pas presser du tout avec la droite, et n'employer cette main qu'à pousser, jusqu'à ce que tout le fût repose sur la planche. Au contraire, quand on touche au terme de la course, quand l'extrémité inférieure du fût commence à dépasser la pièce de bois qu'on travaille, la main gauche ne doit plus appuyer. La main droite seule presse et pousse; la gauche ne sert plus qu'à maintenir et diriger l'instrument dans la droite ligne. Cette manière de procéder paraît dans les commencements embarrassante et minutieuse; mais toutes ces précautions sont indispensables chaque fois qu'on veut se servir d'un outil à fût. Heureusement les apprentis contractent bientôt l'habitude de ces mouvements intermittents, et finissent par les exécuter sans s'en apercevoir. Par une raison semblable à celle que je viens de faire connaître, quand on approche du bord de la planche, un côté seulement de l'outil est soutenu, et la planche serait convexe sur sa largeur, si on ne soutenait l'outil en penchant la main à droite quand on est près du bord gauche, et à gauche quand on est à droite.

Indépendamment de ces précautions, il faut avoir soin de bien mettre en fût, c'est-à-dire de donner au fer le degré de pente convenable, et de le disposer de telle sorte que la petite surface inclinée du biseau soit parallèle avec la surface inférieure de la varlope, et en forme, pour ainsi dire, la continuation. Il ne faudrait pas croire avancer davantage et mieux faire en donnant beaucoup de fer, et en le faisant sortir pardessous, de manière à prendre beaucoup de bois à la fois, ce serait une erreur : il faut, au contraire, que le fer soit peu saillant. Sans cette précaution il pénètre trop profondément, éprouve une trop forte résistance, ne peut la vaincre, s'ébrèche ou ressaute sur la planche, et la couvre de profondes et irrégulières entailles. Il arrive tout au moins que les copeaux étant trop gros, ne peuvent plus sortir d'eux-mêmes de la lumière, ils s'y accumulent, s'engorgent ; on est forcé de les retirer avec une pointe de fer, et l'on perd plus de temps qu'on n'espérait en économiser. On prévient en partie cet inconvénient en graissant l'intérieur de la lumière : quand il y a trop de fer, on le fait entrer en donnant un ou deux coups sur le derrière du rabot, et en frappant ensuite sur le coin pour l'assujettir. Au contraire, pour faire sortir le fer, on frappe sur le devant ou sur le talon du fer. On doit, en frappant à droite ou à gauche du talon du fer, mettre la courbure de ce fer bien au milieu du fût.

Quand on a usé de tous ces soins, il n'est pas encore sûr que l'ouvrage soit parfaitement dressé. Il l'est bien dans le sens de la longueur, mais on peut ne pas être sûr d'avoir passé partout la varlope un même nombre de fois ; on n'est pas sûr de l'avoir poussée toujours bien en droite ligne ; par conséquent, il n'est pas certain qu'on ait bien dressé le bois en travers. Il y a plus : quelquefois la planche est convexe à l'une de ses extrémités, et concave à l'autre, il faut donc connaître le moyen de s'assurer de ces imperfections. Il y en a un bien simple, il consiste à *bornoyer*, comme on dit ordinairement. Cette opération consiste à fermer un œil, en plaçant l'autre très-près du bord de la planche, et dans une direction bien parallèle à sa surface. Alors, comme tout ce qui est dans la ligne droite

doit être caché par le bord, on s'aperçoit des plus petites inégalités ; s'il n'y avait cependant qu'un léger degré d'inclinaison à une des extrémités, on pourrait ne pas s'en apercevoir,
mais on peut aisément rendre ce défaut beaucoup plus apparent. Pour cela, appliquez à chaque extrémité deux longues
règles ; elles prendront nécessairement la même inclinaison
que l'extrémité qui ne serait pas bien dressée en travers, et
leur longueur rendra sensible à l'œil le moins exercé le défaut
de parallélisme. On peut aussi (et c'est peut-être le meilleur
moyen) appliquer en tous les sens, sur la surface, une très-
bonne règle ou un chevron bien dressé par un de ses côtés. Si
en regardant à contre-jour entre ces deux objets, on aperçoit
à peine ou pas du tout la lumière, le travail a été bien fait ;
il est imparfait si la lumière paraît plus dans un point que
dans un autre. On se sert avec beaucoup d'avantage pour cela
des *réglets* dont j'ai donné la description.

Quels que soient les défauts qu'annonce la vérification, il
faut se remettre à raboter de manière à les faire disparaître,
et passer suffisamment la varlope sur les parties saillantes ou
convexes ; mais lorsqu'on approche de la fin de l'opération, il
faut souvent en venir à vérifier de nouveau.

Telles sont les règles générales pour dresser la surface d'une
planche ; mais on sait déjà, d'après ce que j'ai dit en décrivant
les outils, que lorsqu'il s'agit de dresser des morceaux de peu
d'étendue, et de faire de petits ouvrages, on substitue à la
varlope, trop embarrassante dans ce cas, une petite varlope
désignée sous le nom spécial de *varlope-onglet*, ou des *rabots
de différentes formes*. On sait aussi que quand les bois sont
durs, noueux, on se sert de fers moins inclinés, dont le biseau est plus fort, moins aigu, et prend moins de bois à la
fois. Je dois ajouter que lorsque les bois sont *rebours*, c'est-
à-dire formés de fibres non parallèles entre elles, mais entrelacées et croisées en différents sens, on *traverse* le bois, c'est-
à-dire qu'on pousse le rabot ou la varlope transversalement à
la longueur. Il est dans ce cas trop difficile de faire courir le
fer sur une grande surface. Heureusement on n'emploie guère
ces sortes de bois qu'à des ouvrages petits et destinés à être
polis.

Quand on a bien dressé une première surface, le plus difficile de l'ouvrage est fait, car celle-là sert à dresser toutes les
autres, dont il ne faut s'occuper qu'après avoir fini la première. Pour peu que la planche soit épaisse, on fait sur chacun

les bords, avec le trusquin, un trait que l'on suivra en corroyant la seconde surface, et qui règle son parallélisme avec
a première; pour cela, on fait glisser la tête du trusquin sur
a surface dressée, et l'on a soin de ne pas faire varier, dans
chacune des deux opérations, la longueur de la partie de la
tige qui dépasse la tête, afin que l'épaisseur soit la même des
deux côtés.

Cela fait, on retourne la planche sur l'établi, on met en
l'air la surface non corroyée, et après avoir fixé l'ouvrage
avec le crochet, on dresse cette seconde surface comme la première.

Cette opération faite, il faut songer à dresser le côté ou la
rive de la planche. Pour cela, si l'extrémité de la planche est
bien droite, avec une équerre on trace sur la surface de la
planche, et le plus près du bord possible, une ligne perpeu-
diculaire à cette extrémité. C'est cette ligne qui doit servir de
guide. Si l'extrémité de la planche n'était pas coupée bien
droit, il faudrait alors tirer, le long d'un des bords longitudi-
naux, une ligne droite, en veillant uniquement à ce qu'elle
suivît aussi près que possible les enfoncements du bord, afin
d'avoir à couper moins de bois.

Si on a beaucoup de bois à retrancher, si le bord est très-
inégal, on fixe la planche sur l'établi à l'aide du valet, puis
avec un fermoir et un maillet on enlève çà et là toutes les parties les plus saillantes, et l'on met la rive à peu près de niveau
sur tous les points, avec le trait qu'on a tracé. Il faut cependant ne pas trop enlever de bois et en laisser au contraire un
peu en avant du trait, afin que les premiers coups de la varlope ne le fassent pas disparaître.

Après ce travail préliminaire, on pose la planche de champ
sur le côté de l'établi, en tournant en haut la rive qu'on veut
dresser. Si on n'a pas oublié la description que j'ai donnée de
l'établi, à peine est-il besoin que je dise comment la planche
doit être fixée dans cette position. On voit déjà qu'elle est prise
par un bout dans la presse de côté ou dans le crochet latéral,
et soutenue à l'autre bout par un valet de pied. Il arrive cependant quelquefois que cette méthode doit subir une modification. Cela est indispensable quand la planche est trop
courte, et qu'elle ne peut être appuyée sur le valet. Dans ce
cas, il n'y a pas d'autre moyen que de remplacer le valet de
pied par une sorte de crochet mobile et temporaire. On fait
dans une traverse en bois une entaille latérale triangulaire et

un peu profonde. On fixe cette traverse, qu'on appelle *pied-de-biche*, sur le dessus de l'établi, à l'aide du valet ordinaire; et, comme ce valet peut être mis tantôt dans un des trous de la table, tantôt dans l'autre, on s'arrange de manière que le *pied-de-biche* vienne se présenter à côté de l'extrémité de la planche; on l'assujettit fortement dans cette position, après qu'on a serré avec le maillet le bout de la planche contre l'entaille.

On corroie les tranches, on les rifle comme les plus grandes surfaces, et avec bien plus de facilité, puisqu'à raison de leur peu d'épaisseur, on n'a pas à craindre qu'elles ne soient pas bien dressées dans le sens de la largeur. Comme il serait difficile de maintenir, sur une superficie si étroite, un instrument à fût aussi long que la varlope, on se sert de préférence, pour cette opération, du rabot ou de la varlope-onglet. Lorsqu'on s'est assuré avec une règle, ou bien en bornoyant, que la tranche est bien dressée sur sa longueur, il ne reste plus qu'à vérifier si la surface nouvellement dressée fait un angle bien droit avec la première, ou lui est bien perpendiculaire; ce dont on s'assure aisément en faisant glisser d'un bout à l'autre l'angle qu'elles forment dans l'angle rentrant d'une bonne équerre.

L'autre tranche doit être corroyée de la même manière: mais il faut auparavant prendre une précaution indispensable pour *mettre la planche de largeur*, c'est-à-dire pour s'assurer qu'elle est aussi large à une de ses extrémités qu'à l'autre, et que ses deux tranches sont bien parallèles entre elles. On pousse la tige du trusquin de manière que la pointe doit être séparée de la tête, d'un intervalle égal à la largeur que doit partout avoir la planche. On applique la tête de l'outil contre la tranche, et on le fait glisser d'un bout à l'autre, de façon qu'il trace une longue ligne au bord opposé d'une des grandes surfaces; on en fait autant sur l'autre surface, et les deux traits qui en résultent, qui sont tous les deux bien parallèles entre eux et avec la tranche déjà dressée, qui sont aussi également éloignés de cette première tranche, servent de guide quand on corroie la seconde.

Quelquefois il arrive que les deux tranches ou les deux grandes surfaces d'une planche doivent être inclinées entre elles et non parallèles. Dans ce cas, on règle les degrés d'inclinaison sur toute l'étendue de la surface avec la *sauterelle* ou *fausse équerre*. Si ce sont les deux faces de la planche qui ne doivent pas être parallèles, il faut, après avoir dressé l'une, dresser de suite la tranche le long de laquelle on fera glisser la *auterelle*, pour vérifier.

Si les deux surfaces devaient former entre elles un angle de quarante-cinq degrés, il vaudrait mieux se servir de *l'équerre d'onglet*, qui donne invariablement cet angle.

CHAPITRE VI.

MANIÈRE DE CHANTOURNER, CINTRER ET COURBER LE BOIS.

Toutes les pièces de bois que l'on emploie dans la menuiserie ne sont pas planes. Souvent on en emploie qui présentent des courbures très-variées ; il est donc essentiel de savoir quelle est la manière de tailler et de corroyer ces bois ; je ferai ensuite connaître en détail un procédé pour se dispenser de ces opérations difficiles.

La première opération à faire lorsqu'on veut *chantourner*, c'est-à-dire tailler des bois courbes, est de faire un *calibre*. On donne ce nom à des morceaux de bois minces, taillés conformément à la courbe que l'on veut obtenir, et qui servent ensuite de règles pour tracer l'ouvrage. On emploie ordinairement pour cela des voliges de bois blanc, qu'on taille aisément après avoir marqué la courbe avec un compas, ou après l'avoir dessinée quand elle ne forme pas une portion de cercle. Indépendamment de ce moyen qui est connu, il en est un autre très-commode, que je n'ai jamais vu employer de nos jours, quoiqu'il fût bien usité autrefois, et dont je conseillerais d'adopter de nouveau l'usage. Quand on veut imiter un meuble qu'on a sous les yeux et dont les courbes sont déjà déterminées dans les proportions convenables, au lieu de tâtonner longtemps pour arriver à faire des calibres qui aient exactement les mêmes courbures, pourquoi n'essaierait-on pas de les calquer pour ainsi dire avec une règle de plomb, ni trop mince ni trop épaisse, et à laquelle on ferait prendre toutes les formes désirables. Il suffirait, pour réussir parfaitement, de presser la règle contre les diverses surfaces du meuble qu'on voudrait imiter. Si c'était un fauteuil, par exemple, on l'appliquerait d'abord sur le dossier, puis sur les bras, puis sur le montant qui les supporte, puis sur les pieds de derrière. A mesure qu'on prendrait ainsi l'empreinte de chacune de ses parties, on se servirait de la règle de plomb pour tracer toutes les courbes sur une volige; et quand ensuite on aurait suivi tous ces traits avec une scie à chantourner, on se trouverait muni sans tâtonnements, sans essais infructueux et presque sans peine, d'une ample provision de calibres. La même règle pourrait servir un bon nombre de fois. C'est avec la scie à chantourner qu'on évide les parties concaves des pièces cintrées; mais il faut d'abord prendre la précaution de tracer deux traits parallèles qui indiquent et la courbure de la pièce et son épaisseur.

Il y a deux modes différents de courbure. Certaines pièces courbes sont peu larges, et alors leur courbure est prise aux dépens de la largeur de la planche qui les fournit. Il suffit alors, pour tracer, d'appliquer le calibre sur la surface supérieure de la planche, et de tirer l'un après l'autre deux traits dont l'intervalle règle l'épaisseur de l'ouvrage.

Si, au contraire, la pièce courbe a une grande largeur, la courbure doit être prise dans l'épaisseur de la planche qui sert de matière première : alors, au lieu de deux traits, il faut en tracer quatre sur chaque tranche de la planche qu'on a préalablement dressée. On trace deux traits de chaque côté, et ils doivent être également espacés; car ce sont eux qui déterminent l'épaisseur, qu'il est nécessaire de rendre égale sur chaque rive. On sent que, dans ce cas, si la courbure de l'ouvrage doit être très-forte, il y a de l'avantage à faire la pièce courbe de plusieurs morceaux, parce que l'on n'aura pas besoin de prendre des planches aussi épaisses, ce qui entraînera une grande économie de bois.

Quand on a ainsi cintré approximativement la pièce, il faut l'achever en la corroyant. Cette opération est d'autant plus indispensable que la scie suit rarement avec une parfaite régularité les traits qu'on a tracés, et que le rabot corrige ces légères imperfections. Par ce motif, il est bon de tracer de nouveau.

On dresse d'abord les pièces sur la tranche. On les met d'équerre par les deux bouts, c'est-à-dire qu'on s'assure que les quatre côtés de la pièce font entre eux des angles bien droits. Ensuite on corroie l'intérieur et l'extérieur de la courbe avec des rabots cintrés.

Lorsque les pièces courbes sont très-larges, on a à craindre de gauchir les extrémités en les mettant d'équerre, c'est-à-dire de leur donner d'un côté ou de l'autre une inclinaison vicieuse, ce qui suffirait seul pour empêcher de bien dresser les grandes surfaces de la pièce. Pour éviter cet inconvénient, il faut tirer sur le plat de la courbe, et à son extrémité, deux traits d'après lesquels on donne deux coups de guillaume qui y font une rainure. On y pose deux morceaux de bois un peu longs, et qui rendent sensibles toutes les irrégularités d'inclinaison.

Il y a des pièces d'une forme et d'une courbure telles, qu'on ne peut pas les corroyer avec le rabot cintré. Alors il n'y a pas d'autre ressource que de les corroyer du mieux qu'on peut avec le ciseau, la râpe ou le *racloir* (1).

Procédé d'Isaac Sargent, pour courber les bois.

Jusqu'ici les moyens que je viens de décrire étaient les seuls fréquemment employés pour se procurer des pièces de bois courbes ; ils étaient à la fois à l'usage du menuisier et du charron, du charpentier et de l'ébéniste. Presque toujours les pièces cintrées étaient prises dans un plus fort morceau de bois qu'on était obligé de débiter avec la scie ou avec le ciseau pour obtenir la forme convenable. Il était impossible de ne pas couper le fil du bois ; les mêmes fibres cesseraient d'aller d'un bout à l'autre ; de sorte que plus on cherchait à amincir l'ouvrage, afin de lui donner de la grâce, plus on le rendait fragile ; et pour conserver la solidité nécessaire, on était forcé de laisser des pièces lourdes.

Tous ces inconvénients cesseront d'exister quand on emploiera habituellement le procédé suivant.

Un ingénieux artiste avait, comme je l'ai déjà dit, imaginé en France de ramollir les bois en les faisant bouillir dans l'eau et de les contourner ensuite dans des moules disposés exprès suivant la forme déterminée. Il réussissait parfaitement ; mais la grandeur des chaudières nécessaires, d'autres difficultés d'exécution, avaient empêché ce moyen d'être fréquemment usité. Un Anglais a récemment rajeuni en France cette même méthode, mais avec des modifications qui en rendent l'exécution bien plus facile. Voici les moyens qu'il emploie. Il fait travailler le bois à droit fil, en lui donnant la forme et la longueur qu'il doit avoir après qu'il sera courbé ; on ne lui conserve que la force nécessaire. Ensuite on l'expose

(1) Les racloirs sont des outils dont je n'ai pas encore parlé. On donne ce nom à des morceaux d'acier de 54 ou 81 millim. (2 ou 3 pouces) de long sur environ 27 mill. (1 pouce) de large. Ils entrent en entaille dans un morceau de bois qui sert à les tenir. On affûte le fer de ces outils à l'ordinaire, puis, avec la quarre d'un ciseau, on replie le tranchant à contre-sens du biseau, en sorte qu'en le passant sur le bois il enlève des copeaux très-minces.

à la vapeur de l'eau bouillante assez long-temps pour qu'il soit ramolli au point de pouvoir être plié ou courbé sans se rompre. Si on n'a pas oublié ce que j'ai dit dans la première partie de cet ouvrage sur la manière dont M. Neuman s'y prend pour dessécher plus promptement et améliorer les bois, on verra que le procédé que je décris maintenant réunit à ces avantages spéciaux, tous ceux que M. Neuman se propose d'obtenir; on verra aussi que pour l'exécuter il n'est pas nécessaire de se pourvoir de vastes chaudières.

Quand le bois est assez ramolli, on le contourne dans un moule disposé convenablement. Rien n'empêche de le faire en bois : pour peu qu'on ait à faire un certain nombre de pièces de la même forme, on sera bien dédommagé de la peine qu'on prendra pour cela. Ces moules sont ordinairement formés de deux pièces. On laisse les bois sécher à l'ombre sans les sortir des moules. Quand ils sont bien secs, ils ont acquis invariablement la forme qu'on leur a fait contracter, et, pour la leur enlever, il faudrait les ramollir de nouveau. Ces bois, ainsi préparés à droit fil, ne perdent rien de leur souplesse ni de leur élasticité. L'ébéniste, le menuisier, pourront faire désormais leurs meubles à formes courbes plus légers et moins lourds; la construction des sièges y gagnera surtout prodigieusement, et il n'est pas douteux que M. Isaac Sargent, en naturalisant ces procédés en France, n'ait rendu un éminent service à notre industrie.

Les ébénistes qui n'emploient pas ce procédé, savent très-bien que leurs pièces chantournées manquent de solidité quand la courbure est un peu forte. Dans ce cas, en effet, la pièce est sciée presque à bois de travers, et la fibre manque de longueur. Pour remédier un peu à ce défaut, ils creusent, au bout et au centre de la pièce, des mortaises aussi profondes que possible, et les remplissent par des morceaux de bois de fil collés solidement.

L'expérience a confirmé ce qu'avait annoncé la théorie; elle est en faveur des bois à droit fil. Les bois débités et cassants par l'ancienne préparation au feu, qui leur ôte le nerf et l'élasticité, n'entrent plus dans aucune construction importante, ni dans celle où le goût doit présider.

Non-seulement l'art qui nous occupe, mais encore la charronnerie, la menuiserie en carrosse, trouvent de grands avantages à employer les bois à droit fil. Ils sont propres surtout au perfectionnement des devantures de boutiques, objet sur lequel nous appelons l'attention particulière du menuisier.

CHAPITRE VII.

MANIÈRE D'ASSEMBLER LES PIÈCES DE BOIS.

Il ne suffit pas de savoir dresser et chantourner les différentes pièces de bois qui composent un ouvrage, il faut connaître l'art de les unir entre elles, de les entailler de manière que leurs extrémités s'emboîtent les unes dans les autres. C'est là ce qu'on appelle *assembler*, et il n'est pas douteux que cette opération ne constitue une des parties les plus importantes de l'art du menuisier ; sans elle on ne ferait jamais que des pièces épaisses, des fragments, jamais un ouvrage complet ; et si on la négligeait, si les joints étaient mal faits, le meuble d'ailleurs le mieux fait deviendrait grossier, commun et ridicule. C'est de la perfection des assemblages que dépendent la solidité et l'élégance des travaux du menuisier. On ne saurait donc y apporter trop de soin et de précision.

Il y a plusieurs espèces d'assemblages qu'il est essentiel de connaître, afin de pouvoir les employer à propos ; mais ordinairement ils sont composés de *tenons* et de *mortaises*.

1° De la Mortaise.

On entend par *mortaise* une cavité longitudinale dont l'ouverture a la forme d'un parallélogramme rectangle, et qui est creusée dans une pièce de bois. La mortaise est presque toujours beaucoup plus longue qu'elle n'est large, et la définition que je viens d'en donner indique suffisamment qu'elle a quatre parois.

2° De l'Enfourchement.

La mortaise prend le nom d'*enfourchement* quand une des parois manque, c'est-à-dire quand l'entaille est prolongée jusqu'à l'extrémité de la pièce de bois dans laquelle on l'a creusée ; de telle sorte que si la mortaise pénètre cette pièce de bois de part en part, cette extrémité forme une espèce de fourche composée de deux planchettes parallèles, saillantes au bout de la pièce de bois et faisant corps avec elle.

3° Du Tenon.

On appelle *tenon* l'extrémité de l'autre pièce de bois qui doit entrer dans la *mortaise*. Pour que ces deux parties s'adaptent exactement l'une dans l'autre, il convient, on le sent déjà, qu'elles aient les mêmes dimensions ; par conséquent, si les deux pièces de bois à assembler ont un égal volume, il faut, de nécessité absolue, que pour former le tenon on amincisse l'une d'elles à son extrémité. On fera cet amincissement en entaillant d'abord la pièce de bois perpendiculairement à chacune de ses faces d'une profondeur déterminée, puis en enlevant l'excédant du bois depuis le fond de ces entailles jusqu'à l'extrémité de la pièce de bois, de telle sorte que l'amincissement commence brusquement et non par gradation, et que le tenon ait la forme d'une petite planchette adaptée à l'extrémité de la pièce de bois. Les faces de cette planchette font un angle droit avec l'excédant d'épaisseur de cette extrémité, et cet excédant, qu'on appelle *arrasement*, s'applique exactement sur la surface de l'autre pièce de bois quand le tenon est entré dans la mortaise. Quand le tenon n'a qu'un arrasement, on le nomme *tenon bâtard*.

La fig. 43, pl. 2, représente un tenon et une mortaise placés en face l'un de l'autre.

Ce que je viens de dire indique déjà deux espèces différentes d'assemblage : l'*assemblage en enfourchement* et l'*assemblage à mortaise*.

4° *Assemblage en enfourchement.*

On sait donc que l'assemblage en enfourchement est celui dans lequel la mortaise n'a que trois parois et règne jusqu'à l'extrémité du bois, ce que l'on exprime encore en disant qu'elle n'a pas d'*épaulement*; car on donne ce nom à la petite portion de bois qui sépare une mortaise d'une autre mortaise, ou qui tient lieu d'extrême paroi. Dans l'*assemblage en enfourchement*, le tenon n'a point d'arrasement du côté où la mortaise n'a pas d'épaulement, et, dans ce point, il est de niveau avec tout le reste de la pièce de bois.

5° *Assemblage carré.*

L'assemblage à mortaise se subdivise lui-même en plusieurs espèces qui portent différents noms.

On l'appelle *assemblage carré* quand les *arrasements* sont égaux de chaque côté. Tel est celui dont nous avons représenté déjà la disposition (*fig.* 43).

6° *Assemblage d'onglet.*

On emploie l'*assemblage d'onglet* quand il est question d'unir des pièces de bois ornées de moulures sur les bords. A cet effet, on prolonge l'arrasement du tenon du côté de la moulure et de manière à ce qu'il soit égal à celle-ci ; dans ce cas, au lieu de tailler latéralement cet arrasement, de façon qu'il soit perpendiculaire au tenon, on le coupe d'onglet, ou de façon que ses deux surfaces forment ensemble un angle de 45 degrés. D'un autre côté, on coupe aussi la moulure sur la pièce de bois qui forme la mortaise, de façon à ce qu'elle soit saillante en avant de l'épaulement, et fasse avec lui un angle de 135 degrés. Il en résulte que lorsque ces deux pièces sont assemblées, les deux moulures semblent ne faire qu'un, et rien ne nuit à son effet (voyez fig. 44, pl. 2ᵉ). Quand les traverses qu'on assemble portent des moulures des deux côtés, alors il faut de chaque côté prendre cette précaution et couper chaque moulure d'onglet comme l'indique la fig. 47, pl. 2ᵉ.

7ᵉ Assemblage à bois de fil.

Cette manière de procéder n'est pourtant pas encore la meilleure ; il convient de ne jamais l'employer quand on joint à angle droit les pièces d'un ouvrage soigné, qui sera simplement recouvert d'un vernis transparent. Dans ce cas, en effet, les fibres de l'une des traverses viendraient faire un angle droit avec les fibres de l'autre. Il faut nécessairement employer l'assemblage à bois de fil, à l'aide duquel les fibres se joignent bout à bout, ont l'air de se replier elles-mêmes pour faire l'angle droit que forment les pièces. Dans cet assemblage, représenté fig. 45, pl. 2ᵉ, le tenon est bien dans la même direction que la traverse qu'il termine ; la mortaise est bien creusée perpendiculairement à la longueur de l'autre traverse, ainsi que cela a lieu dans les assemblages ordinaires ; mais les arrasements et les épaulements ont une direction tout-à-fait différente. On coupe d'onglet non-seulement la moulure, mais toute la traverse, le tenon excepté, de telle sorte que la ligne d'assemblage coupe exactement en deux l'angle droit que forment les deux pièces quand elles sont jointes ; de cette façon, l'arrasement forme, avec la tranche interne de la traverse, un angle de 45 degrés, et il en est de même de l'épaulement de la mortaise et de toute la portion de la petite surface dans laquelle elle est creusée.

8° Assemblage à fausse coupe.

L'orsqu'on a des pièces de bois d'une largeur inégale et qu'on veut les assembler à bois de fil, on commence par couper la moulure d'onglet, puis, avec un compas, prenant la

largeur de la pièce la plus étroite, on porte cette étendue
sur l'extrémité de la plus large, à partir de sa tranche intérieure ou du bord de la moulure. On marque avec un point
l'endroit de sa largeur, qui correspond à la largeur de la plus
étroite, et on coupe d'onglet depuis la moulure jusqu'à ce
point (*fig. 46, pl. 2e*) ; c'est ce qu'on appelle *assemblage à fausse
coupe.*

Lorsque, dans cet assemblage, ou dans l'assemblage à bois
de fil, la coupe est trop grande après l'épaulement de la mortaise et tout à l'extrémité des traverses, on peut faire un petit
assemblage à enfourchement qui empêche les pièces de varier,
et les fixe plus solidement entre elles.

9°. *Assemblage à demi-bois.*

Il y a une autre espèce d'assemblage sans tenon ni mortaise,
qui est peu solide, mais promptement fait, et qu'on emploie
avec avantage dans les ouvrages communs, c'est l'*assemblage
à demi-bois.* Chacune des deux pièces qu'on assemble de cette
manière (*fig. 48, pl. 2e*) porte un tenon qui n'a d'arrasement
que d'un seul côté. On entaille pour cela chacune des traverses
qu'on veut assembler ainsi perpendiculairement à sa grande
surface, à une distance de son extrémité égale à la largeur de
l'autre traverse. Cette entaille, ou trait de scie, descend jusqu'à
moitié de l'épaisseur ; puis on refend, par le milieu de l'épaisseur, l'extrémité de cette même traverse, parallèlement à sa
surface et jusqu'à ce que ce trait de scie vienne joindre le
premier trait de scie perpendiculaire. Cela fait, on applique
l'une contre l'autre les extrémités des deux traverses, en oppo-
sant les angles rentrants aux angles saillants, puis on fixe le
tout avec des chevilles ou des clous.

Il arrive quelquefois qu'on doit assembler des pièces de différentes largeurs, et que les deux premières qu'on a jointes
ensemble sont d'une dimension égale à la longueur de la pièce
dans laquelle on les assemble ; alors il faut faire une mortaise
d'une longueur capable de contenir les tenons des deux pièces
qu'on a d'abord unies, et qu'on ne considère plus que comme
si elle n'en faisait qu'une seule.

Quand on a une épaisseur suffisante, on peut rendre l'ouvrage très-solide en pratiquant l'un au-dessus de l'autre deux
tenons séparés par un court intervalle.

10°. *Assemblage à clé.*

Les divers assemblages que je viens de décrire sont principalement employés à unir les pièces qui doivent faire entre elles un angle; mais souvent on est obligé d'en joindre d'autres, parallèlement à leur longueur ou à leur largeur : par exemple, d'unir ensemble plusieurs planches pour former un dessus de table. Dans ce cas, on ne peut agir de même.

Je ne parlerai pas du moyen vulgaire et grossier, de corroyer les planches sur la tranche, de les placer à côté l'une de l'autre, et de superposer transversalement une autre planche beaucoup plus étroite, et qu'on fixe avec des clous.

Mais il est deux procédés plus délicats, sur lesquels je dois m'étendre davantage.

Lorsque les planches ont suffisamment d'épaisseur, on creuse dans leur rive des mortaises placées en face l'une de l'autre; on coupe alors de petites planchettes en bois dur, ayant les dimensions en largeur telles qu'elles entrent juste dans les mortaises, et d'une largeur un peu moins grande que la profondeur des deux mortaises réunies. Ces tenons forment des espèces de tenons rapportés, qu'on appelle *clés*, on les enfonce par un bout dans chacune des mortaises opposées, et quand les planches sont bien rapprochées, on fixe le tout avec des chevilles.

Assemblage à rainure et languette. — Cet assemblage est ordinairement employé pour réunir longitudinalement deux ou un plus grand nombre de planches ensemble (*fig.* 76, *pl.* 2ᵉ). Pour opérer cette réunion sur le champ de l'une des deux parties à assembler, on pratique, parallèlement à sa face et dans toute sa longueur, une cavité quadrangulaire qu'on nomme *rainure;* les parois latérales de cette rainure portent le nom de *joue;* sur le champ de l'autre partie, on dégage un filet aussi quadrangulaire, correspondant exactement à la rainure et à la joue de face; c'est ce filet qu'on nomme *languette;* ses petites facettes formant les arêtes de rive prennent le nom d'*arrasement.*

Une rainure doit avoir pour largeur le tiers de l'épaisseur des parties à assembler, pour profondeur 6 à 8 millim. (3 à lignes 1/2) dans les parties de 14 à 41 millim. (6 à 18 lignes) d'épaisseur, et 14 millim. (6 lignes) dans celles de 54 à 81 millim. (2 à 3 pouces); la languette doit avoir par conséquent la même largeur que sa rainure; mais la hauteur de la languette doit être un peu moindre que la profondeur de la rainure, afin de ne point empêcher les épaulements, d'approcher l'un contre l'autre, et joindre parfaitement.

12. *Assemblage et emboîtage.*

Quelquefois on emploie simultanément ces deux espèces d'assemblage pour leur donner plus de solidité ; mais dans ce cas encore, ils sont insuffisants. On est souvent obligé de les fortifier, en réunissant en outre les planches par-dessous avec une traverse clouée. Mais il vaut mieux donner la préférence aux *assemblages à emboîtage* (*fig.* 49).

Après avoir assemblé parallèlement à leur longueur un certain nombre de planches, par exemple celles qui doivent composer le dessus d'une grande table, il faut les réunir transversalement à leur extrémité par un assemblage à rainure et à clé. Pour cela, dans une traverse de longueur convenable et bien corroyée, on creuse une rainure, et, en outre, autant de mortaises qu'il y a de planches. On fait une languette à l'extrémité de toutes ces planches, et au milieu de chacune d'elles on creuse une mortaise qui correspond à une des mortaises de la traverse. On place des clés dans les mortaises, qui doivent être suffisamment profondes, et on termine en collant les languettes dans la rainure et en chevillant les mortaises. Si l'on veut atteindre le dernier degré de perfection dans ce genre, il faut laisser un petit arrasement à chaque extrémité de la languette, et un petit épaulement à chaque extrémité de la rainure.

Il importe cependant de remarquer que les fibres de la traverse d'emboîtage sont forcément perpendiculaires aux fibres des planches, ce qui serait défectueux dans un ouvrage soigné ; pour corriger ce défaut, il faudrait assembler, avec la tranche longitudinale des planches, et de chaque côté du dessus de table, une traverse de même longueur, d'une largeur égale à la traverse d'emboîture, à qui on l'unirait par un assemblage de bois de fil. Par ce moyen, les deux traverses longitudinales et les deux traverses d'emboîtures formeraient un encadrement autour de l'ouvrage.

Le plus ordinairement, on se dispense de tous ces soins pour les dessus de table. On se contente d'un assemblage à rainure et à languette, et pour plus de solidité, on cheville le dessus de la table dans les traverses qui unissent les pieds.

13° *Assemblage à feuillure.*

Plus communément encore, on a recours à l'*assemblage à feuillure*, qui est entièrement semblable à l'*assemblage à demi ois*; il n'y a de changé que la destination et la longueur de l'entaille.

L'assemblage à feuillures, comme l'embrèvement, s'emploie pour réunir longitudinalement et transversalement les parties qu'on se propose d'assembler, sur la rive et dans toute la longueur d'une des parties. On élégit parallèlement à l'arête une cavité à angle droit d'environ moitié de l'épaisseur; c'est à cette cavité qu'on a donné le nom de *feuillure;* sur la rive de l'autre partie, on élégit une autre feuillure, mais en sens opposé, ayant pour profondeur l'épaisseur de la joue de la première feuillure.

Cet assemblage s'emploie aussi pour réunir angulairement deux parties : dans ce cas, on élégit une seule feuillure sur la rive d'une des deux parties. Cette feuillure a pour largeur l'épaisseur de l'autre partie, afin que cette dernière entre de toute son épaisseur dans la feuillure.

On consolide cet assemblage avec la colle et les clous.

14° *Assemblage à queue d'aronde.*

Mais il est une espèce d'assemblage bien plus important, servant également pour les bois à unir angulairement, et pour les planches à joindre bout à bout. Je veux parler de l'*assemblage à queue d'aronde* (*fig.* 50, *pl.* 2'); il est formé de tenons évasés plus larges à leur extrémité qu'au point où ils joignent l'arrasement, et pénétrant dans des entailles qui, au contraire, vont en s'élargissant à mesure qu'elles s'éloignent du bout de la planche. On voit que cet assemblage a cet avantage spécial, que les pièces ainsi réunies ne se séparent jamais quand on les tire en sens contraire, sans que, pour obtenir cet effet, il soit besoin de les coller ou cheviller.

Quand on fait servir cet assemblage à unir des pièces de bois destinées à être fréquemment tirées dans un sens, comme se serait des tiroirs, il faut user d'une précaution spéciale. Les tenons, dont la longueur est alors égale à la largeur de la planche qui porte les entailles, sont pratiqués dans la pièce que l'on doit tirer en avant, dans le devant du tiroir par exemple. Ils n'éprouvent aucun rétrécissement dans leur longueur, qui est uniforme partout, mais la face antérieure est beaucoup moins large que la face postérieure, et les surfaces latérales sont inclinées, de sorte que le rétrécissement a lieu d'arrière en avant, tandis que dans le cas précédent, le tenon avait plus de volume à l'extrémité que vers l'arrasement (voyez *fig.* 51).

Pour opérer la réunion transversale d'un montant avec une traverse, on dégage par le bout de la traverse un prisme qui a deux faces principales, opposées l'une à l'autre et parallèles par l'épaisseur de cette traverse. Ces deux faces ont la figure d'un trapèze symétrique, dont les angles compris entre les côtés et les arrasements doivent avoir 70 degrés d'ouverture ; les trois autres faces limitées par la longueur et la largeur du prisme et par l'épaisseur de la traverse, sont rectangulaires ; c'est à cette forme trapèzoïdale qu'on a donné le nom de *queue d'aronde*. Dans le montant on creuse une cavité capable de contenir très-exactement la queue ; cette cavité se désigne par le nom *d'entaille*.

Cet assemblage s'emploie aussi pour la réunion angulaire de deux parties ; dans ce cas on dégage la queue comme précédemment, et l'on creuse l'entaille par le bout de l'autre partie.

En voici les détails : il n'est autre qu'une conséquence de l'assemblage à tenon et à mortaise, car les deux mortaises correspondantes l'une à l'autre, qu'on perce sur le champ et parallèlement aux faces des parties à assembler, sont destinées à recevoir un tenon commun qu'on nomme *clef*, cette clef doit remplir exactement la longueur et la largeur de ces mortaises, et avoir pour longueur un peu moins que les deux profondeurs réunies des deux mortaises, afin que cette clef, par sa longueur, n'empêche point les rives des parties assemblées d'approcher l'une de l'autre et de joindre parfaitement. On introduit cette clef dans les mortaises, en observant qu'il faut mettre le fil de son bois transversalement par rapport à celui des parties à assembler.

On fixe ces assemblages au moyen de chevilles qu'on introduit dans des trous traversant les deux joues de la mortaise ou de l'enfourchement et le tenon.

15° *Assemblages à queues perdues.*

Ordinairement les tenons de l'assemblage à queue d'aronde diffèrent des tenons ordinaires en ce point qu'il n'y a pas d'arrasement parallèle à l'épaisseur de la pièce, et qu'ils sont aussi épais qu'elle ; mais dans un petit nombre de cas, où l'on veut que l'assemblage paraisse encore moins, on ne donne au tenon que les deux tiers ou les trois quarts de l'épaisseur. Le reste est coupé d'onglet, c'est ce que l'on appelle *assemblage à queues perdues.*

16° *Assemblages composés.*

Peut-être pourrais-je m'arrêter là, car j'ai fait connaître toutes les espèces d'assemblages fréquemment usitées, et de celles-là on pourrait conclure aisément toutes les autres, qui n'en sont que des combinaisons. Cette matière est pourtant si importante, qu'au risque d'avoir été, à l'avance, deviné dans tout ce que je vais dire, je crois devoir ajouter encore une espèce de sommaire, suivi de détails circonstanciés.

Il arrive quelquefois de faire deux rainures parallèles à une des deux planches qu'on veut assembler, et deux languettes parallèles à la planche correspondante. C'est, en quelque sorte, un double assemblage, qui, par cette raison, est bien plus solide; mais il faut des planches fort épaisses pour qu'on puisse l'employer.

D'autres fois, et dans le même but, sur la rive d'une des planches on creuse une première rainure plus large qu'elles ne le sont d'ordinaire; puis, au fond de celle-ci, une autre rainure plus étroite. L'autre planche est pareillement armée de deux languettes superposées.

Dans quelques autres cas, on fait un assemblage à rainure et languette avec feuillure; ce sont deux modes divers d'assemblages combinés ensemble.

D'autres moyens sont employés lorsqu'il faut assembler des pièces de différentes épaisseurs, ce qui arrive souvent dans la menuiserie en bâtiments.

Alors, ou bien on creuse dans la rive de la plus épaisse une feuillure ou angle droit rentrant et parallèle au fil du bois, puis on loge la rive de la pièce la plus mince dans cette feuillure, et on l'y assujettit avec des chevilles.

Ou bien on fait une feuillure à chacune des deux planches, et on les applique l'une contre l'autre, en faisant joindre ensemble la face interne des feuillures (*fig.* 52, *pl.* 2ᵉ). Dans ce cas, comme dans le précédent, comme dans ceux qui suivent, la planche la plus épaisse forme une saillie dans l'ouvrage.

Quelquefois on creuse dans la rive des deux planches une rainure, et l'un des rebords des rainures sert de languette et pénètre dans l'autre rainure (voyez *fig.* 53). Dans ce cas, une des planches est saillante d'un côté, l'autre est saillante de l'autre.

On emploie cependant de préférence l'assemblage à languette et rainure, même dans le cas où les planches diffèrent d'épaisseur; mais dans ce cas, on sent que si on veut que la saillie soit tout d'un côté, il faut creuser la languette ou la rainure non plus au milieu de son épaisseur, mais plus loin de la face qui doit être saillante.

Dans certaines circonstances, il est bon de faire dans la tranche de la planche la plus épaisse, une feuillure égale en largeur à l'épaisseur de l'autre planche. C'est au fond de cette feuillure qu'on creuse la rainure et qu'on fait l'assemblage (*fig.* 52); il en résulte que l'excédant d'épaisseur de l'une des planches, destiné à faire saillie d'un côté, avance de ce côté sur la planche la plus mince et en cache le joint.

On donne à cette combinaison le nom d'*assemblage à recouvrement*. (Voyez *fig.* 52.)

Je ne dois pas omettre de dire que lorsqu'on veut assembler à angle droit des pièces de bois minces, des planches dans lesquelles on ne pourrait pas creuser des tenons et des mortaises à la manière ordinaire, on se sert de l'assemblage à rainure et à languette, ou d'un assemblage particulier à feuillure et rainure.

La tranche d'une des planches porte une languette; on creuse une rainure au bord de la grande surface de l'autre, et on colle la languette dans la rainure; mais il faut bien faire attention à la manière de combiner l'une et l'autre. Car si l'une des pièces était exposée à être souvent mise en mouvement et tirée, ce n'est pas dans celle-là qu'il faudrait creuser la rainure, car alors toutes les fois qu'on la tirerait en avant, on tendrait à séparer l'assemblage; il faut au contraire que cette pièce porte la languette. Un exemple fera mieux connaître ceci. Supposons qu'il s'agisse de faire un tiroir. Si on creusait la rainure de chaque côté sur le plat de la pièce de devant qui porte le bouton, et que les pièces latérales s'y enfonçassent à languette, le bois ne présenterait pas de résistance quand on ouvrirait le tiroir, la colle seule unirait ces pièces, les rainures et les languettes seraient superflues. Il n'en serait pas de même si les rainures avaient été creusées dans les pièces latérales, et si le devant du tiroir s'y enfonçait à languette : il est évident que, dans ce cas, le devant serait enclavé dans les côtés qui présenteraient un point de résistance. De même, quand on ferait le fond du tiroir, ce serait encore sur les côtés qu'il faudrait creuser les rainures dans lesquelles pénétrerait le fond aminci par les côtés. Si on agissait autrement, le poids des objets amoncelés dans le tiroir ne tarderait pas à l'enfoncer.

'Agissez de même dans tous les cas analogues. C'est surtout quand il s'agit de régler le choix et la disposition de ses assemblages que le menuisier a besoin de raisonner ses travaux.

On peut remplacer la languette par une feuillure dont la partie amincie et saillante s'enfonce dans la rainure creusée sur le plat de l'autre pièce de bois.

Quand on emploie un de ces moules d'assemblage, il est facile, en approchant ou éloignant la rainure d'une pièce, de rendre l'autre rentrante ou saillante relativement à la première.

Voici maintenant des détails très-explicites.

Assemblage à rainure et languette, composé. — Lorsqu'on a deux pièces de bois à réunir longitudinalement et dont l'une moins épaisse que l'autre a au moins 27 millim. (1 pouce) d'épaisseur, on emploie pour cette réunion double rainure et par conséquent double languette, de manière à ce que la partie moins épaisse soit embrevée à glace des deux côtés, dans la partie la plus épaisse; ou bien encore, sur le champ de la partie mince, on dégage une languette à deux arrasements (*fig* 18), et dans l'autre on élégit deux rainures dont la première a pour largeur l'épaisseur de la partie mince, et la seconde s'élégit au fond de cette première en correspondant exactement à la languette.

Ce dernier moyen convient particulièrement quand les joues sont minces. Dans ce cas on donne peu de profondeur à la première rainure, pour éviter la flexibilité de ces joues, et toute la profondeur qu'on juge convenable à la seconde, de sorte qu'on a un embrèvement à glace très-solide. On le désigne par *embrèvement à double rainure et languette.*

Lorsqu'on a à réunir aussi longitudinalement deux ou un plus grand nombre de planches de même épaisseur, par l'assemblage à rainure et languette, on fortifie ordinairement chaque joint au moyen de l'assemblage à *clé,* c'est-à-dire que dans un joint on met, en raison de sa longueur, un certain nombre de clés, dont la distance entre deux ne peut être, par raison de solidité, plus grande que 98 centim. (3 pieds), ni avoir moins de 65 centim. (2 pieds). On nomme cette réunion composée *assemblage à rainure et languette avec clés.*

Si les planches ne sont visibles que d'un côté, et qu'on ait besoin d'une plus grande solidité, on y assemble une ou plusieurs barres toujours en raison de la longueur, qu'on ajuste suivant la forme trapézoïdale des entailles faites en travers la planche et dans le côté non vu. C'est cet assemblage qu'on nomme *barre embrevée à queue.*

On conçoit facilement que si les planches étaient vues des deux côtés, l'aspect de ces barres plus larges par un bout qu'à l'autre, et les champs obliques, ne seraient pas agréables ; mais dans le cas où elles seraient visibles, on pourrait obvier à cet inconvénient en faisant les barres égales de largeur, dans lesquelles on dégagerait, aux dépens de leur épaisseur, la forme trapézoïdale de l'entaille précédente.

Lorsque les deux faces des planches réunies doivent rester planes, on ne peut les fortifier au moyen de barres saillantes ; alors on donne à ces barres la même épaisseur des planches ; on les assemble à rainure et languette transversalement par les bouts de ces planches, en observant qu'il faut que les emboîtures portent la languette, et que la rainure soit faite dans le bout des planches, afin que les joues soient plus fortes. Ces barres ainsi assemblées prennent le nom d'*emboîture à bois de fil.*

Il est bon de remarquer que le fil du bois de ces emboîtures est transversal à celui des planches, ce qui, dans certaines circonstances, ne convient pas. On peut obvier à ce léger inconvénient en faisant des emboîtures environ un quart moins épaisses que les planches ; par le bout de ces planches on élégit une feuillure égale à l'épaisseur et à la largeur de ces emboîtures, puis on les assemble toujours à rainure et languette, de sorte que ces emboîtures ne sont visibles que d'un côté. On nomme cet assemblage *emboîture à flottage,* parce que le bout des planches passe sur la largeur des emboîtures.

Au lieu d'assembler ces emboîtures simplement à rainure et languette, on leur donne une plus grande solidité en ajoutant l'assemblage à tenons et mortaises, ce qui fait qu'on leur a donné le nom d'*emboîture à tenons et mortaises.* Dans ce cas, c'est l'emboîture qui reçoit la rainure dans laquelle on perce autant de mortaises qu'il y a de planches réunies, en observant de mettre celles d'extrémité de 27 à 41 millim. (1 pouce à 18 lignes) de distance du bout de l'emboîture, et celles intermédiaires à égale distance les unes des autres ; ces mortaises peuvent avoir de 6 à 10 centim. (2 pouces 1/4 à 3 pouces 1/2) de longueur, suivant l'épaisseur du bois, et pour largeur environ le tiers de cette épaisseur ; quant à leur profondeur, elle varie selon la largeur des emboîtures, en observant qu'elles ne doivent pas la traverser. Par le bout des planches réunies, on dégage les tenons avec languette à deux arrasements correspondant aux mortaises et à la rainure de l'emboîture.

Ce dernier mode d'assembler les emboîtures laisse encore quelque chose à désirer, c'est que le bois de bout de ces emboîtures ne reste point apparent. Pour cela, à la rencontre des deux rives externes de l'emboîture avec les planches, en partant du sommet de l'angle, on fait, suivant la bisectrice de cet angle, un joint oblique qui ne laisse point voir le bois de bout de ces emboîtures. Ordinairement l'angle est d'équerre(1), alors on dit que l'emboîture est assemblée d'*onglet* (2).

Assemblage de feuillures. — Quand on réunit angulairement deux parties au moyen de feuillure, on a quelquefois besoin de cacher le joint : pour cela on fait une feuillure sur le champ de chaque partie, à peu près à mi-épaisseur du bois, et à une certaine distance on coupe obliquement les deux joues suivant la bisectrice de l'angle, de manière que le joint se transporte à l'arête et devient presqu'invisible. Lorsque l'angle est droit, on dit que ces parties sont assemblées *à feuillures d'onglet.*

Cet assemblage est peu solide par lui-même : on est obligé de le coller et de clouer les parties l'une avec l'autre; on pourrait aussi, pour le rendre plus solide, le combiner avec l'assemblage à rainure et languette.

Assemblage à tenon et mortaise. — Lorsque l'on a deux parties à assembler transversalement sur plat, c'est-à-dire sur l'épaisseur, et que ces parties sont larges, un seul tenon ne suffit pas; alors on en met deux en les espaçant convenablement, et par conséquent l'autre partie doit avoir deux mortaises, ce qui a fait, par cette raison, donner à cette réunion le nom d'*assemblage à doubles tenons et mortaises.*

Si la partie portant tenon est plus large que celle portant mortaise, on laisse passer ce plus de largeur sur la partie étroite, par un enfourchement qu'on encastre, pour plus de solidité, au moyen d'une entaille faite sur la joue de la mortaise ; cette partie de l'enfourchement se nomme *flottage* : c'est pourquoi on nomme cette combinaison, *assemblage à tenons et mortaises avec flottage.*

(1) Dans la pratique on dit : assembler d'*équerre* ou *carrément*, lorsque les parties réunies sont disposées de manière à ce que leurs rives fassent, les unes par rapport aux autres, des angles droits : mais lorsqu'elles sont disposées de manière à faire des angles aigus ou obtus, on dit que ces pièces sont assemblées à *fausse coupe* ou à *coupe biaise.*

(2) On nomme *onglet* une coupe oblique faite suivant la bisectrice de l'angle droit.

Le flottage s'emploie aussi pour les bois de même épaisseur, car lorsqu'on se propose de réunir perpendiculairement une traverse avec un montant par leur extrémité et d'onglet sur une face, on fait du côté de la face de la traverse un enfourchement flottant d'onglet sur le montant, au moyen d'une entaille faite du même côté dans ce dernier; tandis que derrière ce flottage les parties sont assemblées à tenon et mortaise, dont l'arrasement du tenon est d'équerre à la contre-face de la traverse. Ce mode d'assemblage est très-solide est très-propre; il doit être pris en considération dans bien des circonstances. On le désigne sous le nom d'assemblage à tenon et mortaise avec flottage d'onglet.

Lorsqu'on réunit une traverse avec un montant, et que du côté de l'assemblage de ce montant on a élégi une feuillure, si l'on fait les deux arrasements du tenon de la traverse d'équerre sur son épaisseur, quand elle sera assemblée il restera un vide entre l'arrasement et le montant du côté de cette feuillure; dans ce cas il faut avancer cet arrasement de la largeur de cette feuillure. C'est ce qu'on désigne par rallonger une barbe.

Si, au lieu d'une feuillure, c'est une moulure, il faut de même rallonger une barbe d'une longueur égale à la largeur de cette moulure, en observant que le raccordement des moulures de la traverse avec celle du montant se fait en coupe oblique, suivant la bissectrice de l'angle. Dans le cas où la traverse est perpendiculaire au montant, cette coupe est d'onglet.

Lorsque cette traverse doit être assemblée au bout du montant, il est bon de faire observer que si l'arrasement de la contre-face de la traverse est d'équerre, il laissera la joue du montant d'autant plus flexible que la moulure sera large, qu'alors pour plus de solidité on fait cet arrasement biais.

Quand la traverse a moulure sur une rive sans en avoir sur l'autre, et que la partie du montant a aussi une même moulure, tandis que sa partie n'en a pas, la barbe sera rallongée, puis l'arrasement sera biais, pour le raccordement des deux moulures, tandis que l'arrasement de la contre-face sera droit.

Lorsqu'il y a des moulures sur les deux faces, les barbes, coupes d'onglet ou biaises, seront les mêmes des deux côtés, si ces moulures ont la même largeur.

Assemblage à queue d'aronde. — Lorsqu'on réunit bout à bout et angulairement deux parties de peu d'épaisseur en raison de leurs largeurs, c'est ordinairement l'assemblage à queue d'aronde qu'on emploie : la quantité de ces queues augmente suivant la largeur des parties à réunir; les queues ont pour longueur et les entailles pour profondeur, l'épaisseur du bois qu'on assemble, en sorte que le bois de bout de ces queues et celui des parties restantes entre les entailles, sont visibles aux deux faces externes des parties ainsi assemblées; ce qui dans certains cas ne convient pas.

On peut cacher ce bois de bout sur une face en donnant aux queues une longueur d'environ les trois quarts de l'épaisseur de la partie recevant les entailles, en sorte que ces entailles ne percent pas l'épaisseur du bois et laissent une espèce de flottage sur le bout des queues. On désigne cette réunion par *assemblage à queues couvertes*.

En combinant l'assemblage à feuillures d'onglet avec celui à queues, on parvient à cacher totalement le bois de bout. Cela consiste à faire, par le bout des deux parties à réunir, une feuillure ayant pour largeur environ les trois quarts de l'épaisseur de ces parties, pour profondeur le tiers de cette largeur; les joues sont coupées d'onglet, et dans les parties au-delà de ces feuillures on fait les queues et leur entaille. Lorsque les deux parties sont assemblées, les queues sont invisibles; c'est ce qui leur a fait donner le nom *d'assemblage à queues perdues*.

Machine à faire les assemblages à queue d'aronde.

Dans une exposition publique, faite dernièrement à Boston, comté de Massachusets, aux Etats-Unis, on a remarqué avec intérêt une petite machine de l'invention de M. Davis, et propre à faire les assemblages en queue d'aronde. Cette machine, fort simple, consiste en quatre scies circulaires pour les petits assemblages et quatre pour les grands. La pièce de bois, portée sur un charriot, est poussée successivement à la main vers chacune de ces scies. La première de celles-ci coupe le bois d'équerre; la seconde taille un des côtés d'un tenon ou d'une mortaise; la troisième, l'autre côté; et la quatrième, quand on en fait usage, perfectionne l'une ou l'autre de ces parties, et leur donne les dimensions rigoureuses et exactes. Avec cette machine, deux hommes peuvent tailler les assemblages de trois cents boîtes dans une journée de dix heures. L'ajustement, pour faire varier la grandeur des tenons et mortaises, est, dit-on, aussi facile que rapide.

170 *Assemblages à trait de Jupiter.*

Les détails dans lesquels je viens d'entrer seraient néan-

moins bien incomplets si je ne parlais pas des articles destinés à rallonger les pièces de bois. Jusqu'ici, en effet, j'ai fait
connaître seulement les moyens d'assembler parallèlement ou
sous un angle quelconque. L'assemblage à queue d'aronde
peut servir, il est vrai, à rallonger les bois; mais il en est de
beaucoup plus solides, dont je vais m'occuper. Quelquefois on
se contente de faire, à l'extrémité de chaque pièce, des entailles à demi-bois, et de les armer en outre de rainures et
de languettes; on unit ensuite le tout avec de la colle et des
chevilles; mais ce moyen est encore défectueux. Il vaut mieux
employer le *trait de Jupiter* ou l'assemblage auquel on donne
le nom de *flûte* ou *sifflet*.

Pour l'assemblage à *trait de Jupiter* (*fig.* 54, *pl.* 2ᵉ), on
commence par faire une feuillure à une extrémité de l'une des
pièces de bois; sur la face opposée à celle dans laquelle on a
creusé cet angle rentrant, et à quelques centimètres du même
bout, on creuse une entaille aussi longue qu'il y a de distance de
l'extrémité de la pièce de bois au commencement de l'entaille;
elle a une profondeur égale à peu près aux deux tiers de l'é-
paisseur de la pièce de bois, et on a soin de la faire bien parallèle aux surfaces. Cela fait, on diminue d'un tiers environ,
et du côté opposé à la feuillure, l'épaisseur de l'extrémité
de la pièce de bois, à partir de l'entaille. Enfin, dans la paroi latérale la plus éloignée de l'extrémité, on creuse tout
auprès du fond de l'entaille, une rainure aussi profonde que
la partie saillante de la feuillure est allongée, et aussi large
qu'elle.

On fait un travail semblable sur l'autre pièce de bois, en
creusant l'entaille dans la face par laquelle les pièces doivent
se toucher, et la feuillure sur la face opposée. Dans tous les
cas, on a bien soin de donner la même dimension à toutes les
parties correspondantes des deux morceaux.

Alors il ne reste plus qu'à faire glisser la feuillure de l'un
des bouts dans la rainure pratiquée dans la paroi de l'entaille
de l'autre, et réciproquement la feuillure du second morceau
dans la rainure du premier. Dans cette position, l'extrémité
de la première pièce se trouve logée dans l'entaille creusée
dans la seconde, et l'extrémité de la seconde est logée dans
l'entaille de la première. Comme le bout taillé en feuillure
s'enfonce dans les rainures, les entailles se trouvent un peu
plus grandes que la portion de bois qu'elles doivent recevoir.
Il en résulte un intervalle vide, dans lequel on enfonce une

clé ou planchette de bois dur, plus large à un bout qu'à l'autre, et qui fixe irrévocablement les pièces en place (Voyez *fig.* 55). Plus on enfonce la clé, mieux on assujettit l'assemblage, mieux les joints se rapprochent. On scie alors de part et d'autre les extrémités saillantes de cette planchette.

Dans tous les ouvrages ordinaires, on fait l'assemblage à trait de Jupiter d'une manière bien plus simple. Le fond de l'entaille, au lieu d'être parallèle à la surface de la pièce de bois, est oblique, de telle sorte que l'entaille devienne de plus en plus profonde à mesure qu'elle est plus proche de l'extrémité de l'ouvrage. Les parois de l'entaille sont obliques au lieu d'être verticales, de telle sorte que l'entaille est plus longue au fond qu'à son ouverture. Le bout de la pièce de bois va en outre en diminuant d'épaisseur, depuis l'entaille jusqu'à l'extrémité, dans une proportion analogue à la diminution de profondeur de l'entaille. Enfin, au lieu de creuser une feuillure tout à l'extrémité, on se contente de faire un biseau incliné du côté opposé à l'entaille. L'inclinaison de ce biseau doit être proportionnée à l'obliquité des parois de l'entaille, puisque le biseau doit s'appliquer contre la paroi. La manière de rapprocher les pièces et de poser la clé est d'ailleurs entièrement la même. (Voyez *fig.* 56.)

On peut employer l'assemblage à trait de Jupiter pour ralonger les pièces ornées de moulures; mais, dans ce cas, il faut avoir soin de faire l'entaille après la rainure ou après la profondeur de la moulure, s'il n'y a point de rainure, afin que la clé ne se découvre point.

Mais dans ce cas, on se sert de préférence du second de ces assemblages que nous venons de décrire et qu'on nomme aussi *lûte* ou *sifflet*. Il convient surtout de l'employer quand toute la largeur de la pièce doit être occupée par des moulures, parce que dans ce cas, quand on vient à pousser les moulures, on a moins à craindre que le bois éclate.

180 *Assemblage à queue de carpe ou à triple sifflet.*

Dans son excellent ouvrage, M. Coulon indique un assemblage préférable aux précédents, quand il s'agit d'une pièce destinée à une position horizontale et au support de quelques ardeaux. Cet assemblage, représenté *fig.* 370, étant achevé, est indiqué par morceaux séparés (*fig.* 368 et 369, *pl.* 9). son seul inconvénient est d'empêcher qu'on ne puisse fixer la longueur exacte, parce que, n'ayant pas de joints à bois de

bout, et frappant les morceaux par l'extrémité, pour ld
réunir, on les fait approcher plus ou moins. Pour y remédies
M. Coulon a conçu l'idée de faire un triple trait de Jupites
où la même clé sert à la fois pour les trois parties.

19°. *Assemblages de rallongement.*

L'impossibilité de se procurer des bois d'une longueur sui
fisante, a fait inventer une infinité d'assemblages de rallonge
ment, plus ou moins compliqués et plus ou moins solides lᵉ
uns que les autres, et qu'on nomme généralement *enture.*

Enture à tenon et enfourchement. — Lorsqu'on a à rallon
ger des bois de moyenne grosseur, et que l'ouvrage auquel ilᵢ
sont destinés n'exige pas une grande solidité, on peut applił
quer par la réunion des pièces bout à bout, l'assemblage à teᵣ
non et enfourchement. A cet effet, par le bout de l'une de
deux pièces, on dégage un tenon à deux arrasements obliquᵉ
sur champ, par le bout de l'autre pièce on pratique l'em
fourchement, en observant que sa profondeur soit un peu pluᵣ
grande que la longueur du tenon ; le bout des joues sera coupᵧ
suivant l'obliquité des arrasements du tenon, afin que lᵉ
joues soient tenues et serrées sur le tenon d'une manière plu
solide que si les arrasements étaient à angle droit. Quant à Ił
face, l'arrasement est d'équerre; il en est de même pour l'arᵢ
rasement de la contre-face. On fixe cet assemblage, après avoiᵉ
été fortement serré dans le sens longitudinal, par deux œ
trois chevilles.

Lorsque les parties à enter sont épaisses, on fait, pour plu
grande solidité, deux tenons, et par conséquent deux enfour
chements. Cet assemblage prendra le nom d'*entures à doubłᵉ
tenon et enfourchement.*

Quelquefois les pièces de bois ne sont trop courtes que dᵣ
la longueur d'un ou des deux tenons des assemblages d'extrᵉ
mité: dans ce cas on en rapporte qui prennent, par cette raiᵣ
son, le nom de *faux tenons.* Ils peuvent être assemblés par em
fourchement, ou bien on pratique une rainure d'environ
4 millim. (2 lignes) de profondeur, dans laquelle on percᵣ
trois ou quatre trous destinés à recevoir les petits tenons cyₗ
lindriques, qu'on dégage de ce faux tenon, ce qui lui a faiᵣ
donner le nom de *tenon à peigne.* Ce mode est plus solide quᵣ
celui par enfourchement.

Enture à tenons et enfourchements en sifflet. — Cet assemₛ
blage consiste (*fig.* 57, *pl.* 2ᵉ) en deux tenons et deux enfour

hements parallèles sur le plat des bois à réunir ; sur le champ,
les tenons et enfourchements se réunissent par coupes biaises
opposées l'une à l'autre , en croisant celles des tenons par rapport à celles des enfourchements, en sorte qu'en donnant aux
tenons une longueur proportionnelle à la grosseur des bois ,
on obtient un assemblage solide qu'on peut fixer avec de la
colle seulement ; ce qui convient particulièrement pour les
parties qu'on doit élégir de moulure.

Enture à entailles. — Pour cet assemblage, on pratique par
le bout des deux pièces à enter, et en sens opposés, une entaille à mi-épaisseur, assez longue pour la solidité de l'assemblage, qui a l'arrasement et le bout oblique, comme le mode
d'enture à tenon et enfourchement.

On peut aussi arraser ces entailles d'équerre, en pratiquant
dans le fond une rainure destinée à recevoir la languette bâtarde dégagée par le bout de la joue de l'autre partie.

Pour éviter le glissement d'une pièce sur l'autre, on peut
faire une autre rainure perpendiculairement à la première,
et environ en son milieu ; par le bout de la joue, on fait aussi
une languette perpendiculairement à la première, correspondant exactement à la rainure.

Enfin, pour plus de solidité, on pratique, dans les joues,
deux petites entailles transversales, dont les côtés sont parallèles entre eux, en observant d'éloigner l'un de l'autre les
deux côtés correspondants de ces entailles, d'environ 2 millim.
(1 ligne), vers les languettes des bouts ; ces entailles sont destinées à recevoir deux coins qu'on nomme *clefs*, servant à
fixer l'assemblage. On introduit ces deux clefs dans l'ouverture, en mettant le bout le plus large de l'une avec celui le
plus étroit de l'autre, afin qu'en les enfonçant elles ne fassent
pas courber les parties réunies ; ce qui ne manquerait pas
d'avoir lieu si on ne mettait qu'une seule clef plus large d'un
bout qu'à l'autre ; la différence de 2 millim. (1 ligne), qu'on
a mise entre un côté de l'entaille et son correspondant, sert à
faire joindre l'assemblage quand on enfonce les clefs.

Enture à trait de Jupiter. — Cet assemblage s'opère au
moyen d'entailles à arrasements obliques, ou à rainures et
languettes, ou enfin à deux rainures et languettes perpendiculaires l'une à l'autre. D'après cela, cet assemblage ne diffère
de celui à entaille qu'en ce qu'il y a une deuxième entaille
dans chaque partie qui laisse l'emplacement des clefs, de manière qu'elles portent de leur épaisseur sur des faces plus

larges que dans le précédent, ce qui donne plus de force. L'analogie de ces deux assemblages a fait donner au premier le nom de *faux trait de Jupiter*.

20°. *Assemblage à pate et à queue d'aronde.*

Enfin, on fait quelquefois un assemblage *à pate et à queue d'aronde* (*fig.* 58 *bis, pl.* 2e). Les deux pièces sont entaillées à demi-bois; mais l'une porte en outre, dans sa partie amincie, une entaille plus étroite à son ouverture que dans son intérieur, et, dans l'angle rentrant de l'autre pièce, on a ménagé une espèce de tenon en forme de trapèze, tenant au bois par deux de ses surfaces, et s'élargissant à mesure qu'il approche de l'extrémité. Ce tenon pénètre dans l'entaille dont nous venons de parler. La fig. 58 représente un assemblage analogue, mais plus simple.

Quand les pièces à rallonger sont cintrées, la manière de procéder est la même, et on emploie, de préférence à tout autre, l'assemblage à trait de Jupiter; mais quand la courbure des pièces cintrées sur le plan est un peu trop prononcée, on doit les joindre à l'aide de tenons rapportés qu'on fixe dans des enfourchements de largeur convenable, à l'aide de deux ou trois chevilles. En jetant les yeux sur la planche 2e, on verra d'autres assemblages représentés sous les n°s 59 et 60. La figure suffit pour les faire comprendre parfaitement.

21°. *Assemblages des bois courbes.*

C'est particulièrement pour les bois courbes que le mode d'enture est très-utile, car pour faire une traverse ou autre pièce cintrée, demi-circulaire, dont le rayon ait 1 mètre (3 pieds) de longueur, on ne trouverait que rarement du bois assez large pour faire une telle traverse. En supposant même qu'on pût s'en procurer, les extrémités seraient en bois de travers, puisque les fibres du bois sont à peu près parallèles, ce qui ne serait pas solide. Dans ce cas, on fait une traverse en deux ou trois morceaux, selon les dimensions qu'on réunit au moyen d'entures soit à tenon et enfourchement, soit à entailles ou à trait de Jupiter. Ce dernier est préférable par sa solidité.

Les bois courbes sont à simple ou à double courbure. Dans le premier cas ils sont :

1. *Cintrés en plan.* Les faces des entailles doivent être courbes dans leur sens longitudinal, suivant la courbure des parties à réunir, et droites dans leur sens transversal; les ar-

rasements seront dirigés dans le sens horizontal, suivant les rayons ; dans le sens vertical, ils seront perpendiculaires à la rive.

2. *Cintrés en élévation.* — Les faces des entailles seront planes ; les arrasements seront perpendiculaires sur l'épaisseur ; sur la largeur, ils seront dirigés suivant les rayons, dans le cas où la courbure serait circulaire, et suivant les normales dans le cas où les courbes ne seraient pas circulaires, en observant toujours que l'entaille des clés soit égale de largeur.

Dans le second cas, les bois sont *cintrés en plan et en élévation.* Alors les faces des entailles seront courbes, suivant les parties à réunir, et les arrasements se dirigeront suivant les rayons ou normales.

Lorsque les traverses cintrées en plan doivent être assemblées dans des montants, on ne doit jamais, par raison de solidité, dégager les tenons par les bouts de ces traverses ; eu égard au bois tranché, on les rapporte à peigne, comme il a déjà été dit à la suite de l'enture à tenon et enfourchement.

RÉSUMÉ. — *Manière de faire généralement les assemblages.*

Après avoir fait connaître la forme des différents assemblages et leur destination spéciale, je dois, pour compléter cette importante partie de mon travail, entrer dans les détails nécessaires sur ce qui est relatif aux moyens d'exécution. Il me suffira néanmoins de donner ces détails pour un petit nombre d'assemblages ; ils indiqueront bien suffisamment la manière de procéder pour les autres.

Quand on veut faire des mortaises, on trace leur largeur avec le trusquin d'assemblage qui donne deux lignes bien parallèles, séparées entre elles de la largeur déterminée. Leur longueur fixe la longueur de la mortaise. On assujettit alors la pièce de bois sur l'établi avec le valet, puis on s'arme d'un bédane d'une largeur égale à la largeur de la mortaise. On pose son tranchant à l'extrémité des deux lignes, le biseau étant tourné du côté de la mortaise, on frappe alors avec un maillet pour faire pénétrer l'outil. On le tient d'abord d'aplomb, puis en revenant à soi pour approfondir la mortaise. On fait cette opération à chaque bout des lignes qu'on a tracées, et si la mortaise doit pénétrer de part en part, après avoir suffisamment approfondi, on retourne la pièce pour en faire autant de l'autre côté.

Les enfourchements se font avec plus de rapidité encore :

après avoir donné deux coups de scie des deux côtés, à la profondeur nécessaire et en maintenant bien le parallélisme, ce
qui n'est pas difficile si on a commencé par tracer avec le
trusquin, on enlève avec le bédane et le maillet le bois compris entre les deux traits de scie.

Quant aux tenons, après avoir tracé leur épaisseur sur la
tranche de la pièce de bois qu'ils doivent terminer, en tirant
au trusquin deux lignes parallèles, fixé leur longueur par la
longueur de ces lignes, et tiré transversalement sur chacune
des deux surfaces, une ligne qui détermine la direction de l'arrasement, on donne, en suivant les lignes parallèles, deux
traits de scie de la longueur déterminée, en se servant pour
cela d'une scie très-fine. Jusque-là, tout va comme pour l'enfourchement; mais, au lieu d'enlever le bois compris entre les
deux traits de scie, il faut le réserver, et abattre au contraire
ce qu'on conserve quand on a fait l'enfourchement. Pour cela,
on donne un autre trait de scie de chaque côté, en suivant
les lignes transversales à la surface. Ces deux traits de scie
doivent être bien perpendiculaires aux premiers; si on s'écar-
tait de la perpendicularité, ou si le tenon était plus épais à
une extrémité qu'à l'autre, on le ramènerait à la dimension
nécessaire, à l'aide du feuilleret et du guillaume : on s'assure
qu'il n'est pas bien taillé, à l'aide d'un compas à branches
courbes, ou, mieux encore, en essayant de le faire pénétrer
dans la mortaise. Il ne faut pas attendre le dernier moment
pour faire cette vérification; car si le tenon était trop mince,
il n'y aurait plus de ressource. Par la même raison, quand
on tire les lignes qui règlent son épaisseur, il ne faut pas
oublier de tenir compte de la diminution causée par le trait
de scie; il vaut donc mieux les espacer un peu trop que pas
assez, sauf à terminer avec le guillaume, à moins qu'on soit
assez adroit pour suivre exactement en dehors de la ligne tracée, de telle sorte que la scie ne diminue pas l'épaisseur du
tenon.

On peut opérer beaucoup plus vite que cela et peut-être
aussi avec plus de sûreté avec la scie à arraser que j'ai décrite,
puisqu'on scie toujours bien parallèlement à la surface contre
laquelle on appuie sa joue; mais il est indispensable d'en
avoir un assortiment de diverses grandeurs. Quand on l'emploie, il est presque inutile de tracer au trusquin. On commence par scier l'arrasement de chaque côté en appuyant la
joue contre l'extrémité de la pièce de bois; puis, avec une autre

scie, dont la lame est plus large et moins éloignée de la joue, on abat l'excédant d'épaisseur jusqu'à l'arrasement, en appuyant la joue d'abord sur la surface supérieure, puis sur la surface inférieure de la pièce de bois.

Quand le tenon et la mortaise, ou le tenon et l'enfourchement sont taillés, on les fait entrer l'un dans l'autre, on les assujettit momentanément avec soin dans la position qu'ils doivent occuper; puis on les perce l'un et l'autre de part en part, et à deux endroits, à l'aide du vilebrequin. Dans chacun des trous, on enfonce à coups de maillet un de ces petits cylindres en bois qu'on appelle *chevilles*. En perçant, il faut avoir soin de ne pas trop suivre le fil du bois, sans quoi on ferait fendre. On finit par scier l'excédant des chevilles.

La manière de procéder est la même pour les assemblages d'onglet, à bois de fil, à fausse coupe; sauf que l'arrasement étant oblique, est tracé avec l'équerre d'onglet, et que la surface dans laquelle on creuse la mortaise est aussi tracée de même.

Quand il s'agit d'un assemblage à rainure et à languette, on fait avec le bouvet la languette. Pour cela, après avoir dressé la planche sur la tranche, on abat les angles avec le rabot, et on fait ensuite aller et venir le bouvet creux. Pour s'assurer qu'on atteint juste la dimension convenable, et qu'on ne s'est écarté ni à droite ni à gauche, on a un petit morceau de bois dur, dans lequel on a creusé une rainure conforme à celle qu'on veut faire sur la tranche de l'autre planche, et de temps en temps on présente cette courte rainure à la languette commencée, en la faisant courir d'un bout à l'autre; c'est ce qu'on appelle *mettre au molet*. La manière de procéder est la même pour les rainures, sauf qu'après avoir dressé la tranche, on n'abat pas les angles; qu'on emploie l'autre moitié du bouvet, celle dont le fût semble armé d'une languette, et que si l'on veut vérifier de temps en temps la rainure, on se sert, au lieu de *molet*, d'un morceau de bois sur lequel on a taillé une courte languette.

Ces préliminaires terminés, on place les planches transversalement sur l'établi, les unes à côté des autres, on frotte avec de la colle chaude la languette et l'intérieur de la rainure; on les fait entrer l'une dans l'autre, et on les maintient serrées ensemble à l'aide du sergent. Il arrive quelquefois que l'on n'a pas d'instrument de ce genre assez long pour embrasser la largeur de toutes les pièces qu'on ajuste ainsi ensemble; on y supplée à l'aide de l'*entaille à rallonger les ser-*

gents. On donne ce nom à une tringle de bois, longue de
1 mètre 30 centim. ou 1 mètre 62 centim. (4 ou 5 pieds), large
de 81 ou 108 millim. (3 ou 4 pouces), épaisse de 41 millim.
(1 pouce 1/2). Sa tranche inférieure est armée d'un mentonn-
net, tandis que la tranche supérieure est taillée en crémaillère, comme la tige d'une servante; on porte plusieurs entailles transversales à angles aigus, dans l'une desquelles on
pose la pate mobile du sergent. L'ouvrage est pris alors par
ses deux extrémités, entre le mentonnet ou pate fixe du sergent et le mentonnet de l'entaille à rallonger.

Il faut agir à peu près de même pour l'assemblage à clés:
après avoir creusé les mortaises, taillé et placé les clés d'un
côté, on les fixe avec des chevilles. On frotte les deux tranches et les clés avec de la colle; on rapproche les deux planches en faisant pénétrer les clés dans les mortaises de la seconde planche; on serre avec le sergent, et l'on enfonce de
chevilles dans l'extrémité des mortaises où on n'en avait pas
encore placé.

Il ne me reste plus que deux mots à dire sur l'assemblage
à trait de Jupiter. Pour le tracer, on se sert du trusquin et
du compas : le feuilleret sert à faire des feuillures; quant à
l'entaille du milieu, on coupe ses parois avec la scie. Le fond
peut se faire aussi avec une très-petite scie à arraser dont on
applique la joue contre un des côtés de la pièce de bois; mais
le plus souvent, après avoir commencé l'entaille avec un ciseau, on la termine avec la scie ordinaire; plus souvent encore on la taille tout entière avec le fermoir et le ciseau. La
rainure creusée dans la paroi de l'entaille est faite avec le bédane.

L'équerre d'onglet fournit les moyens de tracer aisément
l'assemblage à trait de Jupiter oblique, le sifflet ou l'assemblage à queue d'aronde.

Je crois dire, en finissant, que le tracé exact est la chose la
plus essentielle à faire pour bien assembler; qu'on ne doit
pas craindre de multiplier les précautions et d'employer trop
de soin. Un bon assemblage, sans lequel il n'y a pas de menuiserie bien faite, est le chef-d'œuvre des meilleurs ouvriers;
et c'est la perfection de ce genre de travail qui, de l'aveu
des ébénistes et des menuisiers de province, constitue la supériorité de leurs confrères parisiens.

Embrèvements de diverses sortes.

Cette intéressante espèce d'assemblage est une combinaison

de rainures, de feuillures et de languettes propres à joindre les bois, par leurs rives ou autres parties, soit que celles-ci restent à fleur, soit que l'une forme avant-corps, tandis que l'autre forme arrière-corps; soit qu'on les dispose sur un angle aux deux parements. La fig. 321, pl. 9, montre l'embrèvement à fleur, qui a lieu lorsqu'un panneau *p* a la même épaisseur que son bâtis *b*. On emploie cet embrèvement aux portes unies, ordinairement composées d'un bâtis en chêne et d'un panneau en sapin : on l'emploie aussi aux contrevents, aux fermetures extérieures de magasins.

Réunir deux parties en retour l'une de l'autre, ou deux parties dont l'une est moins épaisse que l'autre, c'est un embrèvement au moyen de rainure et languette. Dans le premier cas, cet assemblage se nomme *embrèvement à languette bâtarde*, parce qu'elle n'a qu'un arrasement; dans le second, il est dit *embrèvement à glève*, parce que la partie pénétrante dans la rainure n'a point d'arrasement.

Un autre embrèvement à fleur (fig. 322) est au parement et à glace au contre-parement. On en fait usage pour les portes d'armoires fixes, qu'un papier de tentures doit recouvrir. La figure 323, qui désigne un embrèvement, en avant-corps au parement, brut au contre-parement, s'applique lorsqu'un champ en arrière-corps *p* accompagne un bâtis ou un chambranle *b*.

La fig. 324 indique un embrèvement à table saillante en parement : le battant *b* et le panneau *p* étant d'égale épaisseur, on fait aux rives de chacun d'eux une rainure du tiers de leur épaisseur, puis ils font avant-corps et arrière-corps l'un sur l'autre.

Le panneau *b* étant à table saillante aux deux parements, doit avoir deux rainures pour recevoir les deux languettes du battant *p* (fig. 325).

Occupons-nous maintenant de l'embrèvement angulaire, ou réunion de deux pièces *b b*, à angle droit, ou tout autre angle.

On le voit fig. 326; dans la fig. 327, on apprécie le cas où quelquefois le point est rejeté sur l'angle; dans la fig. 328, on voit l'arête du bâtis *b*, convertie en une moulure simple, qui encadre le panneau *p*. Quant aux fig. 329, 330 331, 332, et 333, elles dessinent divers embrèvements simples de cadres *b b* et de panneaux *p p*.

Nous savons qu'aux lambris et autres ouvrages nommés

grands-cadres, les moulures des battants de traverse, de som‑
met, etc., ne sont pas toujours du même morceau de bois qui
la pièce, parce qu'il faudrait les élégir, ce qui diminuerait
une partie de leurs surfaces, afin de donner le relief nécessaire
au profil. Pour éviter le peu de solidité, suite nécessaire de
cet élégissement, l'ouvrier fait le bâtis uni et séparément, puis
il y ajoute les moulures convenables. Cela donne une très
grande variété d'embrèvements, si grande, qu'il nous devient
impossible de dessiner tous ceux qu'indique la combinaison
des moulures. Mais nous allons représenter ceux qui mettent
principalement sur la voie des autres.

On voit (fig. 334) un battant *b*, dont la face est un champ
de lambris; une de ses rives a une rainure pour recevoir un
panneau de pilastre *p*, et à l'une de ses arétes est une baguette
d'encadrement; l'autre porte une languette bâtarde, emman‑
chée dans le cadre *c*, qui reçoit la languette du panneau *p*.
La fig. 435 montre un battant de lambris *b*, fixé à la mou‑
lure *c* par deux languettes; cette dernière reçoit le panneau *p*.
La fig. 336 offre une traverse *b*, ornée d'une moulure pour
encadrer le panneau *p*; d'autres panneaux, encadrés dans
des moulures différentes, sont représentés fig. 337 et 338.
Les fig. 339, 340, 341, 342, 343, représentent la construc‑
tion de plusieurs moulures à grand cadre, plus compliquées
et avec deux parements. Les panneaux y sont marqués de
la lettre *p*. Les fig. 344, 345, 346, sont des traverses de
lambris de hauteur *t t't''*; deux cimaises embrevées *c* et *c'*, puis
une rapportée *c''*; des traverses *t, t', t''*, des lambris d'appui
avec les panneaux *p, p', p''*.

Les fig. 347, 348 sont des coupes ou profil de corniches
dites volantes; elles sont composées de moulures embre‑
vées comme les précédentes, et d'une intelligence aussi fa‑
cile.

Nous pourrions multiplier encore ces exemples et les figures
en les appliquant à différents ouvrages de menuiserie; mais ce
que nous avons dit à cet égard suffit pleinement au lecteur in‑
telligent et attentif. Il saura bien assembler une corniche, un
bâtis de porte, d'après les principes posés pour assembler un
panneau de pilastre, un champ de lambris, ainsi des autres
pièces. Nous ajouterons seulement, sans donner le dessin, que
pour la corniche volante, après avoir façonné les moulures et
la rainure d'embrèvement par le procédé ordinaire, on trace
les onglets, en faisant le plan de la corniche sur une surface

horizontale : on tire une ligne d'onglet ou en fausse coupe, suivant l'ouverture de l'angle, et par des perpendiculaires élevées à l'aide d'équerre ou de pièces carrées, on obtient des points précis qu'on marque sur les arètes de la corniche, qu'elle soit d'applique, ou bien en coupe.

Les corniches en fronton se travaillent de même : quelquefois, toutes les moulures sont employées au rampant du fronton, et de plus la *doucine* et le *listel*, dont nous allons bientôt parler, sont contre-profilés en retour d'équerre. Quelquefois aussi, une partie seule des moulures de la corniche est employée à décorer le fronton.

CHAPITRE VIII.

DES MOULURES, DE LA MANIÈRE DE LES FAIRE, ET DU MOULAGE DES BOIS.

§ I. — *Des Moulures.*

J'ai déjà dit ce qu'on entend par moulures; je répète qu'on donne ce nom à des saillies ou à des rainures de diverses formes, qui servent d'ornement à l'ouvrage. Il faut maintenant que je fasse connaître celles de ces moulures qui sont le plus fréquemment employées. Pour les représenter dans les figures, je les supposerai coupées transversalement à leur longueur. Les lignes ponctuées indiqueront les parties par lesquelles elles tiennent au corps de l'ouvrage.

On désigne par le nom de *gorge* et de *feuillure* les deux moulures les plus simples de toutes; nous en avons déjà parlé bien des fois. La première est une espèce de canal ou de rainure en forme de demi-cylindre creux. La seconde a la forme d'un angle droit rentrant, régnant tout le long d'une pièce de bois et dont les parois sont parallèles aux surfaces de cette planche. La feuillure a une importante variété qu'on appelle *plate-bande*; elle diffère de la feuillure parce qu'elle règne ordinairement sur les quatre côtés d'un panneau, et que la paroi perpendiculaire à la grande surface a bien moins de hauteur que l'autre paroi n'a de largeur.

Le *réglet*, qu'on appelle aussi *listel* ou *bandelette*, a précisément la forme d'une règle attachée par une de ses tranches à l'ouvrage, et faisant saillie tout le long (fig. 61, pl. 2ᵉ).

Le *boudin* (fig. 62, pl. 2ᵉ) n'en diffère que parce que ses angles sont arrondis. On appelle *baguette*, un boudin moins épais.

L'*astragale* (fig. 63) est un réglet ou listel sur la face antérieure duquel règne une petite baguette. Cette moulure ressemble assez bien à la tranche d'une planche ornée d'une languette.

La *nacelle* ou *trochille* (*fig.* 64) est une gorge demi-circulaire comprise entre deux réglets d'égale saillie. La *scotie* (*fig.* 65) en diffère parce que le réglet inférieur est beaucoup plus saillant, et que la courbe de la gorge s'allonge par le bas.

Le *quart de rond* (*fig.* 66) est en tout l'inverse de cette dernière moulure. Le réglet supérieur est bien plus long que le réglet inférieur, et ces deux réglets comprennent entre eux non plus une gorge demi-circulaire, mais un quart de cylindre.

La *doucine* (*fig.* 67, *pl.* 2ᵉ), moulure fréquemment employée, dont la forme ne peut être dépeinte par des mots, est composée, pour ainsi dire, d'un quart de cylindre, au bas duquel se rattache en saillie une gorge en quart de cercle, ou de deux parties de cercle placées en sens inverse. On l'appelle aussi *bouvement*.

Le *congé* (*fig.* 71), parfaitement semblable à la moitié supérieure d'une gorge ou rainure demi-circulaire.

La *coque composée* (*fig.* 69, *pl.* 2ᵉ) est une large bandelette peu détachée du corps de l'ouvrage, et chargée elle-même d'une saillie elliptique.

Le *rond* est un long cylindre, ne tenant à l'ouvrage que par une ligne aussi étroite que possible.

On appelle *ellipse*, *œuf*, *poire coupée*, des moulures dont la coupe retrace la forme d'une moitié d'ellipse, de poire ou d'œuf, vue de profil (*fig.* 73, 73 *bis*).

Les *grains d'orge*, qu'on appelle aussi *dégagement* ou *tarabiscot*, sont des moulures dont les points détachés figurent des grains d'orge.

Les *filets* ou *carrés* sont des moulures lisses et plates qui servent à séparer les autres moulures.

Ces moulures que l'on peut considérer comme simples, et qui du moins ont toutes un nom technique, servent à en composer un grand nombre d'autres, aux plus importantes et aux plus usitées desquelles nous consacrerons encore quelques lignes et figures.

Ainsi, quelquefois un *œuf* est surmonté dans son milieu par une *bandelette* ou *listel*; d'autres fois il est au contraire échancré par une petite gorge demi-circulaire.

Il est deux autres de ces moulures que je ne peux guère indiquer que par les fig. 68 et 70, pl. 2ᵉ, qui les représentent ; l'une a quelque analogie avec un *congé* terminé en bas par un *quart de rond* ou une baguette peu saillante; l'autre est plus semblable à une doucine renversée, au bas de laquelle on aurait creusé un filet pour séparer cette moulure supérieure d'une très-petite baguette; on l'appelle dans quelques livres *talon renversé à baguette*.

Enfin j'ai représenté, dans la fig. 72, un boudin entre deux doucines. Cette moulure est d'un effet agréable quand les courbes, bien tracées, se dégagent vivement des carrés ; mais elle ne peut être exécutée que sur des bois qui se laissent couper sans peine en tous sens, et ne convient que sur les pièces qui ont une forme cylindrique,

Les figures 87 et suivantes présentent d'autres modèles de moulures composées.

§ II. — *Manière de tracer géométriquement les principales moulures.*

Mon projet n'est pas de donner de grands détails sur la manière de tracer toutes les moulures. Il en est d'extrêmement simples, telles que le *congé* et le *quart de rond*, qu'on exécutera sans peine à l'aide des notions de dessin géométrique que j'ai données plus haut. Mais, sous le nom de *talon*, de *doucine*, *bec de corbin*, *scotie*, M. Desnanot a décrit le tracé de diverses moulures assez compliquées; je vais exposer ce tracé d'après lui, parce que l'étude de ce petit nombre de procédés enseignera à tracer aisément toute autre espèce de moulure.

Tracé du talon (fig. m, pl. 1ʳᵉ).

Les points A et B marquent dans la figure ceux où l'on veut faire commencer et finir la moulure ; unissez ces deux points par la ligne AB; cherchez le milieu de cette ligne que nous désignons par la lettre C dans la figure ; sur le milieu de A C élevez une perpendiculaire E F que vous prolongerez jusqu'à ce qu'elle coupe la droite AF parallèle à I B; sur le milieu de C B élevez une perpendiculaire G D que vous prolongerez jusqu'à sa rencontre avec BI ; le point D sera le centre de l'arc BC, et le point F celui de l'arc AC.

Tracé de la doucine (fig. *n*, pl. 1ʳᵉ).

On trace cette moulure comme la précédente, seulement l centres des deux arcs sont sur la ligne DF parallèle à BI; sont placés l'un d'un côté, l'autre de l'autre de AB. Pour trac commodément les perpendiculaires E, F, G, D, on décrit cercle du point C pris pour centre avec un rayon C B; ensui avec le même rayon, des points A et B pris pour centre, o trace des arcs qui coupent la circonférence aux points H, L, O, ces lignes H, L et O P, qui unissent ces points deux à deux, so les perpendiculaires demandées, élevées sur le milieu des der parties de A B.

Tracé du talon ou de la doucine.

Par deux arcs de cercle inégaux (*fig. m* et *n*, pl. 1ʳᵉ) div sez A B en neuf parties égales (prenez-en cinq pour B C quatre pour A C); terminez ensuite la construction à la m nière ordinaire.

Autre manière de tracer le talon et la doucine. (fig. *n*.)

Si vous voulez faire une doucine, opérez comme nous l'avor dit, avec cette différence qu'au lieu de tracer les arcs d points F et D, vous les tracerez des points P et L.

Pour le talon, opérez comme pour la doucine; mais trac les arcs des points H et O.

Tracé du bec de corbin (fig. *q*, pl. 1ʳᵉ).

A E marque les deux points auxquels la moulure doit com mencer et finir; prenez E D un peu plus petit que le tiers d la ligne A E; menez D B parallèle à A N; faites D C égal à E et C B égal à C D; tirez A B et menez C K parallèle à A E sur le milieu de A B élevez une perpendiculaire qui coupe D au point H; prenez C F égal au tiers de C K; tirez F G para lèle à D B; le point H sera le centre de l'arc A B; le point C centre de B K; et le point F le centre de K G.

Tracé de la scotie (fig. *r*, pl. 1ʳᵉ).

Faites A C égal à un tiers de A D, A D étant perpendiculai à D B; faites aussi D B égal à D C, tirez A B et menez C E pa rallèle à D B, et B G parallèle à A B; du point C, comme cen tre, décrivez l'arc A I; portez E I de B en F sur B G et mene E F; sur le milieu de E F élevez la perpendiculaire H G qu vous prolongerez jusqu'à ce qu'elle coupe B G, et tirez G I

e vous prolongerez vers L ; le point E est le centre de l'arc
ɔ, et le point G celui de l'arc L B.

§ III. — *Manière de faire les moulures.*

J'ai décrit les outils à fût qui servent à cet usage, et les mo-
tes auxquelles on a recours dans le même but. Leur emploi
: tellement facile que peu de détails sont nécessaires. Le pre-
er soin doit être de bien dresser la tranche ou la partie de
planche sur laquelle on veut pousser les moulures. Il faut
esser aussi, avec non moins de soin, la partie contre laquelle
fera glisser plus tard la joue de l'outil à moulures. Il est
lispensable que ces deux surfaces soient bien d'équerre en-
mble. Après ce préliminaire on pourrait de suite attaquer le
iis avec l'outil à moulures; mais ce serait se donner beau-
up de peine, que l'on peut éviter. Il vaut mieux, après avoir
miné la nature de la moulure qu'on veut faire abattre, ôter
ec un rabot les parties que l'on doit évidemment enlever.
ir exemple, s'il s'agit d'une moulure approchant de la forme
indrique, on enlève les deux angles de la rive sur laquelle
veut la profiler. Si on veut faire au contraire une doucine ou
ite autre moulure présentant un plan incliné, on taille en
eau la rive de la planche en faisant partir un de ses angles;
irs on est débarrassé du plus pénible de l'ouvrage, et l'outil
oulure a une résistance beaucoup moins grande à vaincre.
l'emploie en le faisant passer et repasser à plusieurs re-
ses comme un rabot; mais il faut avoir bien soin que la joue
ppuie toujours bien exactement contre la surface de l'ou-
ge qui lui sert de guide, sans quoi la moulure cesserait d'ê-
parallèle à cette surface.
Lorsqu'il y a une trop forte résistance à vaincre, on est
ré de se mettre à deux après l'outil; l'un pousse par der-
re, l'autre tire par le devant.
Lorsqu'une moulure règne tout autour d'une pièce de bois
rée, par exemple autour d'un panneau, il faut avoir bien
n que les moulures de chaque côté se joignent très-réguliè-
ient ensemble, qu'elles soient bien d'onglet, c'est-à-dire que
que partie de la moulure forme, avec la partie correspon-
te de l'autre moulure, un angle de 45 degrés. Si l'outil à
ulure ne donnait pas tout-à-fait ce résultat, ce qui arrive
ment quand on sait bien s'en servir, il faudrait réparer
vrage avec le ciseau, la gouge et le fermoir.
On se sert encore de ces derniers outils pour continuer la

moulure dans le cas où une surface perpendiculaire à celle
que l'on travaille ne permet pas à l'outil à fût de la pousser
jusqu'au bout. On les emploie en outre à réparer les légères
défectuosités que le premier travail a pu laisser, à fouiller au
fond des angles rentrants, à rendre les arêtes bien vives e
bien tranchantes.

Lorsqu'il y a des parties circulaires recourbées en dessous
comme dans le *rond*, on va fouiller au fond de ces parties avec
le *bec de cane*.

L'usage des plates-bandes est si fréquent, que des détails
plus étendus sur la façon de les faire ne seront pas inutiles
Après avoir équarri les panneaux, c'est-à-dire les avoir mis à
la largeur et à la longueur convenables, on fait la plate-bande
sur chacun des côtés avec le guillaume spécialement consacré
à cet usage. Si le bois est trop de rebours, on le reprend en
sens contraire avec le guillaume *à adoucir*, dont les arêtes
sont arrondies. Quand il le faut, on fait la plate-bande sur les
deux faces du panneau, et on s'assure qu'elle est aussi profonde sur une face que sur l'autre, et que les dimensions sont
les mêmes des quatre côtés, en mettant au molet l'espèce de
languette qui en résulte. J'ai déjà fait connaître cette opération en parlant de la manière de faire l'assemblage à rainure
et languette.

Après avoir poussé les plates-bandes autour des panneaux
avec le guillaume à plates-bandes, si on veut bien soigner
l'ouvrage, on le replanit, c'est-à-dire qu'on enlève toutes les
irrégularités, toutes les aspérités qu'a laissées le premier outil
avec un rabot ordinaire ou mieux encore avec un rabot à deux
fers.

Lorsqu'on veut orner de moulures des pièces qu'on doit ensuite assembler, il faut que l'assemblage ait toujours lieu .
bois de fil; pour cela, après avoir fait les moulures, on coupe
les arrasements et les épaulements en onglets ou sous un angle de 45 degrés. On recale ensuite les onglets avec le ciseau
ou le guillaume, c'est-à-dire qu'on achève de les unir ou
les dresser pour qu'ils joignent bien. On emploie dans
même but, la varlope d'onglet et la *boîte à recaler*. Cette
boîte, que je n'ai pas encore décrite, est composée de trois
morceaux de bois joints à trois angles droits ou d'équerre. U
des bouts de cette boîte est coupé d'onglet. Pour en faire
usage, on place sur l'établi la pièce de bois qu'on veut recaler
on applique la boîte sur cette pièce, de manière que la part

upée d'onglet affleure le trait de l'arrasement; on assujettit tout avec le valet, puis on recale avec la varlope d'onglet ıe l'on fait glisser le long de la boîte.

Les molettes, avons-nous dit, agissent par impression. Elles ırtent en creux la partie de la moulure qui doit étre sail- nte, afin d'enfoncer et de refouler le bois qui entoure ces ırtions. Elles permettent donc de faire des moulures qu'au- ın autre outil ne pourrait donner, telles que des cordons de ırles ou de losanges, des cordes à puits, etc., qu'il serait in- ıiment trop long de sculpter au ciseau. La manière de se rvir de cet outil n'est pas difficile : il suffit de commencer ır pousser, avec un outil à moulures ordinaires, une ba- ıette ou un listel d'une largeur égale à la largeur de la mo- tte ou du cordon qu'on veut obtenir; cela fait, on appuie le r de la molette sur le listel et on frappe à coups de marteau r le manche jusqu'à ce que le fer, en s'enfonçant, soit descendu ı niveau du plat de l'ouvrage au-dessus duquel s'élevait la ındelette. Le cordon est terminé dans ce point; on reporte ꞏfer à côté et on recommence l'opération, ce qui produit une ıtre petite portion de cordon contigu avec la première. On ıntinue toujours ainsi jusqu'à ce que tout soit terminé.

achine propre à faire des moulures en bois, et à les préparer à la dorure.

Cette machine de M. Hacks se compose d'un banc à tirer, ꞏutenu par six pieds, dont deux sont placés verticalement au ilieu de la machine pour soutenir un tambour et une grande ue, et dont les quatre autres sont disposés un peu oblique- ent vers les deux extrémités. Ces quatre pieds soutiennent, voir : les deux de devant, une poulie de renvoi, et les deux ꞏ derrière une roue aussi de renvoi. Ces pieds sont mainte- ıs et assemblés par différentes traverses, dont l'une, qui est ᴐacée à 32 centim. (1 pied) au-dessus de la table du banc, y ꞏompris son épaisseur, supporte la poulie et la roue de renvoi ꞏnt on vient de parler.

Sur cette traverse, et contre la roue de renvoi, est une ꞏtre petite traverse dans laquelle se trouve taraudée une vis ꞏı bois pour la tension des cordes qui s'enroulent sur le tam- ꞏour.

Le tambour, qui est en bois, a 73 millim. (22 pouces) de ꞏiamètre sur 217 millim. (8 pouces) de large; il est soutenu ꞏar un arbre en fer ajusté sur les deux pieds du milieu du bâ-

tis ; cet arbre porte à l'une de ses extrémités une roue de
mètre 949 millim. (6 pieds), placée extérieurement contre
bâtis.

Sur la table du banc à tirer est ajusté un châssis mobile
la même longueur que la table, et portant à chaque côté u:
règle destinée à augmenter ou diminuer l'emplacement de
pièce de bois qui doit recevoir la moulure. Ces règles sont n
tenues sur le châssis, chacune par dix boulons, à l'endro
desquels elles se trouvent fendues de manière à ce qu'on pes
les éloigner ou rapprocher l'une de l'autre.

Le châssis marche entre deux coulisses qui se trouve:
fixées sur la table du banc.

Sur l'extrémité de devant du banc à tirer, s'élève une cag
en fer fondu, de 379 millim. (14 pouces) de large sur 3x
millim. (1 pied) de hauteur, arrêtée sur le banc par quatr
boulons, dont deux sur le devant sont incrustés dans la cage

Cette cage est traversée, au milieu, par une pièce de fer aju:
tée à coulisse et soutenant, au moyen de deux boulons place:
verticalement, un outil tranchant en acier, taillé de manière
produire les moulures que l'on veut faire.

Ce porte-outil est dirigé par trois vis de pression dont l'un
est placée en dessus et au milieu, et les deux autres en dessou:
de chaque côté ; au moyen de ces vis qui sont taraudées à tra
vers la cage, l'outil monte et descend selon que l'ouvrag
l'exige.

Une manivelle, placée extérieurement à côté de cette cag:
est soutenue par un arbre qui traverse le banc à tirer, et qu
porte à l'autre bout une poulie en bois de 135 millim. (5 pouc:
de diamètre.

Trois cordes distinctes impriment le mouvement à la mai
chine : la première, qui est une corde sans fin, fait deux tour
sur la dernière poulie dont on vient de parler, et embrass:
la grande roue au moyen de laquelle on fait tourner le tam
bour.

La seconde corde est attachée d'un bout sur le tambour
remonte sur la roue de renvoi et revient s'attacher au châssi
mobile à 975 millim. (3 pieds) environ de son extrémité ; cett
corde en se reployant sur le tambour par l'effet du mouvemen
imprimé par la première corde, fait retirer en arrière le châssis à coulisse.

La troisième corde, qui est également attachée au tambou
par l'une de ses extrémités, remonte sur la poulie de renvoi

placée sur le devant, et son autre extrémité va s'attacher à la partie postérieure du châssis mobile; cette dernière corde en s'enroulant sur le tambour, rappelle le châssis en avant.

Ces deux dernières cordes sont disposées sur le tambour, de manière que l'une s'enroule pendant que l'autre se déroule.

Au moyen des trois cordes ci-dessus, le châssis mobile sur lequel se trouve placé le bois à travailler, allant en avant et en arrière, fait passer le bois sur l'outil qui produit la moulure.

Lorsque cette moulure est faite on la garnit de blanc d'Espagne, et on la fait repasser de nouveau sous l'outil.

Explication des figures qui représentent cette machine.

Planche 8, fig. 310, vue de face.
Fg. 311, vue du côté droit.
Fig. 312, plan ou vue par-dessus.

f, banc à tour, soutenu par six pieds $a\,b$: les deux pieds a du milieu sont placés verticalement et portent l'arbre d'un tambour horizontal c sur lequel sont enroulées deux cordes e : les quatre autres pieds b sont obliques sur deux sens. Les six pieds $a\,b$ réunis par des traverses g composent le bâtis sur lequel est monté le mécanisme.

h, poulie de renvoi, montée sur un châssis mobile i placé sur le derrière de la machine; les tourillons de l'axe de cette poulie tournent dans des coussinets l fixés sur le châssis mobile i.

k, autre poulie de renvoi placée sur le devant de la machine, l'axe m de cette poulie tourne dans des coussinets n fixés sur les traverses supérieures du bâtis.

o, fig. 311 et 312, traverse fixée à la partie supérieure du bâtis.

p, vis en bois, à laquelle la traverse o sert d'écrou; le bout de cette vis appuie contre le châssis i, sur lequel est établie la poulie h.

q, manivelle dont l'axe porte une poulie à gorge r, sur laquelle s'enroule, sur deux tours, une corde s qui passe sur une grande poulie t en bois, montée sur l'un des bouts de l'axe du tambour c, auquel elle imprime le mouvement de rotation.

u, cage en fonte de fer, portant l'outil en acier y (fig. 310), qui fait les moulures.

v, trois vis de pression à l'aide desquelles on règle l'outil volonté.

x, pièces de fer mobiles portant ledit outil.

z, châssis allant et venant et relevant la baguette sur · quelle on veut pratiquer une moulure quelconque. L'une · extrémités de chacune des cordes *d e* est attachée à ce châs aux deux points *a' b'*, *fig.* 311; l'autre extrémité de chacu de ces cordes est fixée sur le tambour *c*.

c', deux règles en bois entre lesquelles se trouve placée baguette à moulure : ces deux règles peuvent s'éloigner ou s'a procher l'une de l'autre, suivant la largeur de la languette doit être serrée entre ces deux règles.

§ IV. — *Procédé de M. Straker pour faire des reliefs su le bois.*

L'emploi de la molette est très-limité. On ne peut y recou commodément pour de petits ouvrages, et quand les formes so un peu compliquées. Le moyen découvert par M. Straker · beaucoup plus puissant, et applicable à un bien plus gra nombre de cas. La méthode de travailler le bois en relief fondée sur ce fait que si l'on creuse la surface du bois avec outil sans tranchant, la partie ainsi déprimée reprendra s premier niveau lorsqu'on la plongera dans l'eau.

Pour mettre cette propriété à profit, on travaille d'abo le bois dont on doit se servir; on lui donne la forme conven ble, et on le prépare à recevoir le dessin qu'on veut y impr mer. Après avoir déterminé la place où il doit être, on y a plique un instrument sans tranchant, une espèce de refouloir acier, qu'on enfonce à coups de marteau jusqu'à une certai profondeur. Cet outil peut bien être concave en quelques poin comme les molettes, mais il faut avoir bien soin que ses arê et les angles formés par les parties concaves ne soient pas tra chants. Cet instrument doit avoir à son extrémité la forme dessin que l'on veut obtenir, de telle sorte qu'en s'enfonça il produise en creux ce que plus tard on veut produire en reli Cette opération doit être faite avec beaucoup de ménageme et peut-être, au lieu de la percussion, vaudrait-il mieux e ployer une pression graduée, ce qui ne serait pas impossib Il suffirait pour cela de placer l'outil et la pièce de bois sou traverse mobile de la troisième espèce de presse que j'ai décri Dans tous les cas, on prend beaucoup de précautions pour pas rompre les fibres du bois, avant que la profondeur des

pression soit égale à la hauteur que l'on veut donner au relief
les figures. On retire ensuite l'instrument, et à l'aide du rabot
ou de la râpe on réduit la surface du bois au niveau des parties
déprimées; on plonge ensuite la pièce de bois dans de l'eau
froide ou chaude; les parties qui avaient été comprimées reprennent leur premier niveau, et forment ainsi un relevé en
bosse qu'on peut ensuite aisément terminer avec un petit fermoir.
On pourrait, si la pièce de bois était trop grande, se dispenser de
la plonger dans l'eau, et se contenter de la frotter à plusieurs
reprises avec une éponge imbibée d'eau chaude, ce qui produirait un effet suffisant.

§ V. — *Du Moulage du bois.*

C'est encore une opération entièrement nouvelle, et qui,
non plus que les précédentes, n'a été décrite dans aucun ouvrage sur l'art du menuisier ou de l'ébéniste. Dans ces deux
arts, on peut en faire de fréquentes applications, et notamment elle fournira les moyens d'embellir à très-peu de frais la
menuiserie en bâtiments et soignée, et les meubles de prix,
le rosaces et autres ornements en bois rapportés. Le tabletier
en a déjà tiré un grand parti; et c'est à cet art qu'il doit toutes ces tabatières dont le couvercle est orné de portraits et de
paysages en relief.

Nous devons commencer par faire observer que les bois dont
le fil suit une direction constante, sont peu propres à être moulés,
surtout quand on veut faire des ouvrages délicats, car les fibres
peuvent se rompre par suite de la pression, et il en résulterait
les défauts nuisibles à la perfection du dessin. Les loupes de
frêne, d'érable, celles de buis, surtout, sont bien préférables,
parce que les fibres y sont croisées dans tous les sens. Néanmoins, on peut employer aisément, dans les ouvrages communs, certains bois tendres, tels que le tilleul. En revanche,
on doit s'abstenir toujours de mouler les bois résineux, parce
que la résine ou huile essentielle qu'ils renferment entre leurs
fibres, entrant en ébullition par l'effet de la chaleur pendant
l'opération du moulage, y forme des boursoufflures qui, venant
crever, font des taches désagréables sur la pièce.

La presse est le principal instrument pour le moulage du
bois; elle est tout en fer et d'une seule pièce. Sur une forte
base, ou semelle en fer, s'élève deux montants, qui, par en
haut, se réunissent en formant une espèce d'arcade. Au centre
de l'arcade est un œil dans lequel on ajuste un écrou ou canon

taraudé, en cuivre, dans lequel se meut une forte vis qui, par conséquent, est verticale. La tête de la vis est carrée; elle e séparée du filet par une embase ou anneau circulaire. On tourne avec un fort levier percé à son extrémité d'un tro carré dans lequel entre exactement la tête.

Cette presse se monte sur un établi, de manière qu'on puiss l'ôter et la remettre à volonté. Pour cela on emploie ordi nairement un établi spécial, haut de 65 millim. (2 pieds) très-massif et très-solide, dans lequel la presse glisse à coulisse mais je conseillerai de préférence au menuisier ou à l'ébénis qui ne font pas un fréquent usage de cet outil, d'enfonce tout simplement dans leur établi, ou mieux encore dans u billot pesant qu'on peut consolider et rendre tout-à-fait in branlable avec quelque peu de maçonnerie, deux forts boulor ou cylindres de fer de 27 millim. (1 bon pouce) au moins o diamètre, s'élevant au-dessus de l'établi de 81 millim. (3 pou ces) au moins, et pénétrant de cette longueur dans deux tror percés à chaque extrémité de la base de la presse. Cette bas ne doit pas avoir une moindre épaisseur, et les trous n'étant trod grands ni trop petits, on peut ôter à volonté, en la sou levant, la presse qui n'en est pas moins très-solide. On peu même, si on veut ne jamais mouler que du bois, se borner fixer la presse où l'on voudra, et même dans le plancher, ave deux fortes vis, ou la sceller avec du plomb dans une pesant pierre de taille.

Les autres instruments nécessaires sont : 1° un assortimen de plateaux circulaires en fer, épais de 27 millim. (1 pouce au moins; il faut en avoir plusieurs paires, à moins qu'on n veuille mouler que des pièces d'un même diamètre.

2° Plusieurs anneaux aussi de différentes dimensions. Il sont faits en fer, garnis intérieurement de viroles en cuivr entrées de force et rivées de haut en bas sur une feuillur qu'on a faite tout autour du bord intérieur de l'anneau. Le d dans de ces anneaux ou de la virole en cuivre doit être bie uni, et leur diamètre est un peu plus grand d'un côté que d l'autre. Il est bon de faire une marque à la plus grande ou verture, afin de la reconnaître de suite

3° Des matrices gravées. On les fait ordinairement en cui vre fondu, et elles portent en creux ce que le bois doit repro duire en relief. Ces empreintes sont creusées sur des plateau circulaires en cuivre, de la grandeur des anneaux dont nou venons de parler.

4° Un tasseau ou espèce de cube en fer, parfaitement dressé par dessous, un peu creux par-dessus, et pénétrant sans peine dans les anneaux.

5° Des tampons en bois dur, passant librement par les anneaux, et destinés à en faire sortir la pièce qu'on a moulée.

6° Un autre tampon en fer, d'un diamètre presque aussi grand que celui du plus petit anneau.

7° Enfin, plusieurs rondelles en cuivre, qu'on nomme *galets*, épaisses de 7 ou 9 millim. (3 ou 4 lignes), et passant librement par le plus petit anneau.

Voici maintenant la manière de se servir de ces outils. On prendra une rondelle de bois, de la grandeur convenable, arrondie, modelée sur le diamètre intérieur de l'anneau dont on veut se servir, et bien dressée sur ces surfaces. C'est cette rondelle qui doit recevoir l'empreinte, et il faut lui laisser au moins 11 millim. (5 lignes) d'épaisseur. Lorsque les fibres du bois sont parallèles à son diamètre, elle prend plus aisément les empreintes, les conserve moins bien, et ne reçoit pas celles des traits trop délicats, ce qui importe assez peu dans les ouvrages de menuiserie. Lors, au contraire, que les fibres ont été sciées transversalement, l'empreinte est plus parfaite, mais il faut employer une pression beaucoup plus considérable : on peut, si on veut, au lieu de dresser entièrement la surface qui doit porter les reliefs, y laisser quelques saillies dans les parties correspondantes aux creux les plus profonds de la matrice. L'ouvrage en réussit beaucoup mieux.

On chauffe deux des plateaux de fer; pendant ce temps, on met dans un des anneaux une des matrices gravées, l'empreinte étant tournée en dessus. On met par-dessus la rondelle de bois, et sur cette rondelle on applique un des galets en cuivre. Toutes ces pièces doivent être mises par le côté le plus large de l'anneau, et aller très-juste jusqu'au fond.

Lorsque les plateaux en fer sont suffisamment chauds, ce qu'on reconnaît en y faisant tomber une ou deux gouttes d'eau qui s'évapore rapidement et en pétillant, on en met un sur la base ou platine de la presse. On pose sur cette plaque le moule ou anneau rempli de toutes les pièces dont je viens de parler. On met dans l'anneau la seconde plaque aussi chaude que la première, en se servant, pour les poser l'une et l'autre avec célérité, des pinces plates de forgeron. Sur la dernière plaque on met le tampon en fer, par-dessus on pose le tasseau carré, sa

concavité étant tournée en dessus. On fait descendre la
jusqu'à ce qu'elle joigne bien le tasseau, puis on donne un
deux tours pour presser un peu fort. On laisse le tout da
cette position pendant deux minutes, en attendant que la chale
des plateaux se soit communiquée aux autres pièces; puis,
se faisant aider au besoin par une ou deux personnes, on se
avec beaucoup de force. On attend encore quelques minute
puis, après avoir desserré d'environ un quart de vis, on ser
encore autant qu'il est possible de le faire. On laisse ensui
refroidir le tout; ou, pour avoir plus tôt fait, si la presse pe
se séparer de l'établi, on la plonge dans l'eau froide. Il
reste plus alors qu'à sortir du moule la pièce gravée; pour ce
on desserre la vis, on ôte le tasseau, le tampon, la plaque,
renversant l'anneau. On le place sens dessus dessous sur la pi
tine, sa plus grande ouverture étant tournée en bas. Da
cette situation, la matrice gravée est en dessus au lieu d'êt
comme auparavant en dessous. On place le tasseau sur cet
matrice, et on fait de nouveau descendre la vis. Alors la ro
delle de bois est chassée jusqu'à l'ouverture la plus large,
en soulevant l'anneau, on la retire aisément chargée de to
les reliefs donnés par le creux.

En opérant, il faut avoir grand soin de ne pas trop fai
chauffer les plaques, car si elles étaient rouges ou presq
rouges, le bois se carboniserait. Malgré cette précaution,
bois est toujours un peu bruni; mais peu importe, puisqu'
n'a plus à le polir, le poli étant naturellement donné par
matrice, quand elle a été convenablement polie elle-mêm
ce qu'on ne manque jamais de faire. Il arrive d'ailleurs trè
souvent que la couleur brune survenue par suite de la ch
leur, disparaît après une longue exposition à l'air. Ma
comme cela peut ne pas arriver, il faut éviter de retoucher
rondelle, car cette couleur ne pénètre pas avant, et les pa
ties que ce travail mettrait à nu seraient d'une nuance diff
rente.

CHAPITRE IX.

DE L'EMPLOI DU TOUR DANS SES RAPPORTS AVEC LA MENUISERIE.

Ce chapitre pourrait être aisément supprimé si je n'écriva
que pour le menuisier des grandes villes, qui a l'avantage
trouver toujours à côté de lui un tourneur qui lui fait il

pièces cylindriques dont il peut avoir besoin, beaucoup plus rapidement et à moindres frais qu'il ne pourrait les faire lui-même. Il vaut mieux, en ce cas, recourir au voisin et profiter de l'économie qui provient toujours de la grande habitude due à la division du travail. Mais, dans toutes les petites villes, dans les villages, on ne jouit pas de la même commodité ; l'ouvrage abonde rarement assez pour que le menuisier n'ait pas des moments libres, pendant lesquels il est bien aise de savoir faire tout ce qui se présente, et j'ai cru devoir décrire la manière de faire les deux ou trois pièces dont le menuisier a le plus souvent besoin et qu'on ne peut exécuter que sur le tour.

§ I. *Manière de tourner un cylindre ou un fût de colonne.*

On prend un morceau de bois équarri, d'une grosseur un peu plus forte que le cylindre ou la colonne qu'on veut obtenir ; on abat ses quatre angles avec le couteau à deux mains ou le rabot, de manière qu'il ait huit pans ; enfin, avec les outils de menuisier, on émousse encore ses huit angles pour le rapprocher grossièrement de la forme cylindrique.

A l'extrémité et au centre de son épaisseur, on fait de chaque côté, avec un poinçon, un trou profond de 2 millim. (1 ligne) ; on place la pointe des poupées dans ces creux, on rapproche les poupées, on les fixe avec les coins ou avec la vis de pression, suivant qu'on emploie l'un ou l'autre de ces moyens. On place la barre d'appui à environ 27 millim. (1 pouce) de la surface extérieure du morceau ; on fait faire à la corde qui va de la perche ou de l'arc à la pédale, deux tours de gauche à droite autour du morceau de bois, et on rattache son extrémité au bout de la pédale. Quand les choses sont ainsi disposées, le mouvement du pied placé sur la pédale doit communiquer au morceau de bois un mouvement de rotation régulier et alternatif d'arrière en avant et d'avant en arrière. Ce mouvement ne doit pas être trop rude, ce qui arriverait si la corde était trop tendue.

On prend alors une gouge de tourneur, différente de la gouge de menuisier, en ce sens que son biseau est en dehors de la cannelure. On attaque le morceau de bois avec la gouge qui repose sur la barre d'appui et que l'on tient de la main droite par le manche, tandis que les doigts de la main gauche dirigent le fer de l'instrument. On incline un peu le taillant de

l'outil pour qu'il morde mieux, et on ne le présente pas tru
directement au centre, parce qu'il ne ferait que gratter, ma
un peu au-dessus de la ligne centrale, qui est supposée all
d'une pointe à l'autre. On doit attaquer le bois avec l'outil
faisant faire au biseau un angle de soixante degrés ou égal au
deux tiers d'un angle droit. On reconnaît que la gouge moo
bien quand les copeaux sont uniformes, continus et de 2 mu
limètres (1 ligne) environ d'épaisseur.

Quand on aura fait de cette manière une première entaill
et que l'on aura mis la pièce au rond dans un endroit que
conque, c'est-à-dire quand on verra que l'outil touche le bo
d'une manière continue, il ne restera plus qu'à poursuiv
de la même manière sur toute la surface du cylindre, et
élargir l'espèce de gorge qu'on a d'abord creusée. Pour cell
on tient l'outil de sorte que sa cannelure soit tournée ve
l'intérieur de la gorge déjà creusée; et en outre, si c'est
côté gauche que l'on attaque, on dirige un peu le manch
vers le côté gauche afin que le copeau soit plus aisément r
jeté en dedans de la gorge. Quand ensuite on voudra attaqu
à droite, il faudra tourner, au contraire, la cannelure vers l
gauche, puis on dirigera un peu le manche vers la droite.
chaque fois on ne prend que 2 millim. (1 ligne) de bois env
ron, et l'on porte l'outil plus à droite ou plus à gauche, de
qu'on atteint le rond.

Cette manière de travailler sillonne d'abord le bois de go
ges circulaires; avec la gouge on abat les côtes qui les sépa
rent, et on rend le cylindre aussi uni qu'il est possible de l
faire avec un instrument qui n'est pas plane. On prend alo
un fermoir affûté obliquement, on le présente comme la goug
dans une situation un peu inclinée, sans cependant fair
pencher le manche ni à droite ni à gauche. C'est avec cet ou
til que l'on fait disparaître les côtes que la gouge avait laissées
et on s'assure que le but est bien atteint en passant la mai
fermée sur le cylindre; car des inégalités qui seraient inaper
çues par l'œil se font sentir au toucher. La difficulté de tour
ner bien rond n'est pas la seule qu'on aurait à surmonter, i
en est une autre non moins grande, celle de donner le mêm
diamètre au cylindre, d'un bout à l'autre. On s'en assure, e
l'on vérifie l'ouvrage en le faisant glisser entre les pointes d'un
compas à branches courbes. Quand on a bien jaugé le cylindre, et qu'on s'est assuré de l'exactitude de ses dimensions
il ne reste qu'à le couper aux deux bouts, ce à quoi l'on par

ent aisément avec l'angle d'un ciseau. Pendant le cours de
s opérations, il est évident qu'il faut de temps en temps chan-
r la corde de place, afin de couper là où elle était d'a-
ord.

§ II. — *Manière de tourner une boule.*

Cette opération est souvent nécessaire pour former des
mmes de lit ou d'autres ornements semblables, et n'est
ère plus difficile que de tourner un cylindre. La manière
 procéder est d'abord la même. On taille grossièrement un
orceau de bois, de façon à lui donner approximativement
 forme d'un court cylindre, plus long cependant de 41 mil-
. (1 pouce 1⁄2) environ que la pomme que l'on se propose
 faire. On met la corde à l'extrémité droite du cylindre
cé entre les pointes; puis, à son extrémité gauche, on
use avec la gouge une gorge ou bobine à bords relevés, de
 à 23 millim. (8 à 10 lignes) de large, et dans laquelle on
ce ensuite la corde pour ne plus l'en ôter, jusqu'à ce que
uvrage soit terminé. Cela fait, on tourne en cylindre le
tant du morceau de bois; puis, quand il est bien ébauché
a gouge, on trace vers son extrémité droite des gorges de
is en plus profondes, de manière à lui donner de ce côté une
me demi-sphérique. On en fait ensuite autant de l'autre
é, en séparant par gradation la boucle de la bobine, et
a continue graduellement les gorges du milieu aux extrémi-
, de manière à atteindre peu à peu la forme d'une sphère.
and on a fait avec la gouge ce qu'il est possible d'en obte-
, on continue avec le fermoir et l'on perfectionne de plus
 plus l'ouvrage. Enfin, on finit par séparer tout-à-fait avec
ciseau la bobine de la sphère; ou bien, après avoir ôté la
ce de bois sur le tour, on taille la bobine en cheville, qui
t à fixer la boule là où l'on veut l'adapter en guise de
mme.

Celui qui sait bien exécuter un cylindre et une boule sur le
r à pointe, sait tout faire; car tout est une variation de
 deux formes. C'est en approfondissant les gorges par des
dations plus ou moins ménagées, égales ou inégales aux
ux extrémités, qu'on obtient tour-à-tour la forme d'une
ère, d'un œuf ou d'une poire. Il n'est pas difficile non plus
c des gouges de diverses grandeurs, l'angle d'un fermoir
 d'un ciseau, et un petit nombre d'autres outils, de tracer
te espèce de moulure sur une pièce circulaire, ou de ména-

ger une embase plus ou moins ornée à une pomme. Les détails qu'il faudrait ajouter ne sont plus de mon ressort, et :
me suffira de renvoyer au *Manuel du Tourneur*, faisant parti
de l'*Encyclopédie-Roret*. Néanmoins, je dois décrire encou
deux opérations importantes, dont l'une donne le moyen d'obtenir très-aisément un résultat qu'on n'obtiendrait qu'avec
beaucoup de peine sur le tour, et dont l'autre n'est qu'une
application fort éloignée de cet instrument.

§ III. — *Manière de canneler une colonne.*

Cette opération est souvent nécessaire pour la menuiseri
en bâtiments; une colonne également cannelée est un des ornements les plus riches qu'il soit possible d'employer pour un
devant d'alcôve ou une devanture de boutique; mais, en revanche, rien n'est plus difficile à exécuter par les procédés
ordinaires. On a inventé, pour faire plus simplement ce travail, des machines bien compliquées, ce qui était substituer
un inconvénient à un autre; et tout le monde a trouvé plu
court de se passer de colonnes. Pour moi, je crois rendre service à l'art de la décoration, en indiquant ici le procédé :
simple que M. P. Desormeaux a proposé en 1824.

« Cette opération n'exige pas tant de frais, dit-il, et, .
moins qu'on ne soit obligé de la pratiquer souvent, on fer
bien de se contenter des outils dont je vais donner la description.

» Le premier est une roue crénelée à vingt dents. On la fai
soi-même en cuivre, ou plutôt, comme on en rencontre asse
communément chez les marchands de ferraille, on en achète
une toute faite, la plus exactement divisée qu'il sera possible
La division de vingt est de règle; mais on peut, sans nuire
l'effet de la colonne, prendre, faute de mieux, une division
approximative, comme 16, 17, 18, 19, 21, 22, 23, 24. O
tournera une portée aux deux extrémités de la colonne, d
manière à ce que la roue dentée puisse s'y monter de façon
tenir ferme; puis on fera un ressort coudé dont l'extrémité
qui sera limée en tenon, puisse entrer juste dans l'entre-deux
des dents de la roue. Ce ressort se fixera à l'aide de deux o
trois vis derrière la poupée gauche, à pointe fixe, du tour
pointes, et sera destiné à empêcher la roue crénelée, et pa
conséquent la colonne qu'elle emboîte, de tourner entre ce
pointes. »

Le troisième instrument dont on a besoin, d'après la mê

.iode de M. Desormeaux, est un rabot à fer terminé par un
:anchant arrondi, ou rond entre deux carrés, suivant qu'on
eut compliquer la cannelure. Jusque-là il n'y a pas de diffé-
ence entre cet outil et les outils à moulure ordinaire ; mais il
en a une grande, quant à la position de la joue. Cette joue, au
eu d'être parallèle au fer et de continuer, pour ainsi dire, la
auteur du fût, est perpendiculaire au fer et forme la conti-
uation de ce qui serait le dessus du fût dans un rabot ordi-
aire ; de sorte que l'angle droit que forme ordinairement
i joue, au lieu d'être sous l'outil, est par côté. La fig. 74,
l. 2e, donne une idée de ce fût, supposé coupé transversa-
ment à sa longueur. Enfin, on peut remplacer au besoin le
r arrondi du rabot par un fer se terminant en pointe et
iquel on donne le nom de grain d'orge. Laissons maintenant
. Desormeaux nous enseigner lui-même la manière de se ser-
r de ces outils.

« Après que la colonne sera tournée et finie, on marquera
.ar deux traits de crayon l'endroit où l'on veut que commen-
nt les cannelures et l'endroit où l'on veut qu'elles finissent.
uis, mettant en place de la barre d'appui une règle dont la
.anche devra être parfaitement lisse et droite, et appuyant
joue du rabot sur cette barre, de sorte que le grain d'orge
lle effleurer la colonne, on poussera l'outil de manière à tra-
.r une ligne d'un coup de crayon à l'autre. Levant alors le
.ssort, on fera tourner la roue d'un cran, puis, après avoir
ché le ressort, et s'être bien assuré que son tenon a pénétré
.ns l'entre-deux des dents, on tracera une seconde ligne
.arallèle à la première, en veillant toujours à ce que la joue
i rabot plaque bien contre la traverse du support ; on répè-
.ra cette opération autant de fois qu'il y aura de dents sur la
.ue crénelée.

» On mettra alors dans un vilebrequin une fraise ou tige
.acier terminée par une sphère sillonnée de tranchants sem-
.ables à ceux d'une lime (Voy. fig. 75, pl. 2e), et avec cet
.strument on fera un petit trou rond au commencement et
.la fin de chacune des lignes tracées par le rabot. Cela fait, on
.ettra dans le rabot le fer rond, et on creusera les canne-
.res en suivant la même marche qu'on a suivie pour le tracé.
.nand les cannelures seront creusées, on les polira avec un
.orceau de bois tendre, arrondi sur sa tranche et saupoudré
.• ponce pulvérisée, ou bien avec un papier de verre bien fin,
.llé sur un bois arrondi.

» On conçoit qu'il faut que le fer du rabot soit du calili avec la fraise qui a commencé et fini chaque cannelure, que chaque diamètre de colonne exige un fer différent. Ces f᷎ se font avec des lames de fleuret ou de la petite bande d'aci᷎ Ils doivent être trempés bleu foncé ou couleur d'or. On f᷎ bien aussi de tenir la coupe du rabot un peu droite, afin d'᷎ clater le bois le moins possible. Si la colonne allait en am᷎ cissant du haut, comme cela a lieu ordinairement, il faudr᷎ incliner la traverse du support suivant la courbure de la c᷎ lonne (1). Il est bon d'observer que le fer doit être rapproc᷎ le plus possible du nez du rabot, et qu'il ne doit jamais êt᷎ trop saillant. S'il est bien coupant, sa cannelure sera presq᷎ polie par sa seule action.

« Si on voulait canneler un fût de colonne fait d'un se᷎ morceau avec la base et le chapiteau, il faudrait alors chang᷎ la forme du rabot, et faire en sorte qu'il ait peu de devant ᷎ peu de derrière, afin qu'il ne puisse gâter les moulures ᷎ cette base et de ce chapiteau.

« Si on voulait faire des cannelures pleines par le bas (2᷎ comme on le remarque assez souvent, on remplacerait le f᷎ à tranchant arrondi par un fer échancré en forme de croi᷎ sant. Mais dans ce cas, il ne faudrait creuser avec la frai᷎ qu'à l'endroit où la cannelure pleine se transforme en ca᷎ nelure crense; ce serait avec une gouge qu'il conviendrait ᷎ commencer la première. »

Tel est le détail d'un ingénieux procédé qui lève presqu᷎ toutes les difficultés, supplée par des moyens bien simples᷎ des appareils excessivement compliqués. Celui à qui l'art ᷎ est redevable, a enrichi de même de plusieurs découvert᷎ les métiers dont il s'est occupé en habile amateur.

§ IV. — DE LA FILIÈRE A BOIS.

Manière de faire les vis sans le secours du tour.

La description de cet outil ne se rattache au chapitre q᷎ nous occupe, que d'une manière bien accessoire, et seulem᷎ parce qu'il dispense d'un travail très-difficile qui ne s'exécu᷎ que sur le tour. Cet instrument est un de ceux dont l'usag᷎

(1) Il n'est point nécessaire, à la rigueur, de changer la direction du support ᷎ colonne s'éloignant du support dans sa partie la plus mince, le fer du rabot mord᷎ moins profondément, et fera une cannelure moins large. Ainsi les cannelures aur᷎ naturellement leur décroissance.

(2) Ce qu'on nomme *Cablins*, en terme d'architecture.

et le plus décisif; quand il est bien fait, le commençant le
moins habile peut, du premier effort, faire une vis et son
écrou aussi bien que l'ouvrier le plus expérimenté. On voit
dès-lors quelle est son importance, puisqu'il met le menuisier
en état de faire toutes les vis dont il a besoin pour ses instruments et mille autres ouvrages.

La filière se compose de deux parties différentes : le taraud, qui fait l'écrou, et la filière proprement dite, qui fait
à vis correspondante. La manière de s'en servir est également
simple. Quand vous voulez faire un écrou, percez avec le
vilebrequin la planche où il doit être, d'un trou égal en diamètre à la partie la moins volumineuse du taraud, la mesure
tant prise entre les filets de vis ; alors introduisez, en le
tournant, votre taraud dans ce trou, et quand il sera passé
à l'autre côté de la planche, l'écrou sera fait.

Pour tailler la vis, arrondissez grossièrement avec le fer-
loir ou la râpe l'extrémité du morceau de bois que vous voulez changer en vis ; faites-en un cylindre d'un diamètre à peu
près égal à celui de la vis, puis faites-le passer en tournant
dans la filière, la vis sera terminée : toute la perfection de
l'ouvrage dépend de la perfection de l'instrument.

La forme des tarauds a beaucoup varié, on a long-temps
cherché avant d'avoir obtenu d'eux tout le service qu'on en
attendait. Je n'en décrirai pourtant que deux espèces, la plus
ancienne et la plus nouvelle. L'une est la plus simple, l'autre
la plus parfaite; la première est en bois, la seconde en fer.

Le taraud en bois peut être fait facilement partout, et c'est
pour cela que j'en parle. Quand on s'est procuré une vis en
buis, bien faite et de la grosseur convenable, on enlève une
portion des huit ou dix filets de l'extrémité, parallèlement à
l'axe de la vis, et de manière que chaque portion de filet qui
reste sur la vis après cette opération, soit plus grande à chaque des tours qui s'éloignent de l'extrémité. (Voy. *fig.* 76,
pl. 2e.) Puis on remplace une partie du bois coupé par des
clous enfoncés dans le bois, et dont on lime la tête, de manière qu'ils forment, pour ainsi dire, une continuation du
filet. On a soin que le premier qui doit entrer dans l'ouvrage
soit un peu moins saillant que le second, le second, un peu
moins que le troisième. Le quatrième est aussi saillant que le
filet. Cet instrument, d'ailleurs très-simple et très-bon, a ce
grave inconvénient que, dès que la vive arête des fers est usée,
le taraud ne coupe plus net, les écuelles des filets de l'écrou

sont inégales et raboteuses, le bois est plutôt déchiré q̸
taillé.

Le taraud en fer n'a pas cet inconvénient, surtout s'il (
construit d'après la forme que je vais décrire, et qui est̸
meilleure et la plus récente.

On tourne un morceau de fer auquel on laisse un bourre̸
saillant destiné à faire des filets; on dessine sur ce bourre̸
la vis qu'on veut exécuter, et on la taille ensuite à la lim̸
Cette opération exige un habile ouvrier. On donne à cette ̸
une forme un peu conique, et le premier filet à l'extrémité ̸
moins haut d'un cinquième que le second filet; celui-ci ̸
moins haut dans la même proportion que le troisième, et ain̸
de suite jusqu'au cinquième, qui a toute la hauteur de ce̸
qui le suivent. Ensuite on fait à la vis quatre entailles para̸
lèles à sa longueur, larges d'un huitième de la circonférenc̸
et également espacées (voyez *fig.* 77, *pl.* 2ᶜ). Quand on ve̸
faire un écrou avec ce taraud, on fait un trou de 172 millim̸
(174 de ligne) plus petit que la circonférence du premier fil̸
et, en tournant le taraud dans le trou, l'écrou se fait dans ̸
perfection; mais, pour bien réussir, il faut avoir eu soin, ̸
limant les entailles longitudinales , de les faire un peu pl̸
larges au fond qu'à leur ouverture, et de les couper un peu ̸
angle rentrant, de façon que chaque dent présente de chaqu̸
côté de l'entaille une espèce de biseau. De cette façon, le bo̸
est sans cesse coupé en montant comme en descendant, et ̸
copeau se dégage par les ouvertures longitudinales.

La filière est encore plus difficile à bien faire que le taraud̸
les espèces ne sont pas moins nombreuses, et il n'y en a qu̸
deux qui rendent un véritable service. De ces deux filières, j̸
ne décrirai que la plus simple, qui est aussi une des plus nou̸
vellement imaginées.

La principale pièce de cette filière, représentée *fig.* 78, *pl.* 2̸
est une planchette de bois dur, épaisse de 27 millim. (1 pouc̸
environ, d'une forme à peu près parallélogrammique et termi̸
née à ses deux extrémités par un prolongement parallèle à l'ax̸
qui sert à la tenir et à la tourner avec force. Au centre, e̸
creusé un écrou qui doit servir de moule à la vis qu'on se pr̸
pose de tailler; mais, comme les filets de bois de cette pièc̸
seraient loin de produire ce résultat, il faut les armer d̸
fer.

Pour cela, on creuse parallèlement à l'axe, et presque a̸
milieu de la largeur de l'instrument, une rainure angúlaire,

nd carré, dans laquelle on fixe avec un coin, comme on le
fait pour les outils à fût, un fer dont l'extrémité est taillée
à double biseau, et suivant une forme tout-à-fait semblable
a filet. Comme la rainure dans laquelle on le place pénètre
jusque dans l'écrou, on y enfonce aussi le fer de façon à ce
qu'il forme, pour ainsi dire, le prolongement du filet qu'il ne
soit pas dépasser, et qui est interrompu en ce point. A côté
de la pointe de fer est une échancrure de forme à peu près
demi-circulaire, et qui permet le dégagement du copeau. Le
tout est recouvert par une autre planchette plus mince que la
première, fixée avec deux vis ou deux boulons placés dans les
trous qu'indique la figure. Cette planchette est percée au-
dessus de l'écrou de la seconde, afin de laisser passer le cylindre qu'on veut fileter. Pour se servir de cet outil, on prend
le cylindre dans un étau; on engage dans la filière son extrémité un peu amincie, puis on tourne l'instrument à deux
mains. Dès que le fer a entamé le bois, le filet de l'écrou y
pénètre, et le travail se continue sans peine jusqu'à ce que tout
le cylindre ait passé. Quand on veut affûter le fer, on le retire
de la rainure après avoir ôté le coin, et on aiguise le tranchant
sur la pierre; on le remet ensuite en place, en veillant à ce
que sa pointe ne dépasse pas la vive arête du filet.

Le bois qu'on emploie pour faire ainsi une vis doit être doux
et liant. Ceux qui conviennent le mieux sont le pommier, l'a-
lizier et le poirier sauvage.

Procédé pour faire des ornements sur le bois travaillé au tour.

Ce procédé consiste à faire une composition de gomme laque
et de résine, à laquelle on ajoute des poudres diversement
coloriées, pendant que la matière est liquide, par exemple, du
minium, du vermillon, du bleu de Prusse, de l'indigo, du
jaune de roi (king's yellow), de l'ocre jaune, du noir de fumée,
etc., etc.; chaque couleur formant une petite boule ou masse
séparée qu'on emploie de la manière suivante : Lorsqu'on a
donné au bois la forme convenable, on le fait tourner rapidement sur le tour, et on en approche un morceau de la couleur
dont on veut l'orner.

La chaleur produite par la rapidité du frottement fait fon-
dre une partie de la composition qui adhère au bois. On peut
alors l'étendre sur la surface de celui-ci, et le polir au moyen
d'un morceau de liège qu'on y applique fortement. On peut
ensuite arrêter nettement les bords de cet anneau coloré, avec

le ciseau à tourner, et appliquer aussi successivement plusieurs couleurs pour obtenir l'effet désiré.

On voit souvent des couleurs appliquées d'une manière grossière, sur les pièces de tour en bois ; ces couleurs sont mélangées dans une composition molle dont la cire forme la partie principale ; mais il est impossible de l'appliquer d'une manière aussi délicate que par le procédé que nous venons de décrire ci-dessus.

Il y aurait un grand avantage à peindre aussi sur le tour les vases de bois, façon de Tumbridge.

FIN DU TOME PREMIER.

TABLE DES MATIÈRES

ONTENUES DANS LE TOME PREMIER.

PREMIÈRE PARTIE.

Des bois et des outils.

PREMIÈRE SECTION. — DES BOIS, DE LEUR NATURE ET DE LEURS ESPÈCES.

DEUXIÈME SECTION. — INSTRUMENTS ET OUTILS
DU MENUISIER.

SECONDE PARTIE.

Des Travaux du Menuisier.

PREMIÈRE SECTION — CONNAISSANCES PRÉLIMINAIRES ET OPÉRATIONS FONDAMENTALES.

FIN DE LA TABLE DU TOME PREMIER.

BAR-SUR-SEINE. — IMP. DE SAILLARD.

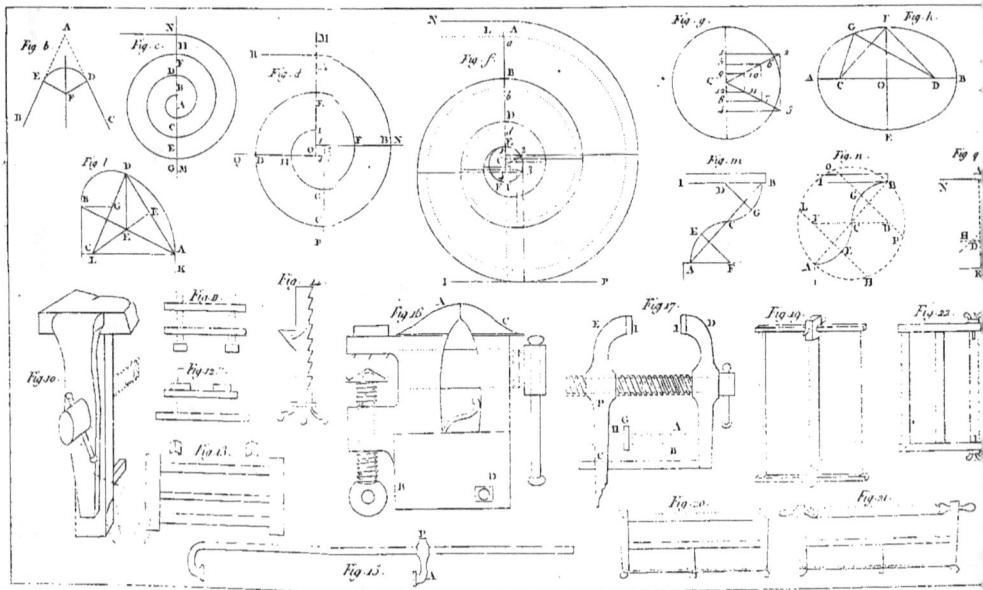

Fig. 1.   *Fig. k.*   *Fig. 3.*   *Fig. 1.*   *Fig. 2.*

Fig. 2.   *Fig. 8.*

Fig. 3.

Fig. 10.

Fig. 9.   *Fig. 4.*   *Fig. 5.*   *Fig.*

Fig. 7.

Fig. 18.   *Fig. 24.*   *Fig. 31.*

Fig. 25.   *Fig. 30.*   *Fig. 33.*

Fig. 26.   *Fig. 26 bis.*

Fig. 23.   *Fig. 28.*   *Fig. 32.*

Fig. 27 bis.   *Fig. 29.*

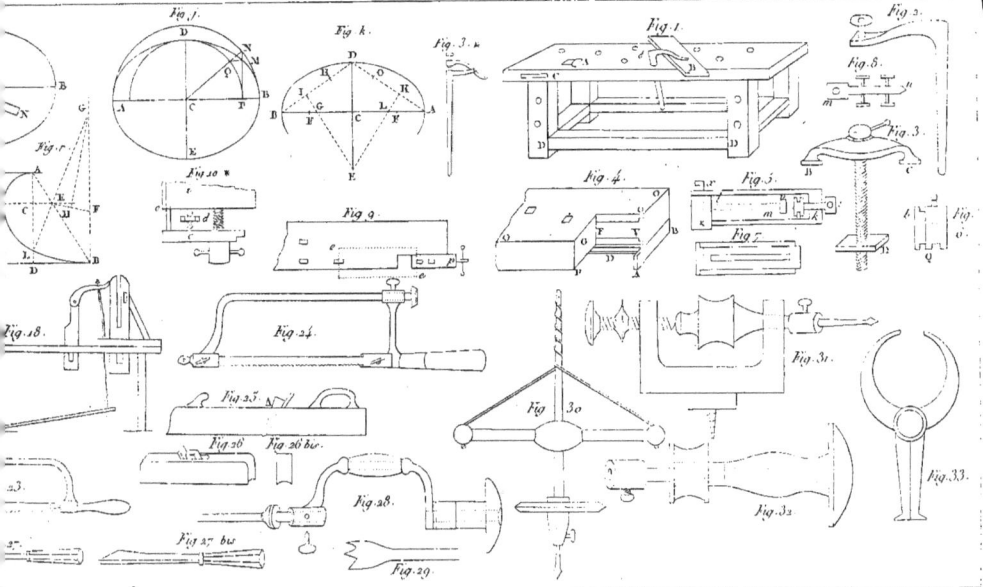

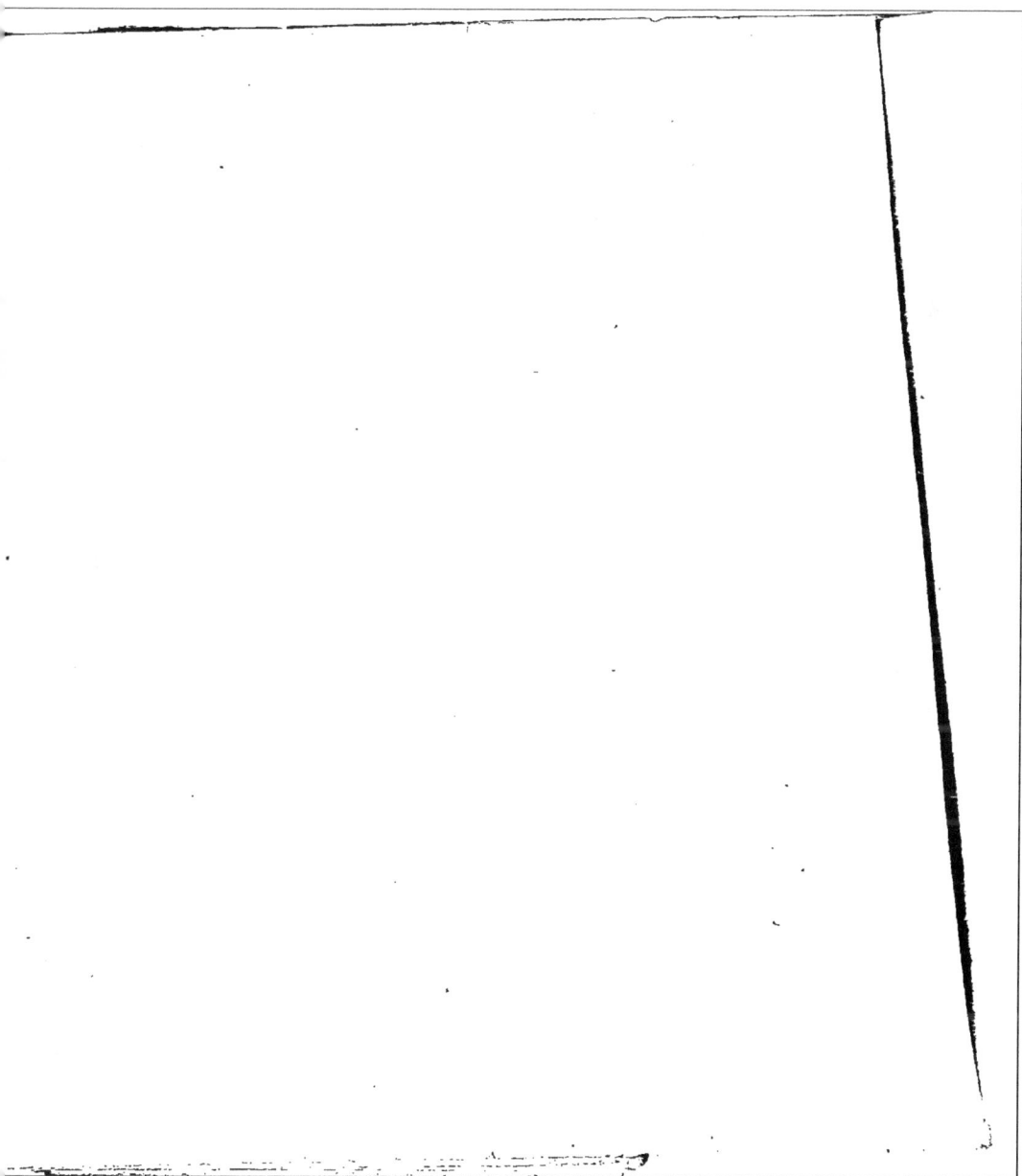

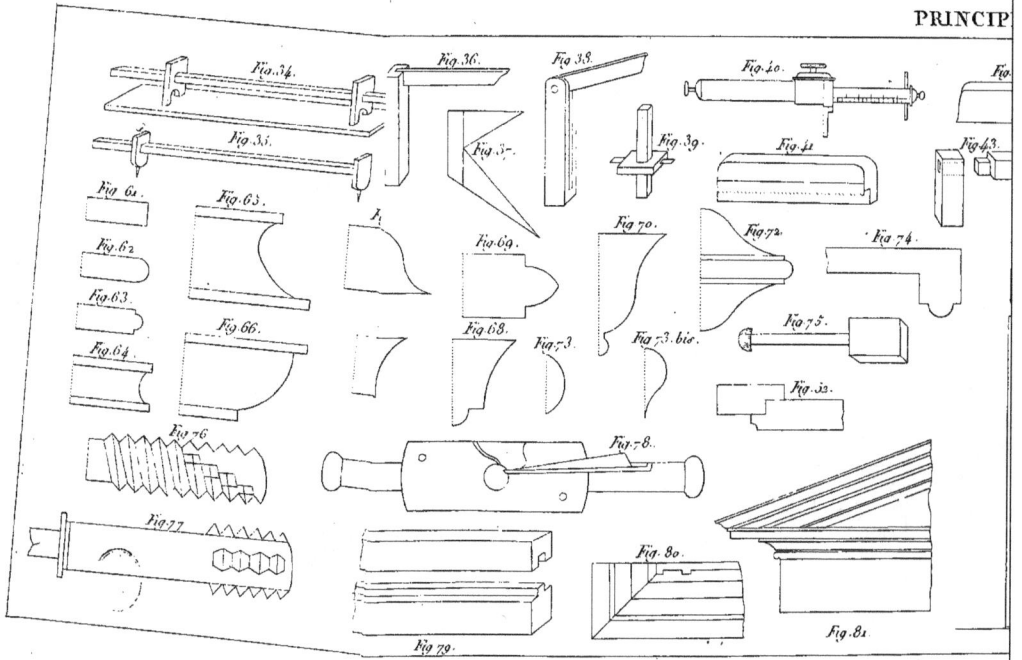

Fig. 34.

Fig. 36.

Fig. 38.

Fig. 40.

Fig. 35.

Fig. 5.

Fig. 39.

Fig. 41.

Fig. 43.

Fig. 61.

Fig. 65.

Fig. 69.

Fig. 70.

Fig. 72.

Fig. 74.

Fig. 62.

Fig. 63.

Fig. 68.

Fig. 73.

Fig. 73. bis.

Fig. 75.

Fig. 64.

Fig. 66.

Fig. 55.

Fig. 76.

Fig. 78.

Fig. 77.

Fig. 80.

Fig. 79.

Fig. 81.

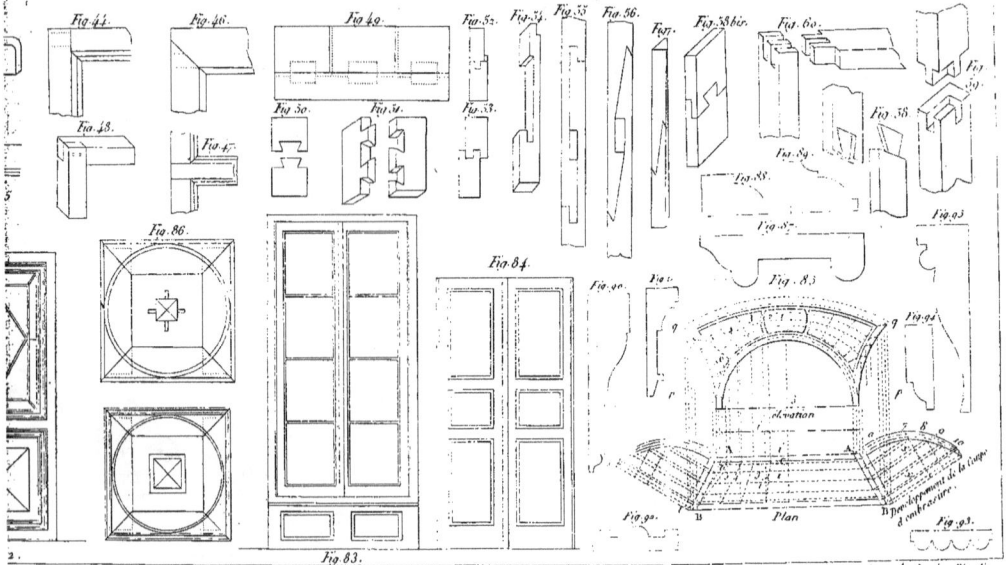

Fig. 44.

Fig. 46.

Fig. 49.

Fig. 52.

Fig. 54.

Fig. 55.

Fig. 56.

Fig. 57.

Fig. 58 bis.

Fig. 60.

Fig. 59.

Fig. 48.

Fig. 50.

Fig. 51.

Fig. 53.

Fig. 47.

Fig. 58.

Fig. 84.

Fig. 86.

Fig. 88.

Fig. 87.

Fig. 93.

Fig. 84.

Fig. 90.

Fig. 83.

Fig. 94.

élévation

Fig. 90.

Plan

Développement de la Coupe
d'embrasure.

Fig. 93.

Fig. 83.

Dessiné et Gravé par Ambroise Tardieu

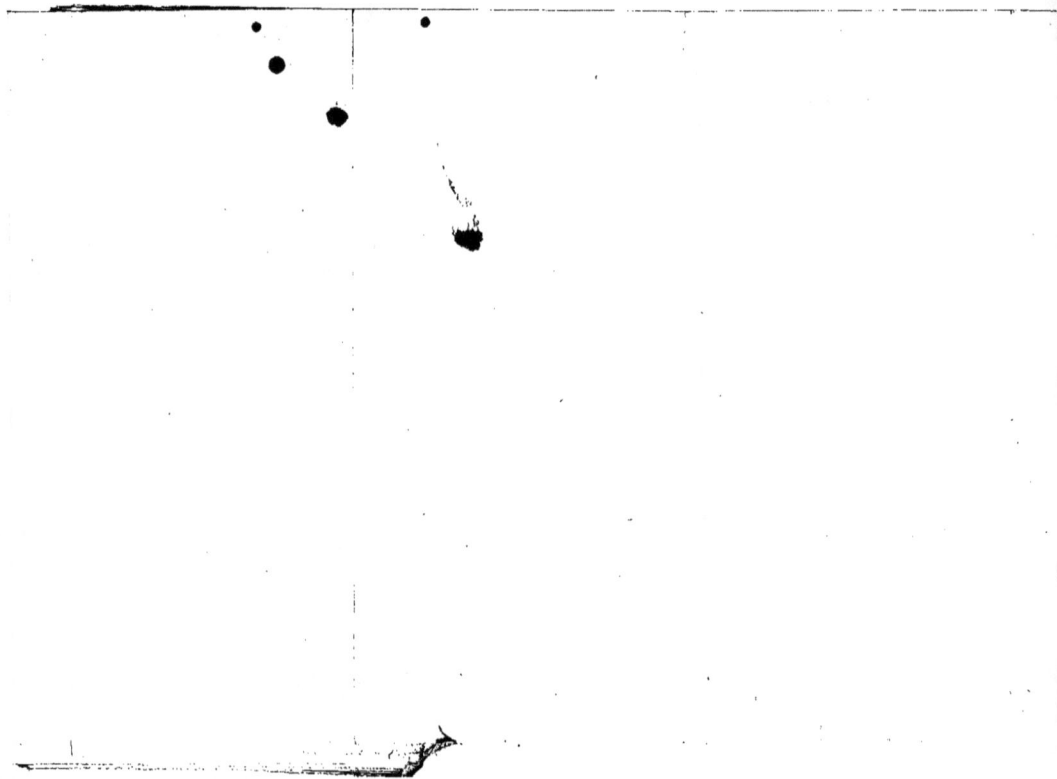

Fig.96.

Fig.97.

Fig.100.

104.

Fig.110.

Fig.111.

Fig.112.

Fig.114.

Fig.113.

Fig.106.

Fig.98.

Fig.117.

Fig.118.

Fig.121. Fig.122.

Fig.120.

115.

Fig.99.

Fig.101.

Fig. 109.

Fig. 107.

Fig. 103.

Fig. 116.

Fig. 119.

Fig. 124.

Fig. 125.

Fig. 108.

Fig. 126.

Fig. 123.

Fig. 127.

Dessiné et Gravé par Ambroise Tardieu.

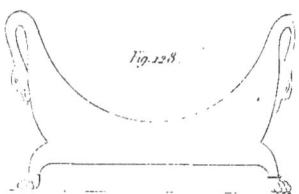

Fig. 128.

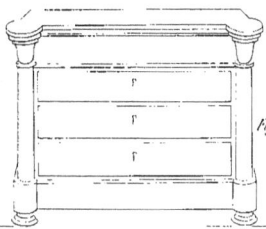

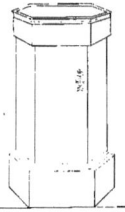

Fig. 133.

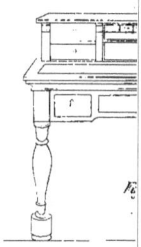

Fig. 137.

Fig. 130.

Fig. 131.

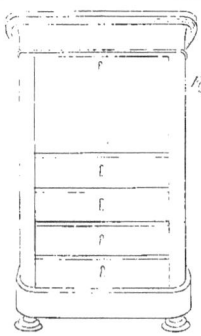

Fig. 134.

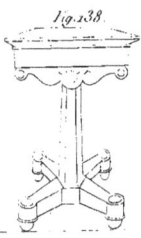

Fig. 138.

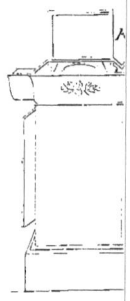

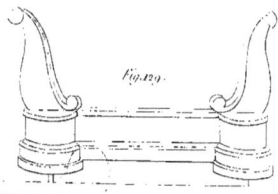

Fig. 129.

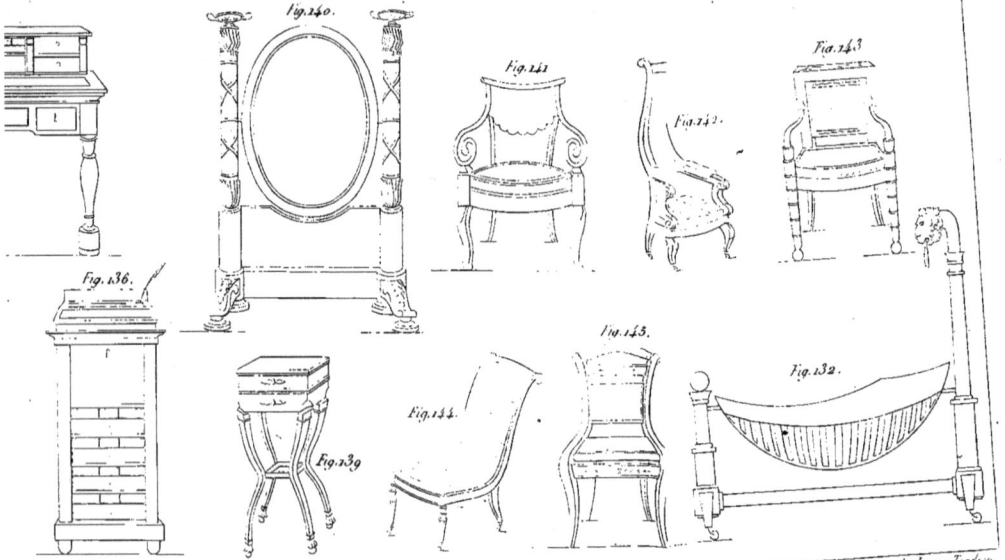

Fig. 140.

Fig. 141.

Fig. 142.

Fig. 143.

Fig. 136.

Fig. 145.

Fig. 144.

Fig. 139.

Fig. 132.

Dessiné et Gravé par Ambroise Tardieu.

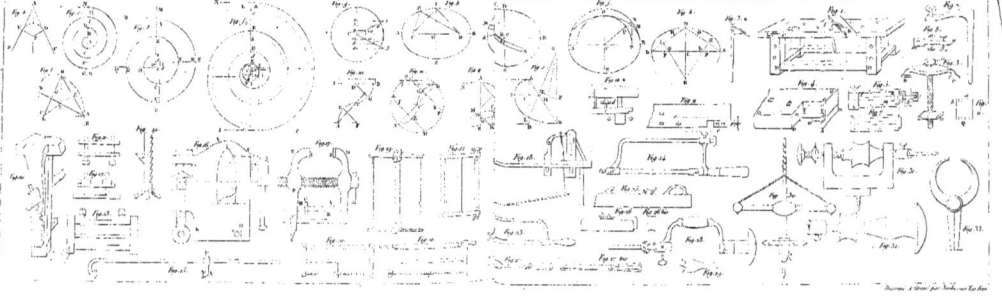

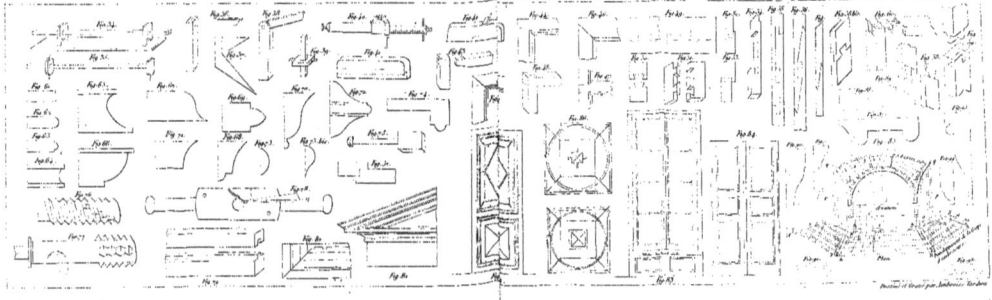

PRINCIPES ASSEMBLAGES MOULURES

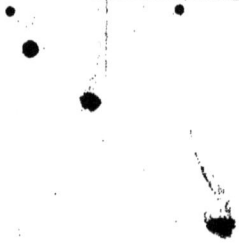

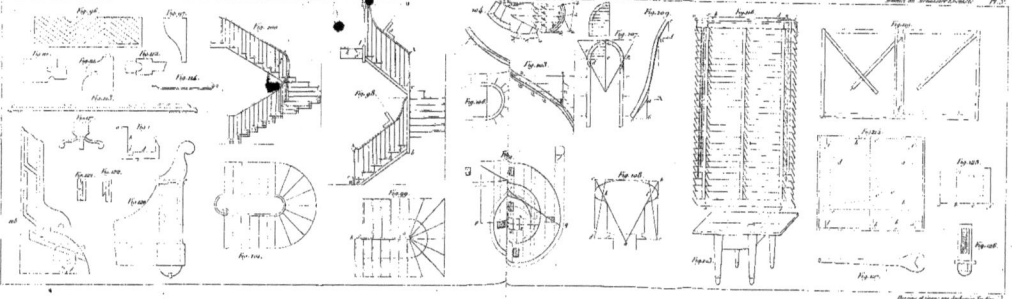

Manuel du Menuisier Ébéniste. Pl. 45.

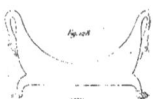

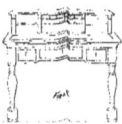

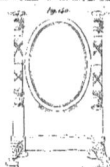

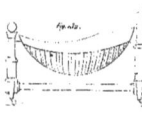

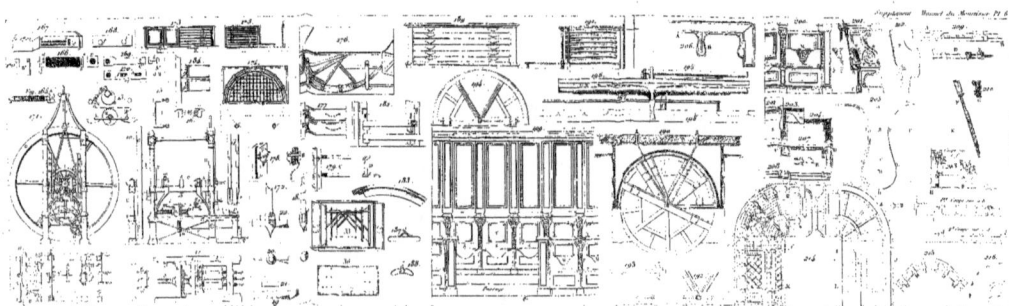

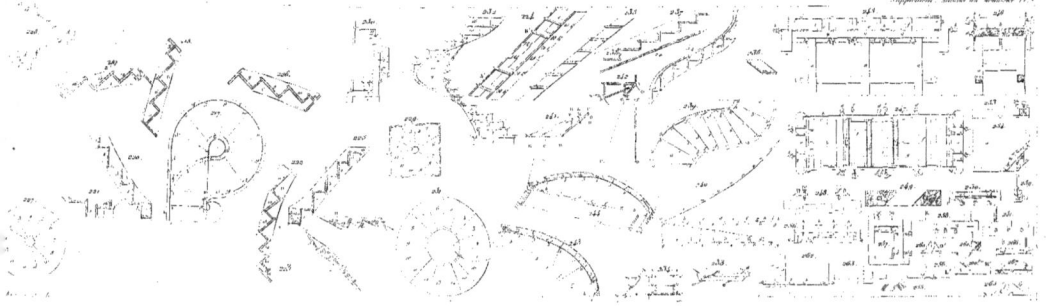

www.ingramcontent.com/pod-product-compliance
Lightning Source LLC
Chambersburg PA
CBHW060122200326
41518CB00008B/898